京都嵐山

お肉屋さんのコロッケ

中村屋特製コロッケ

嵯峨嵐山で精肉店を始めて六十年。

この地では、創業当初からお肉といえば中村屋。地域の皆様のおかげで、いまでは嵐山の風物詩とまでなった揚げたてコロッケ。おかげさまで先代から受け継がれた伝統と味を、いまもなお変わることなく続けさせて頂いております。

和牛専門の店

中村屋総本店

食肉小売事業/精肉卸事業/食肉加工事業

〒616-8381
京都府京都市右京区嵯峨天龍寺龍門町20
電話 075-861-1888
【HP】https://www.nakamuraya.website/

中村屋惣菜製作所

2017年に「京都嵐山 中村屋」から生まれた中村屋惣菜製作所は、今までの精肉店の前で売るお惣菜から、一歩先を歩くお惣菜屋さんとしてデビュー。中村屋のコロッケをはさんだコッペパンや、京都の牛肉を使用したビーフカツサンドを販売しています。四季にあわせた商品をお客様に提供し、地域の皆様との交流の場でもあります。

中村屋惣菜製作所

Produce by 京都嵐山 中村屋

中村屋惣菜製作所

イオンタウン山科椥辻店

エーコープ京都中央 岩倉店

エーコープ京都中央 市原野店

中村屋惣菜製作所
〒616-8384
京都市右京区嵯峨天龍寺造路町1　TEL075-863-1888
https://www.facebook.com/nakamuraya1887

イオンタウン山科椥辻店
〒607-8162
京都市山科区椥辻草海道町15-1　TEL075-582-5129
https://www.facebook.com/nakamuraya5825129/

エーコープ京都中央 岩倉店
〒606-0025
京都市左京区岩倉中町395　TEL075-701-2512

エーコープ京都中央 市原野店
〒601-1125
京都市左京区静市市原野36-1　TEL075-741-2676

STAND BY MEAT
俺たちは肉に寄り添う
笑う門には肉来たる!
株式会社 大浦ミート
〒675-0321 兵庫県加古川市志方町志方町1306
☎079-452-4038
http://ooura-meat.com/
HPはこちらから

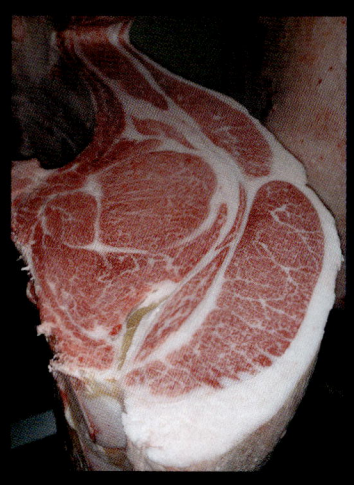

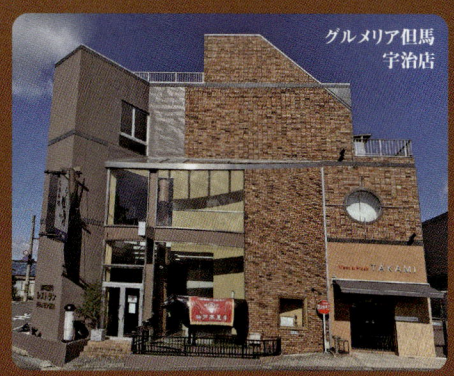

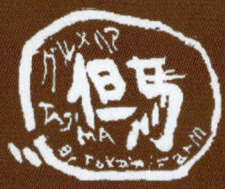

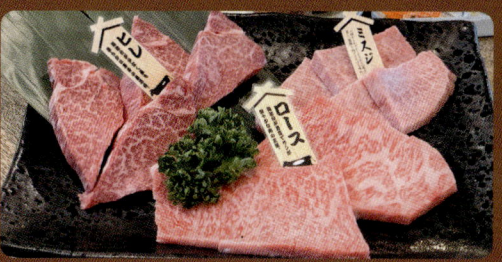

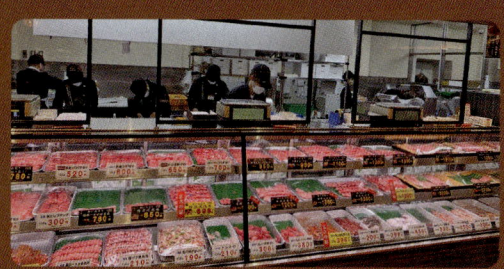

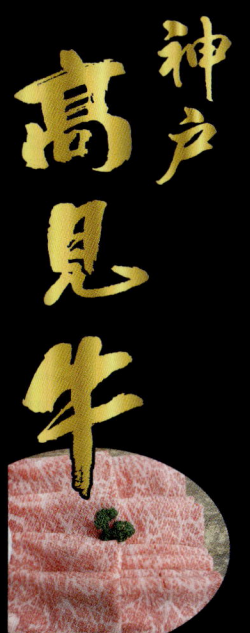

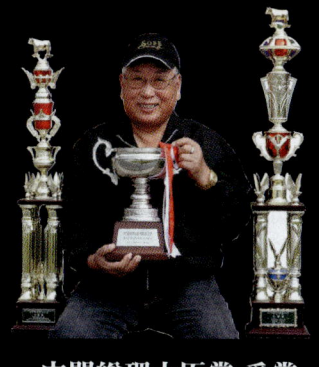

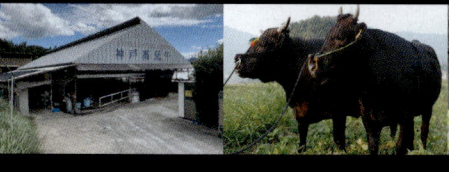

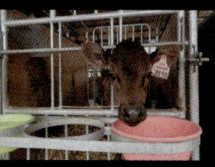

牛枝肉・部分肉の
分割と商品化

The complete method of producing
a carcass and parts meat
on commercial basis.

編 集

（株）食肉通信社

監修・実技

徳田 浩司　大正（株）取締役社長
得丸 哲士　（株）プラジュニアン代表

本書は、2010年に㈱食肉通信社が発刊した「牛部分肉からのカッティングと商品化」を加筆修正し、牛枝肉の分割・加工に関する内容を付加したものです。

目次

第1章 枝肉の知識と格付 …… 10

枝肉から分かること …… 12

枝肉の取引規格（格付） …… 16

第2章 部分肉の知識 …… 28

部分肉規格とノーマル規格の概要 …… 30

枝肉の分割と部分肉規格 …… 32

コマーシャル規格 …… 38

第3章 枝肉の大分割 …… 42

1. 枝肉を大分割（4分割）する …… 44

2. 枝肉を大分割 …… 46

マエの分割 …… 48

ロース、トモバラ、モモの分割 …… 50

3. 大分割後の4分体を中分割する …… 54

4.マエの脱骨と中分割 …… 56

マエの脱骨 …… 58

マエの中分割 …… 64

ネックとカタロースの脱骨 …… 66

カタバラの脱骨 …… 72

カタバラの整形 …… 80

5. ロインの脱骨と中分割 …… 82

6. トモバラの脱骨と中分割 …… 83

ロインの脱骨と分割 …… 84

トモバラの脱骨と分割 …… 90

7. モモの脱骨と中分割 …… 96

モモの脱骨と中分割 …… 98

第4章　部分肉の商品化 …… 110

第1節　まえの商品化 …… 112

ねっくの商品化 …… 114
かたロースの商品化 …… 118
かたばらの商品化 …… 124
かた（うで）の商品化 …… 130

第2節　ロインの商品化 …… 138

ヒレの商品化 …… 140
リブロースの商品化 …… 144
サーロインの商品化 …… 150

第3節　ともばらの商品化 …… 154

ともばらの商品化 …… 156

第4節　ももの商品化 …… 164

うちももの商品化 …… 166
しんたまの商品化 …… 170
らんいちの商品化 …… 176
そとももの商品化 …… 182

第1章

枝肉の知識と格付

枝肉から分かること

いまや部分肉流通が当たり前の時代となり、食肉専門店でも枝肉仕入れを行っているところは少ない。しかし、枝肉をみてこそ分かることや、枝肉から得られる情報は多い。牛肉を仕入れる基本はやはりいまでも枝肉ということができる。この章では、枝肉の分割・部分肉の商品化に入る前に、枝肉の見方や枝肉取引規格（格付）について簡単に触れる。

まず、「枝肉」とは、肉用家畜である牛をと畜し、剥皮して内臓を摘出し、頭部、前・後肢および尾などを取り除いたのち、胸骨と恥骨結合を縦断する形で脊椎の中心に沿って切断。左右の半体（半丸）にしたもので、これが取引の基本単位になっている。

枝肉の等級を決める「格付」は畜安法に基づくもので、格付員はこの畜安法に定められた「牛枝肉取引規格」に従って１頭ずつ格付していく。格付規格の詳細は後述するが、簡単に述べると枝肉の第６～７肋骨間を平直に切り開き（胴切り）、その断面の胸最長筋、背半棘筋、頭半棘筋の状態ならびにバラ、皮下脂肪、筋間脂肪の厚さなどをみて、「肉質」「歩留まり」の二つの項目で等級を判定する。現在では「Ａ５」「Ａ４」「Ｂ３」「Ｃ３」などと等級判定され、これが15段階に区分されている。

格付はすべて枝肉の段階で判定されているわけだが、この格付による取引規格はあくまでも枝肉の取引を標準化・合理化したもので、これだけでは枝肉すべてを判断することはできない。よくと畜場で購買者（買参者）が「この枝肉はモモ抜けが良い」「脂肪の色がいま一つ」「枝肉の均整がとれている」「ケンネンが小さい」などの声を耳にするが、こうしたことは実際に枝肉をみてみないと分からない。そしてこれらで枝肉を判断するケースも多い。右図では格付には表現できない枝肉のみるポイントを簡単に示した。

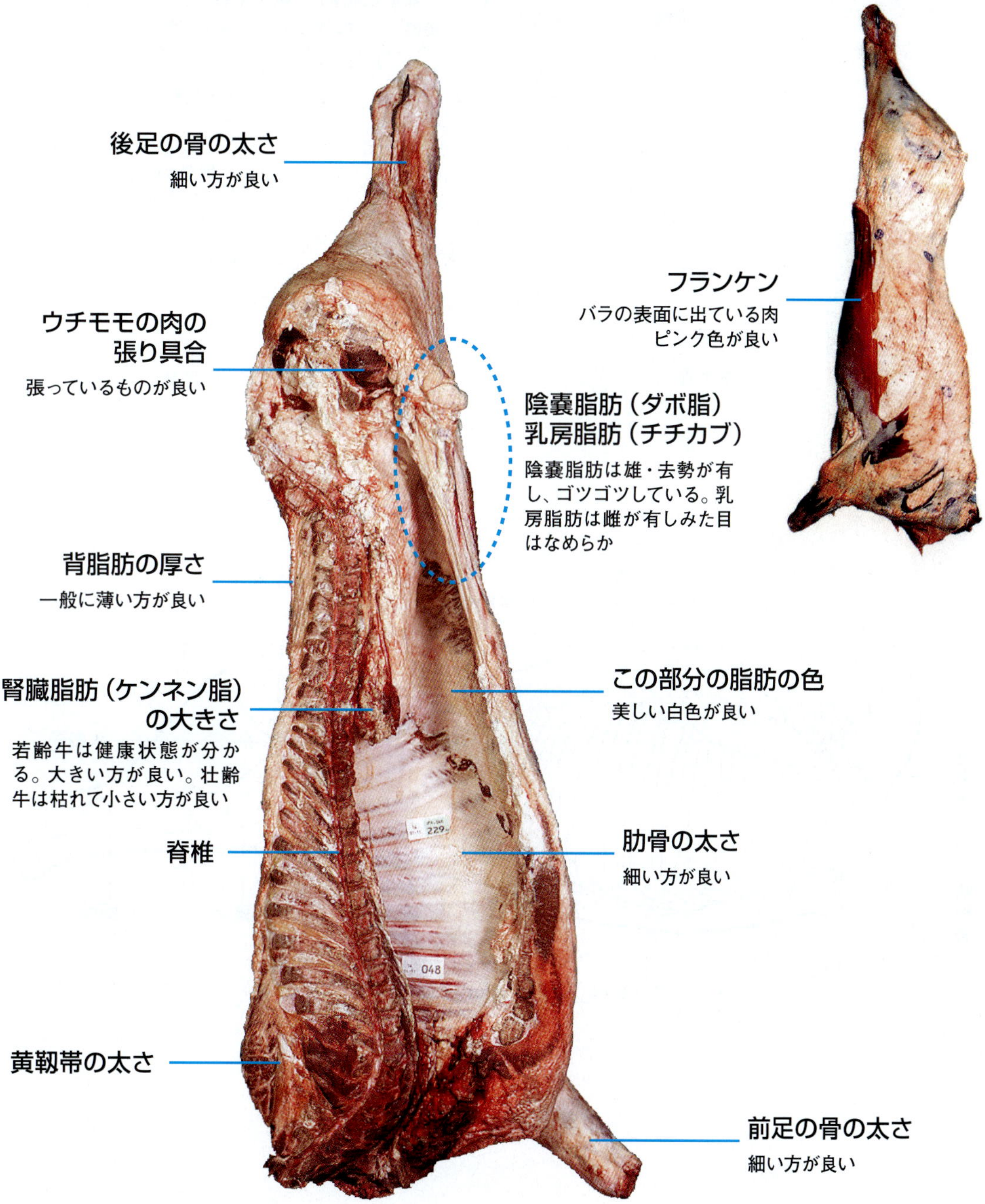
後足の骨の太さ
細い方が良い
ウチモモの肉の
張り具合
張っているものが良い
背脂肪の厚さ
一般に薄い方が良い
腎臓脂肪（ケンネン脂）
の大きさ
若齢牛は健康状態が分かる。大きい方が良い。壮齢牛は枯れて小さい方が良い
脊椎
黄靭帯の太さ
陰嚢脂肪（ダボ脂）
乳房脂肪（チチカブ）
陰嚢脂肪は雄・去勢が有し、ゴツゴツしている。乳房脂肪は雌が有しみた目はなめらか
この部分の脂肪の色
美しい白色が良い
肋骨の太さ
細い方が良い
前足の骨の太さ
細い方が良い
フランケン
バラの表面に出ている肉
ピンク色が良い

◎牛の骨格

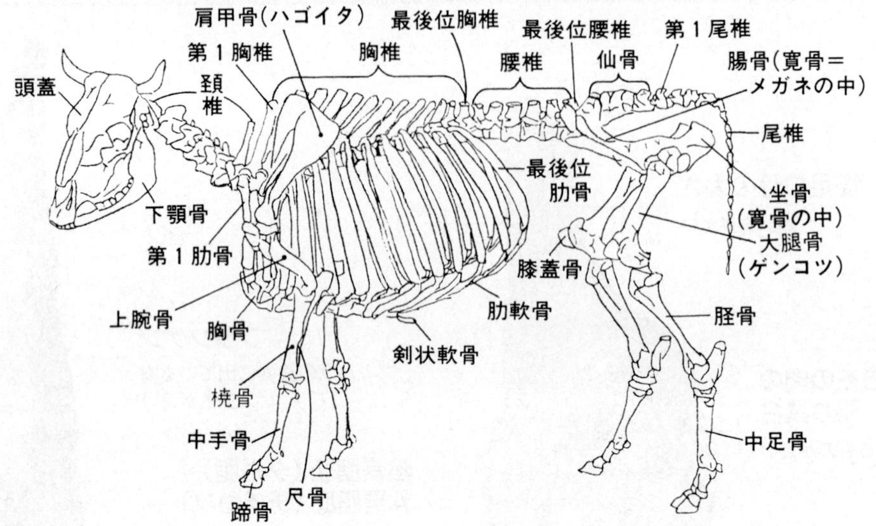

肩甲骨（ハゴイタ）
最後位胸椎
最後位腰椎
第1尾椎
第1胸椎
胸椎
腰椎
仙骨
腸骨（寛骨＝メガネの中）
頭蓋
頚椎
尾椎
最後位肋骨
下顎骨
坐骨（寛骨の中）
第1肋骨
大腿骨（ゲンコツ）
膝蓋骨
上腕骨
肋軟骨
脛骨
胸骨
剣状軟骨
橈骨
中手骨
中足骨
尺骨
蹄骨

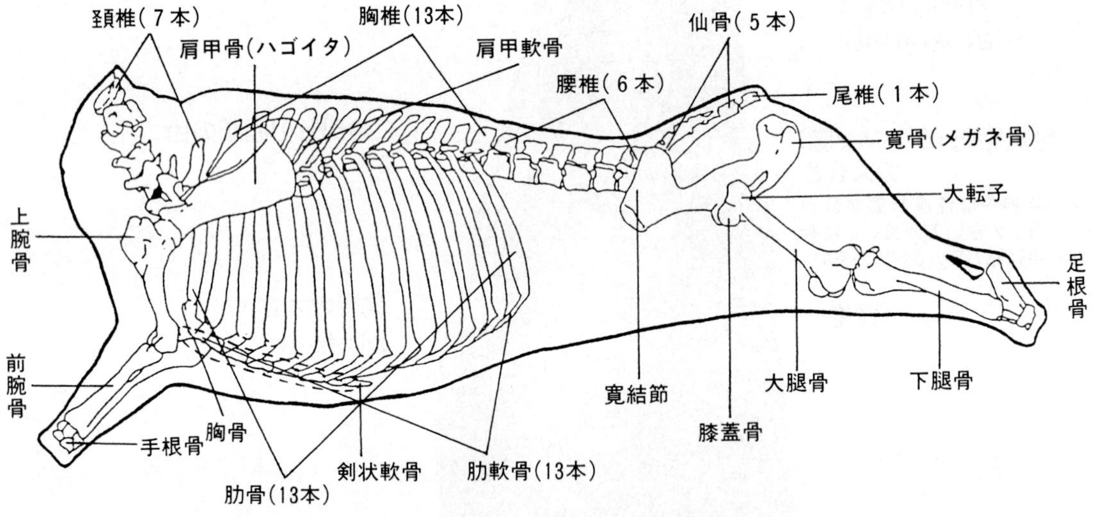

頚椎（7本）
胸椎（13本）
肩甲骨（ハゴイタ）
肩甲軟骨
仙骨（5本）
腰椎（6本）
尾椎（1本）
寛骨（メガネ骨）
大転子
上腕骨
足根骨
前腕骨
寛結節
大腿骨
下腿骨
手根骨
胸骨
膝蓋骨
剣状軟骨
肋軟骨（13本）
肋骨（13本）

◎牛の筋肉

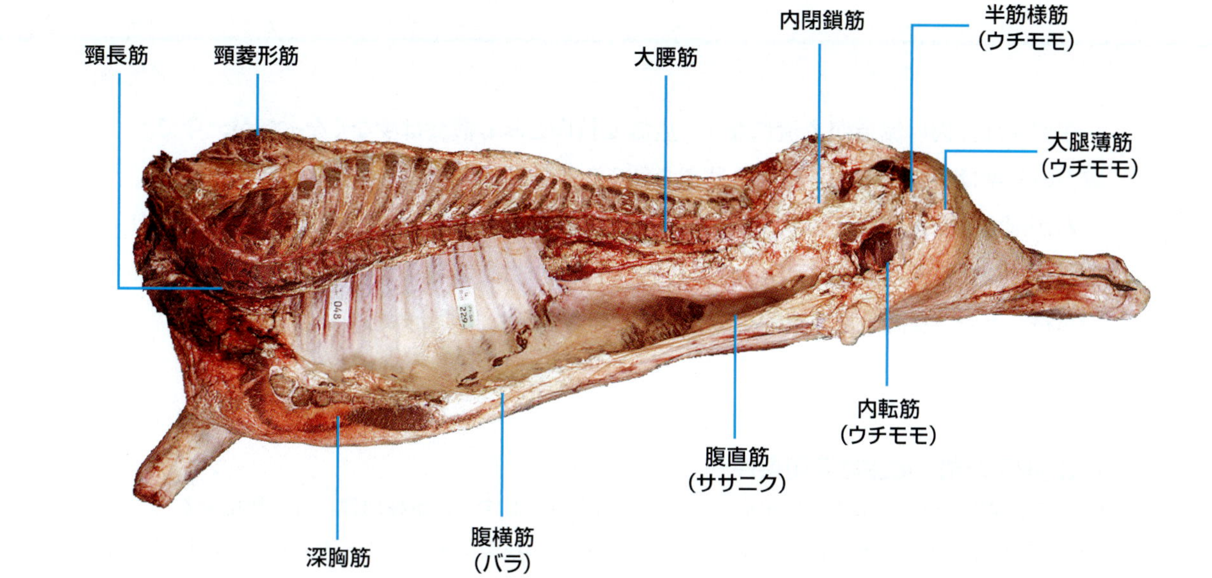
頸長筋
頸菱形筋
大腰筋
内閉鎖筋
半筋様筋
(ウチモモ)
大腿薄筋
(ウチモモ)
内転筋
(ウチモモ)
腹直筋
(ササニク)
腹横筋
(バラ)
深胸筋

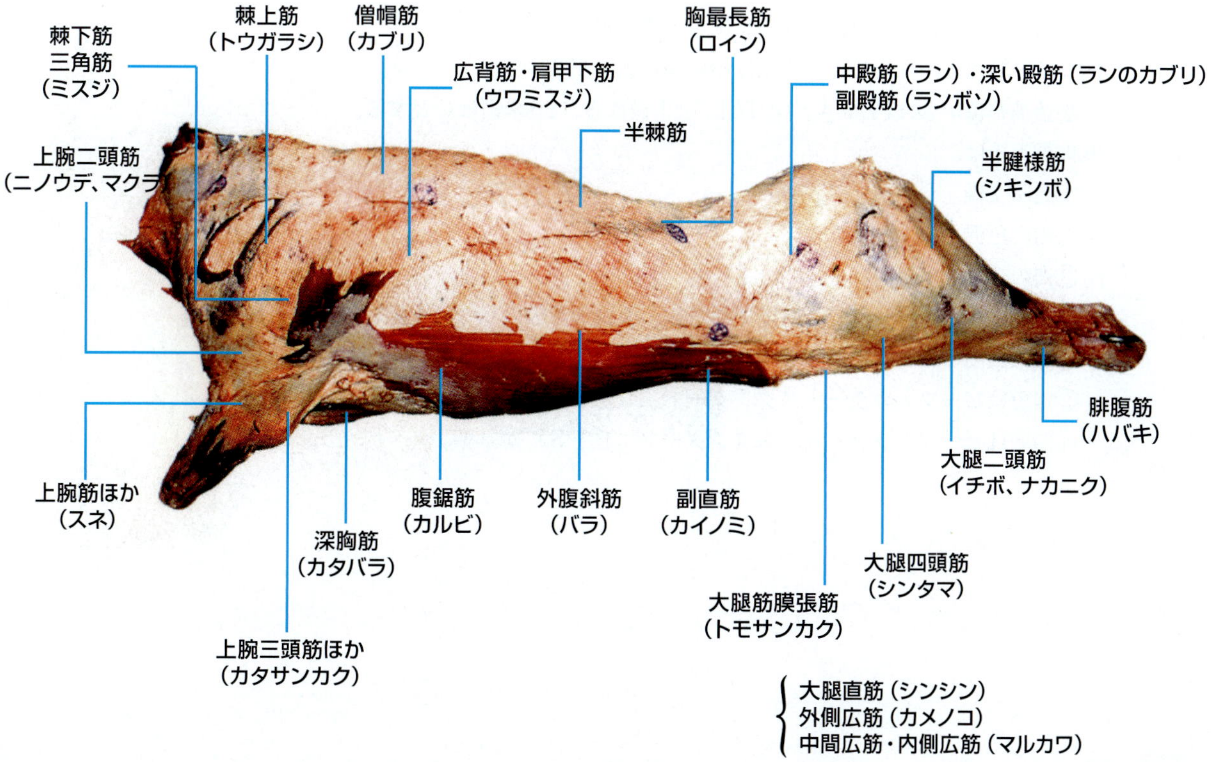
棘下筋
三角筋
(ミスジ)
棘上筋
(トウガラシ)
僧帽筋
(カブリ)
広背筋・肩甲下筋
(ウワミスジ)
胸最長筋
(ロイン)
中殿筋(ラン)・深い殿筋(ランのカブリ)
副殿筋(ランボソ)
半棘筋
上腕二頭筋
(ニノウデ、マクラ
半腱様筋
(シキンボ)
腓腹筋
(ハバキ)
大腿二頭筋
(イチボ、ナカニク)
上腕筋ほか
(スネ)
腹鋸筋
(カルビ)
外腹斜筋
(バラ)
副直筋
(カイノミ)
深胸筋
(カタバラ)
大腿四頭筋
(シンタマ)
大腿筋膜張筋
(トモサンカク)
上腕三頭筋ほか
(カタサンカク)
大腿直筋(シンシン)
外側広筋(カメノコ)
中間広筋・内側広筋(マルカワ)

枝肉の取引規格（格付）

牛肉は部分肉の流通が主流になり、店舗で枝肉をみる機会は少なくなったが、今でも取引の基準は枝肉である。枝肉の基本を知ることが部分肉の基本を知ることとなる。

わが国では食肉市場や食肉センターで牛枝肉の取引きが行われている。その際に食肉の評価・品質のチェックを行い、全国共通のランク付けを実施している。これが「枝肉取引規格」といい食肉の適正な取引を行う上での客観的な指標となっている。

「枝肉取引規格」の主な適用条件

(1)規格は解体整形方法によって整形した冷却枝肉を対象とする。温枝肉はこれに準用する。

(2)この規格は品種、年齢、性別にかかわらず、すべての枝肉に適用する。ただし子牛の枝肉は除く。

(3)この規格は枝肉の第6～第7肋骨《ろっこつ》間で平直に切り開き、胸最長《むねさいちょう》筋、背半棘《はいはんきょく》筋、頭半棘筋の状態および皮下脂肪、筋間脂肪の厚さが分かるようにする。

(4)この規格の適用は歩留・肉質について等級の格付を行なう。
枝肉に瑕疵《かし》があるものは瑕疵の状況を等級の表示に付記する。

(5)歩留等級（A・B・C）の決定は歩留基準値で判断する。
歩留基準値が72以上はA、69以上72未満はB、69未満はCとする。

(6)肉質等級は、
①脂肪交雑
②肉の色沢
③肉の締まり・きめ
④脂肪の色沢・質――の4項目で判断し、項目別等級のうち最も低い等級で格付をする。
①胸最長筋の脂肪交雑はビーフ・マーブリング・スタンダード（BMS）が基準。
②肉色はビーフ・カラー・スタンダード（BCS）が基準。
④脂肪はビーフ・ファット・スタンダード（BFS）が基準。

補足1◎解体整形方法

項　目	要　領
はく皮	真皮に沿ってはく皮する。
頭部切断	はく皮後、後頭骨端と第1頚椎《けいつい》との間で切断する。
内臓割去	腹側の正中線に沿って切り開き、胸骨および骨盤結合を縦に鋸断《きょだん》し、肛門および外陰部は周囲組織より分離し、横隔膜は体壁付着部より切断する。腎臓および腎臓脂肪は枝肉に残し、その他の内臓はすべて摘出する。陰茎、精巣、乳房（未経産を除く）は切除する。
前肢切断	手根《しゅこん》骨と中手《ちゅうしゅ》骨の間を切断する。
後肢切断	足根骨と中足骨の間を切断する。
尾切断	尾根部は第1～第2尾椎《びつい》の間で切断する。
枝肉の分割	尾椎および仙椎《せんつい》を縦断し、脊柱の中央に沿って左右の半丸枝肉に切断する。
半丸枝肉の切開	第6肋骨と第7肋骨との間で平直に切り開く。

（注1）枝　肉：骨格が木の枝のようにみえることからついた名称。
（注2）胴切り：ロース断面の状態をみるため、第6～第7肋骨の間をロース側から背線に直角にバラに達するまで切断すること。ふつうは左側の枝肉を切開する。

補足2◎瑕疵《かし》の種類区分と表示

瑕疵の種類	表示
多発性筋出血（シミ）	ア
水腫（ズル）	イ
筋炎（シコリ）	ウ
外傷（アタリ）	エ
割除（カツジョ）	オ
その他	カ

補足3◎歩留基準値の算式

歩留基準値＝67.37 ＋〔0.130×胸最長筋面積（cm^2）〕
＋〔0.667×「ばら」の厚さ（cm）〕
－〔0.025×冷屠体重量（半丸枝肉 kg）〕
－〔0.896×皮下脂肪の厚さ（cm）〕

（注）ただし、肉用種（和牛在来4品種と和牛間交雑牛）は、〔2.049〕を加算して歩留基準値とする。

歩留等級の区分

等級	歩留基準値	歩留
A	72以上	部分肉歩留が標準より良いもの
B	69以上、72未満	部分肉歩留が標準のもの
C	69未満	部分肉歩留が標準より劣るもの

第6～第7肋骨間の切開面：測定する面

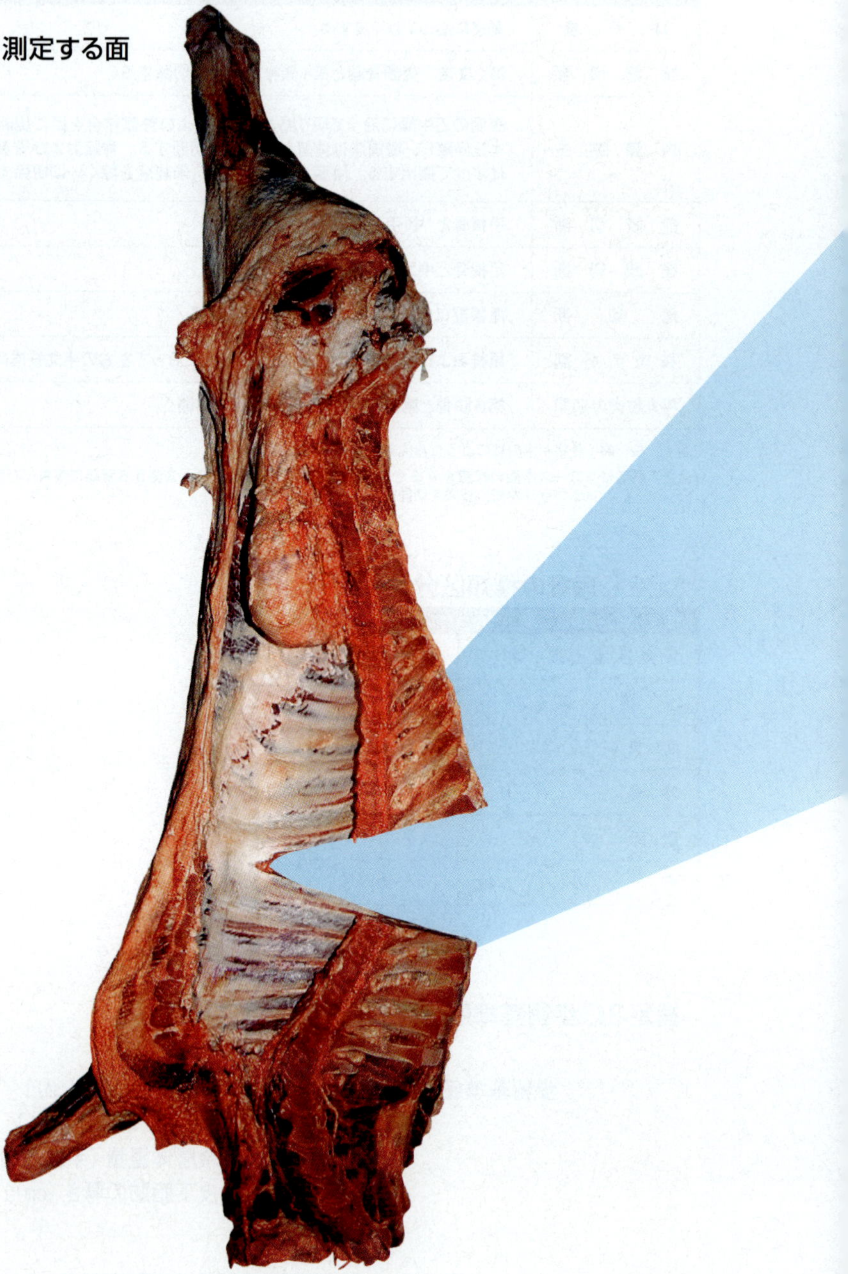

測定部位

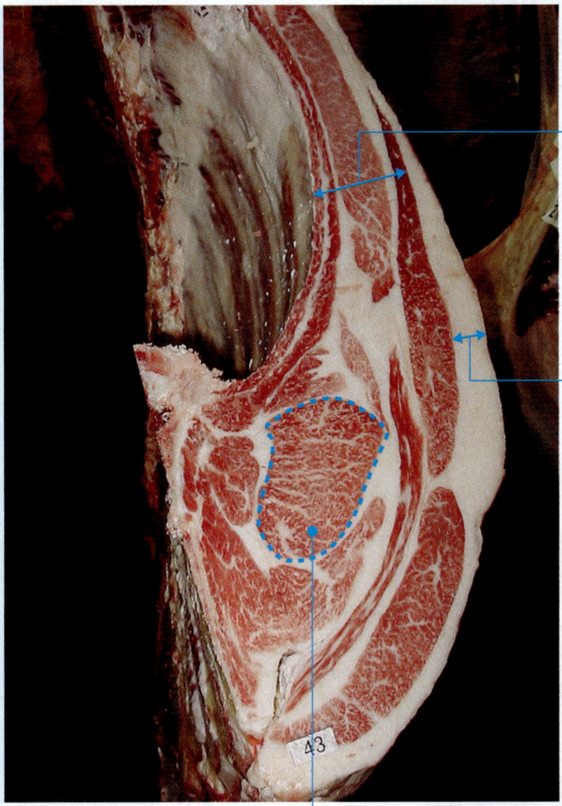

2.「ばら」の厚さの測定

ばらの厚さは、第6～第7肋骨間切開面における肋骨全長のほぼ中央において、胸腔の胸膜内面から広背筋外側までの長さ

3. 皮下脂肪の厚さの測定

皮下脂肪の厚さは、第6～第7肋骨間切開面において、腸肋筋側端から枝肉表面に直角に上げた線上で、広背筋外側から枝肉表面までの長さ。筋間脂肪の厚さについては、腸肋筋側端から広背筋内側までの長さ。ただし筋間脂肪の厚さは歩留基準値の算式には含まれない

1. 胸最長筋面積の測定

胸最長筋（ロースしん）面積は、第6～第7肋骨間切開面における胸最長筋筋膜線上を周囲とする面積

歩留等級の判定例

歩留等級「A5」の例

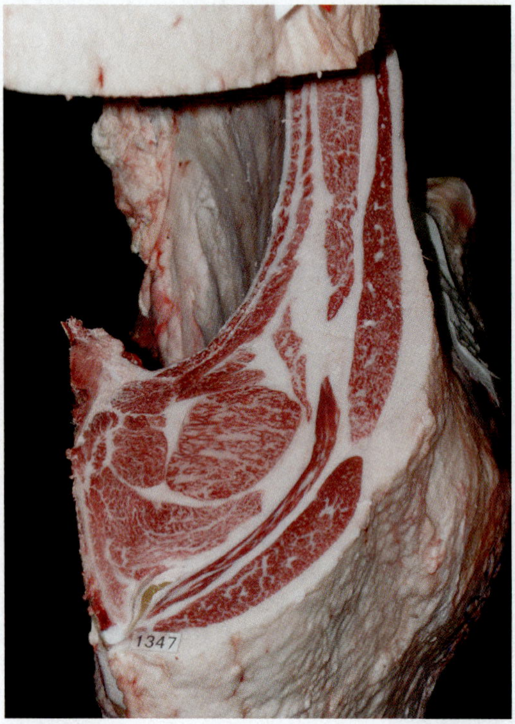

胸最長筋面積	55.0㎠
「ばら」の厚さ	6.5㎝
冷屠体重量（半丸枝肉）	214.0kg
皮下脂肪の厚さ	1.9㎝
歩留まり基準値（肉用種）	73.8

歩留等級「A3」の例

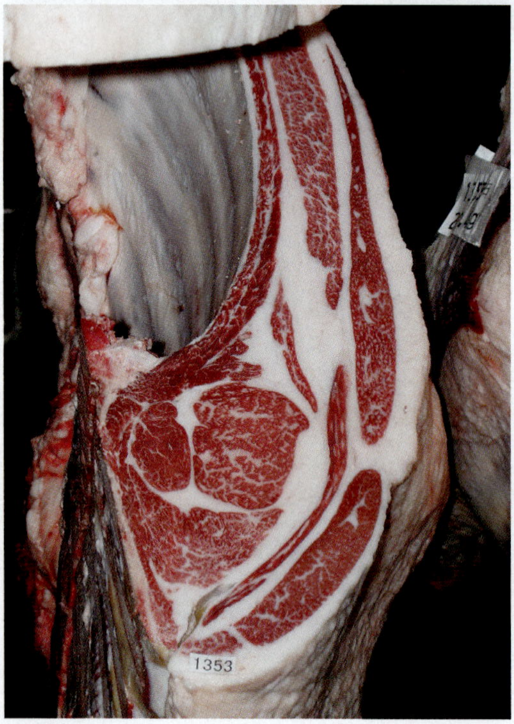

胸最長筋面積	55.0㎠
「ばら」の厚さ	6.5㎝
冷屠体重量（半丸枝肉）	204.3kg
皮下脂肪の厚さ	2.0㎝
歩留まり基準値（肉用種）	74.0

歩留等級「A2」の例

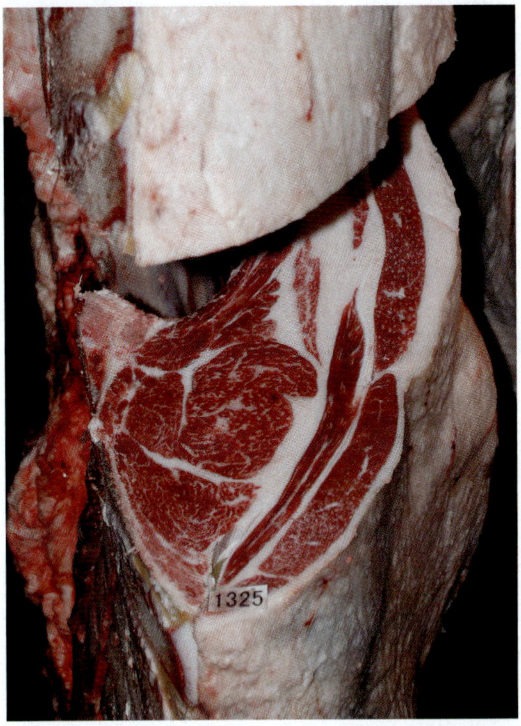

胸最長筋面積	44.0㎠
「ばら」の厚さ	5.8㎝
冷屠体重量（半丸枝肉）	191.6kg
皮下脂肪の厚さ	1.5㎝
歩留まり基準値（肉用種）	72.9

歩留等級「B3」の例

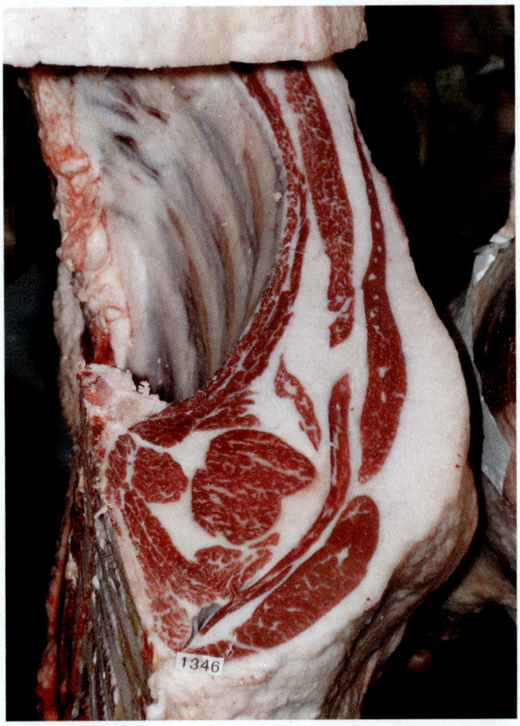

胸最長筋面積	48.0㎠
「ばら」の厚さ	6.2㎝
冷屠体重量（半丸枝肉）	205.3kg
皮下脂肪の厚さ	4.0㎝
歩留まり基準値（肉用種）	71.1

◎肉質等級の区分

区分	脂肪交雑	肉の色沢	肉の締まり・きめ	脂肪の色沢・質
5	脂肪交雑が かなり多いもの	肉色・光沢が かなり良いもの	締まりがかなり良く・きめ がかなり細かいもの	脂肪の色・光沢・質が かなり良いもの
4	脂肪交雑がやや多いもの	肉色・光沢が やや良いもの	締まりがやや良く・きめが やや細かいもの	脂肪の色・光沢・質が やや良いもの
3	脂肪交雑が標準のもの	肉色・光沢が標準のもの	締まり・きめが 標準のもの	脂肪の色・光沢・質が 標準のもの
2	脂肪交雑が やや少ないもの	肉色・光沢が 標準に準ずるもの	締まり・きめが 標準に準ずるもの	脂肪の色・光沢・質が 標準に準ずるもの
1	脂肪交雑が ほとんどないもの	肉色・光沢が劣るもの	締まりが劣り・きめが 粗いもの	脂肪の色・光沢・質が 劣るもの

◎脂肪交雑の等級区分

等　級		B.M.S. No.	脂肪交雑評価基準
5	かなり良いもの	No.8～No.12	2＋ 以上
4	やや良いもの	No.5～No.7	1＋～2
3	標準のもの	No.3～No.4	1－～2
2	やや少ないもの	No.2	0＋
1	ほとんどないもの	No.1	0

従来の判定基準

No.1

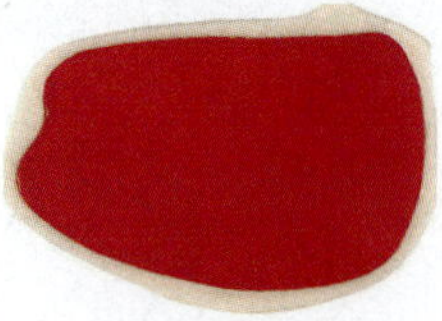

No.2

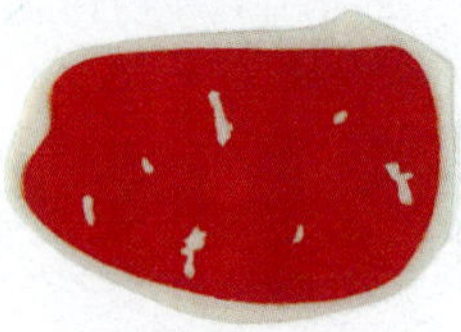

No.3

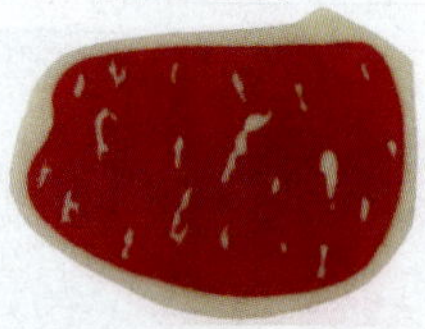

No.4

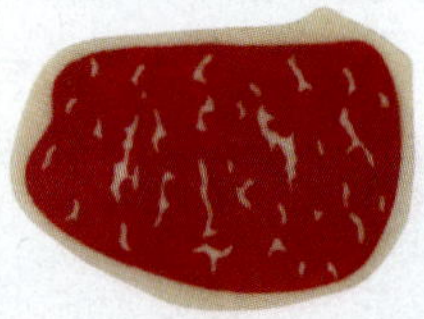

No.5

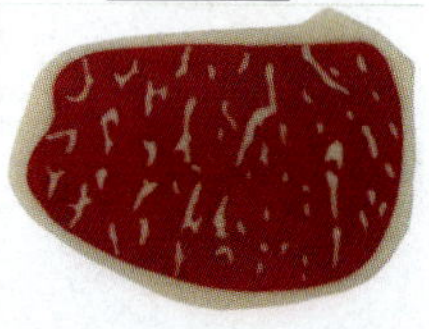

No.6

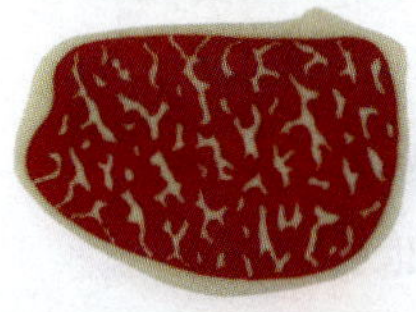

No.7

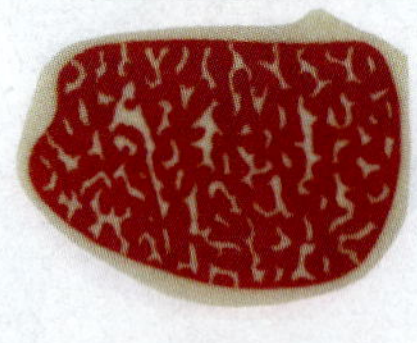

No.8

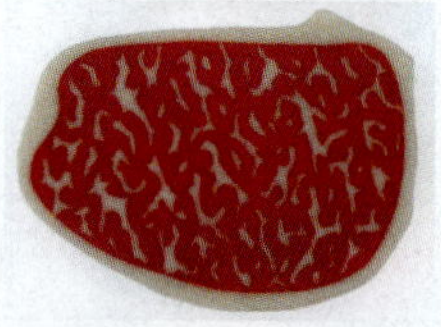

No.9

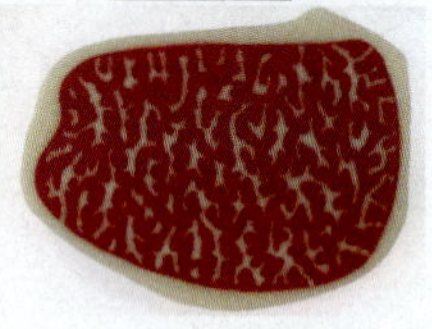

No.10

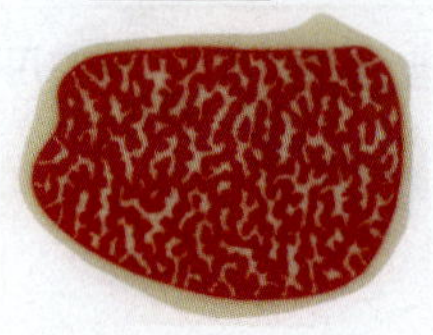

No.11

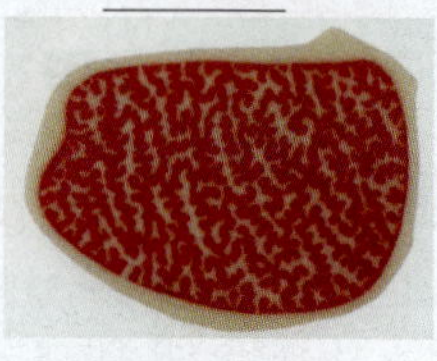

No.12

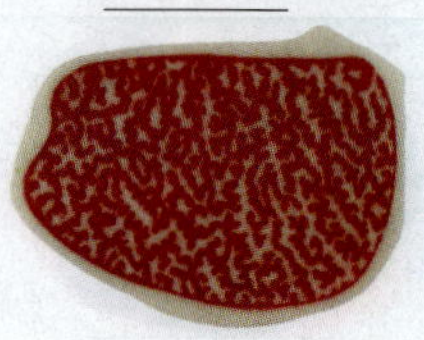

牛脂肪交雑基準

㈳日本格付協会では当初作製した牛脂肪交雑基準（B.M.S.）の画像解析では小ザシ部分を表現することが困難であったとして、平成20年５月に最新の画像解析技術を用いた写真を作成。同年８月から現行（下記）の写真をもちいて脂肪交雑の判定を行うこととなった。なお、No.1、No.2の写真はNo.1がほとんど脂肪交雑がないこと、No.2はNo.3を超えないものとして写真は作成していない。

No.3

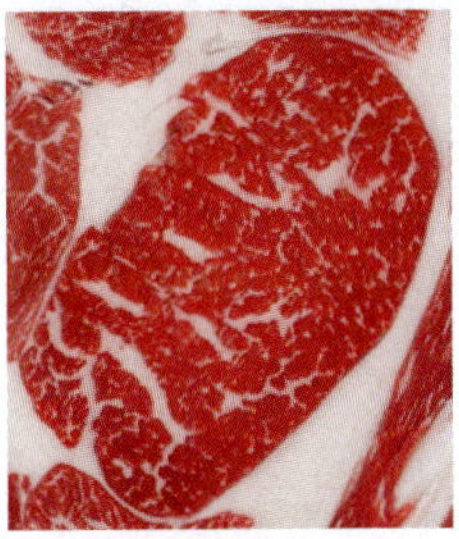

No.4

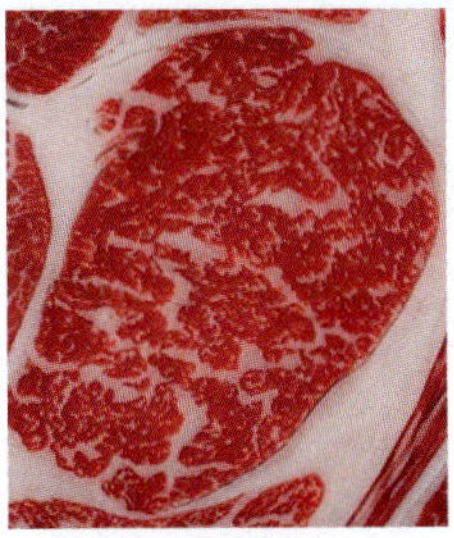

No.5

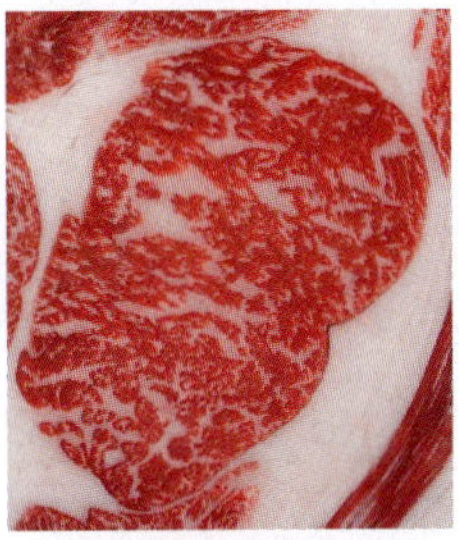

No.6

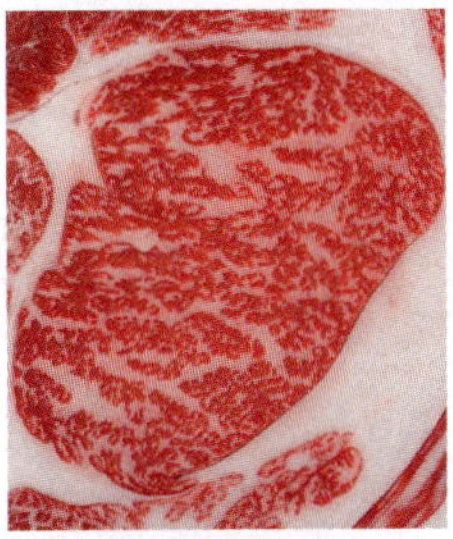

No.7

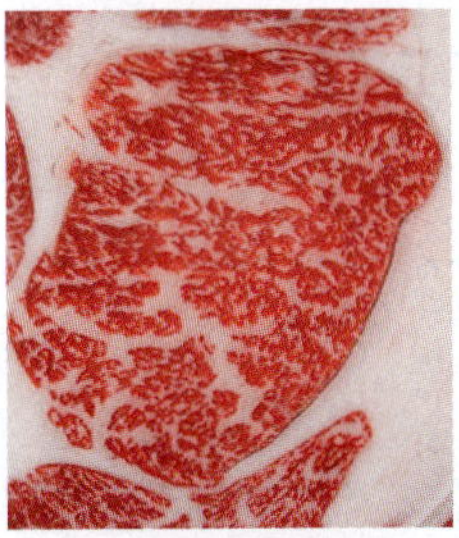

No.8

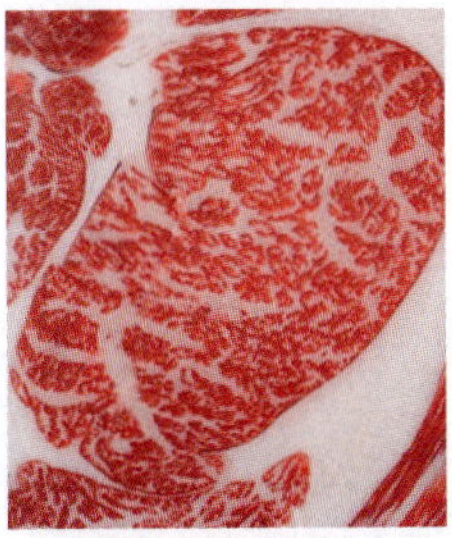

No.9

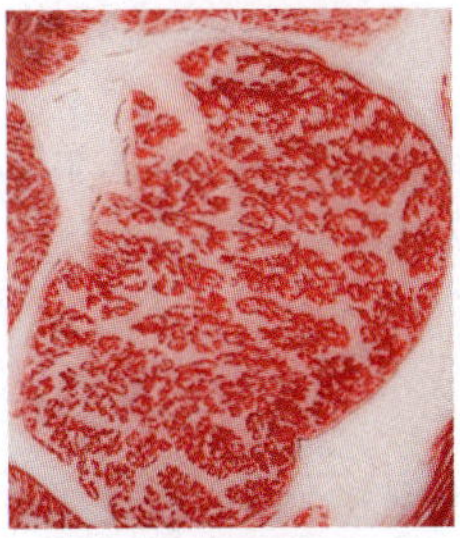

No.10

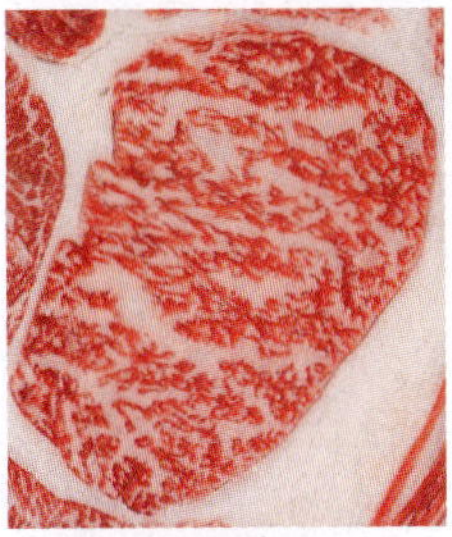

No.11

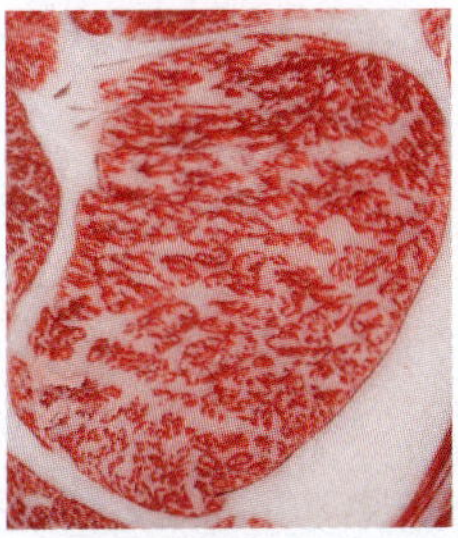

No.12

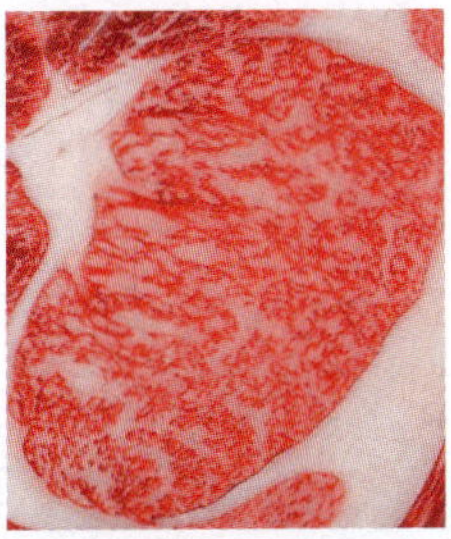

◎肉色・光沢の等級区分

等　級		B.C.S. No.	光　沢
5	かなり良いもの	No.3～No.5	かなり良いもの
4	やや良いもの	No.2～No.6	やや良いもの
3	標準のもの	No.1～No.6	標準のもの
2	標準に準ずるもの	No.1～No.7	標準に準ずるもの
1	劣るもの	等級5～2以外のもの	

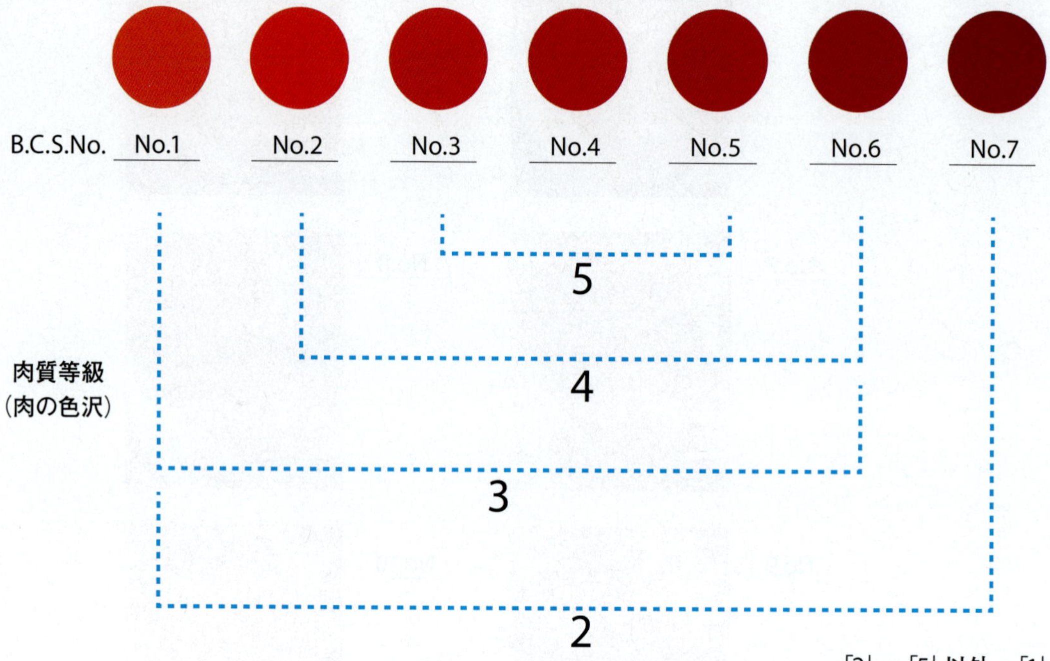

「2」～「5」以外＝「1」

◎脂肪の色沢・質の等級区分

等　　級		B.F.S. No.	光沢と質
5	かなり良いもの	No.1～No.4	かなり良いもの
4	やや良いもの	No.1～No.5	やや良いもの
3	標準のもの	No.1～No.6	標準のもの
2	標準に準ずるもの	No.1～No.7	標準に準ずるもの
1	劣るもの	等級5～2以外のもの	

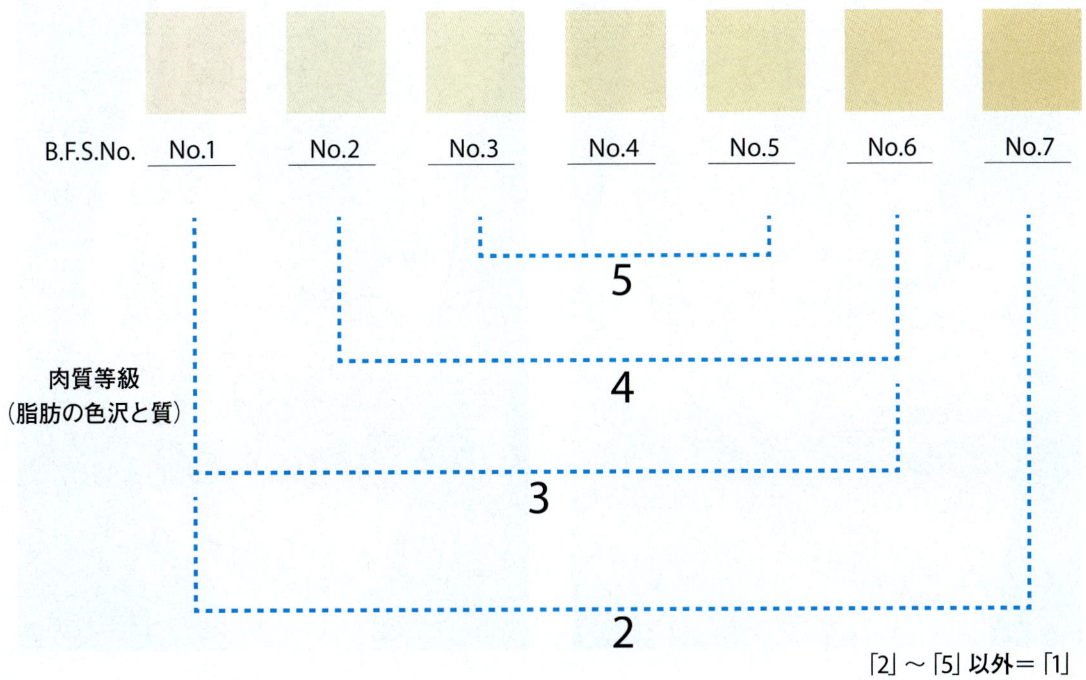

◎肉の締まり・きめの等級区分

等　級	締まり	き　め
5	かなり良いもの	かなり細かいもの
4	やや良いもの	やや細かいもの
3	標準のもの	標準のもの
2	標準に準ずるもの	標準に準ずるもの
1	劣るもの	粗いもの

肉のしまりおよびきめがかなり良いもの

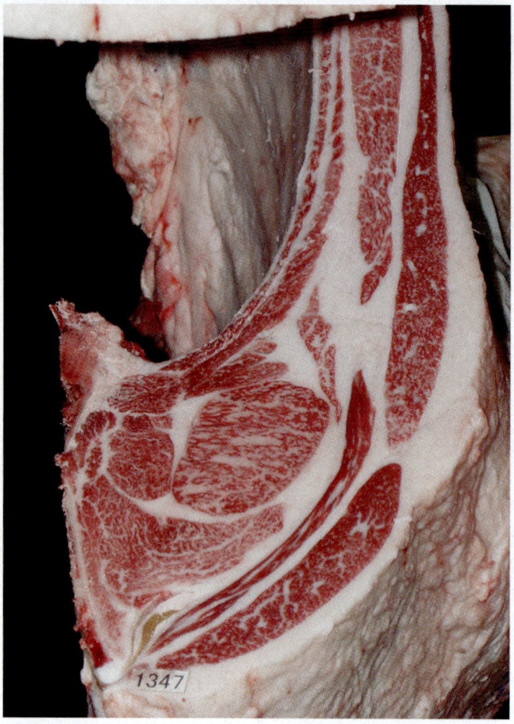

肉の締まりおよびきめが劣るもの

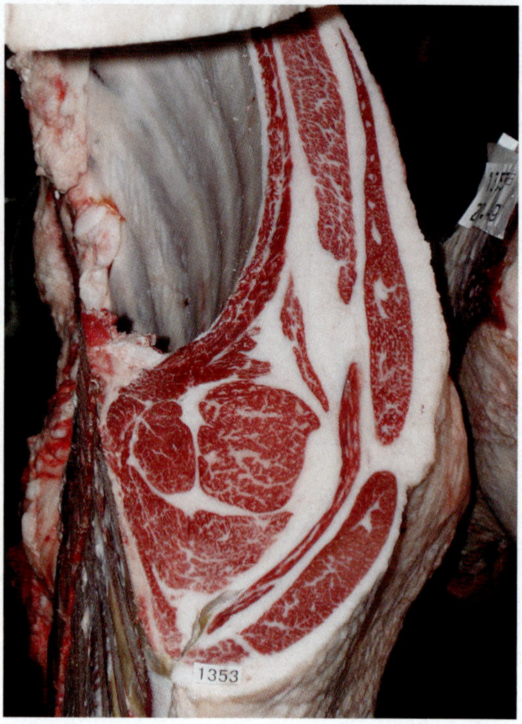

◎等級表示

歩留等級	肉質等級				
	5	4	3	2	1
A	A5	A4	A3	A2	A1
B	B5	B4	B3	B2	B1
C	C5	C4	C3	C2	C1

等級表示の例

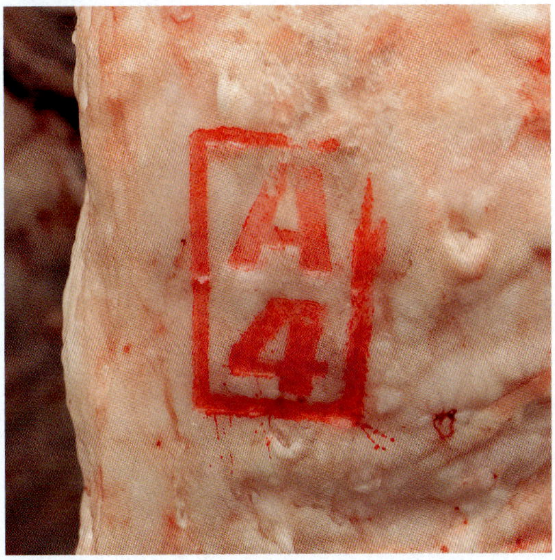

等級の表示
（画像はA4等級）

瑕疵の表示
（画像は筋炎）

瑕疵の種類区分と表示

瑕疵の種類	表示
多発性筋出血（シミ）	ア
水　　腫（ズル）	イ
筋　　炎（シコリ）	ウ
外　　傷（アタリ）	エ
割　　除（カツジョ）	オ
そ　の　他	カ

なお、その他（カ）は、背割不良、骨折、放血不良、異臭、異色のあるもの及び、著しく汚染されているものなど、ア～オに該当しないものである。

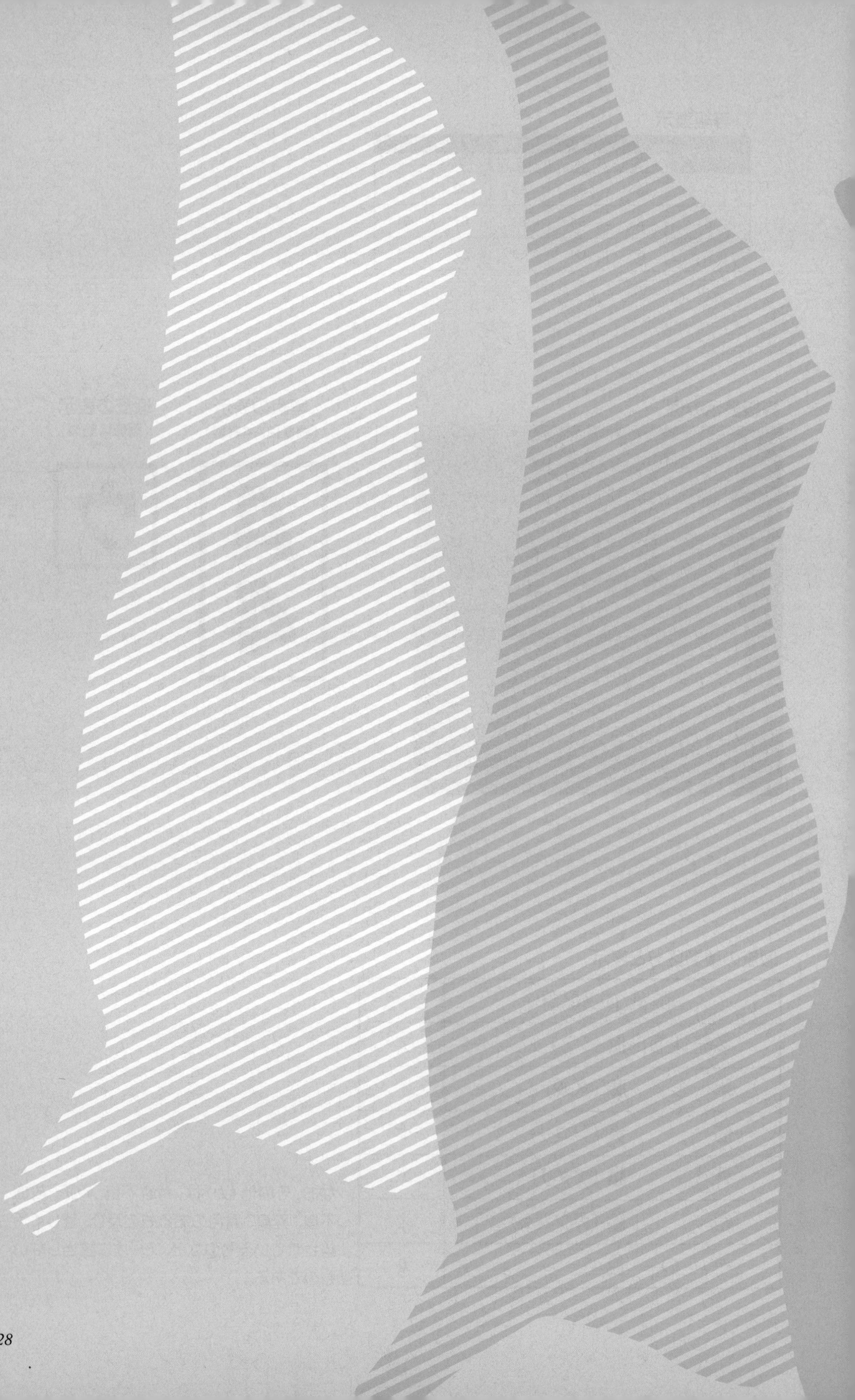

第2章
部分肉の知識

部分肉規格とノーマル規格の概要

枝肉から部分肉に加工する分割・整形方法として一般的に用いられている規格は農林水産省が畜安法にもとづいて定めた「牛部分肉取引規格」で、分割後の部位の数（13部位）と名称を次のように規定している。

部分肉取引規格の13部位		
①ねっく	⑥リブロース	⑪らんいち
②かたロース	⑦サーロイン	⑫そともも
③かたばら	⑧ともばら	⑬すね
④かた	⑨うちもも	
⑤ヒレ	⑩しんたま	

しかしながら大勢を占めるスーパーなどでは店舗の業態や規模の違い、作業オペレーションの効率改善などから店舗で行う作業にマニュアル化（標準化）を進めて〝高い生産性〟を追及している。

さらには、この規格化された部分肉を小売用に小割り・筋（スジ）引き・整形ができる高い技術をもつ従業員は慢性的に不足しており従業員の技術教育が追いつかない状況にある。そのため複雑で高度な特殊技術を必要とするトリミング（小割り・整形）はできるだけ外部の専門家に依頼して店舗の作業をマニュアル化できるようにシンプルな規格にしている。

したがって「牛部分肉取引規格」を基本にしながら企業独自の商品化にあった〝より細分化された〟原料肉規格を定めている場合が多くみられる。ここでは枝肉から加工された部分肉（取引規格）そのものがもつ特質を大切にしながら、かつ小売ユーザーのニーズも取り入れて一般的に流通している〝ノーマル規格〟をもとに小売用の商品化を学習する。

【まえ】

大分割	部分肉規格	ノーマル規格
「枝肉」まえ	ねっく	ネック
	かたロース	かたロース
	かたばら	ブリスケ
		三角ばら
	かた（うで）	かた（うで）
		とうがらし
	（まえ）ずね	まえずね
		にのうで

分割と整形の要点

1. 枝肉「まえ」は第6～第7肋骨《ろっこつ》間で枝肉「とも」と切断する
2. 枝肉「前肢」は、その付着部において「胸部」から引き離すようにして、肩甲骨《けんこうこつ》（肩甲軟骨を含む）に付属する筋肉とともに分離する
3. 枝肉「前肢」の除骨は前腕骨《ぜんわんこつ》、手根骨《しゅこんこつ》、肩甲骨、上腕骨の順に進め、烏口腕筋《うこうわんきん》と上《じょう》腕筋《わんきん》（まくら）の間で切断し部分肉「かた」と「まえすね」に分離する
4. 枝肉「かたロース・ねっく」と枝肉「かたばら」の切断は肋骨の付け根から肋骨の長さ3分の1の箇所で背線に並行に切断する
5. 部分肉「ねっく」と「かたロース」の分割は第3～第4頸椎《けいつい》跡間で背線に直角に切断する
6. 部分肉「かたばら」は肋間筋《ろっかんきん》に残る残骨《ざんこつ》・胸《きょう》膜《まく》・リンパ節・周辺脂肪を除去し、胸骨周辺の硬い脂肪は肋間筋と水平になるように除去し、脂肪の厚さを10mm以内に整形する

注）部位の表記は畜安法に基づいて定められている「牛部分肉取引規格」を基本に表記していますが、そのほかのノーマル規格等の表記は当ページの表記に基づいています。ただし、便宜上、ひらがなだけの表記では読みにくい場合等があるため、カタカナ表記を適宜使い分けています。また関東・関西表記（例＝ザブトン、クラシタなど）では一部カッコで括って使い分けている場合もあります。

【ロイン】

大分割	部分肉規格	ノーマル規格
「枝肉」ロイン	ヒレ	ヒレ
	リブロース	リブロース
	サーロイン	サーロイン

分割と整形の要点

1 「ロイン」から「ヒレ」を分離し、胸椎《きょうつい》・腰《よう》椎《つい》・肋骨を除骨する

2 第10～第11胸椎跡間で背線に直角に切断してリブロースとサーロインに分離する

3 ヒレ、リブロース、サーロインの表脂面は10mm以内に整形する

【ともばら】

大分割	部分肉規格	ノーマル規格
「枝肉」ともばら	ともばら	うちばら
		そとばら

分割と整形の要点

1 肋骨先端（肋軟骨部分）をおおうインサイドスカートを肋骨に沿ってめくるようにはがし、肋軟骨をすべて現わしてから除骨する

2 腹膜をはずし白線部は10mmの幅で除去する

3 乳房脂肪（チチカブ）と陰嚢脂肪（キンアブラ）は腹皮筋（カッパ）の下層10mm以内に除去して整形する

4 フランクとカイノミの境目から切り込んで「とも」切断面側の2分の1幅の箇所を結ぶ線で外バラと中バラに分割する

【も　も】

大分割	部分肉規格	ノーマル規格
「枝肉」も　も	うちもも	うちもも
	しんたま	しんたま
	らんいち	らんいち
	そともも	そともも
		はばき（ヒール）
	（とも）ずね	ともずね

分割と整形の要点

1 寛骨《かんこつ》に沿ってナイフを入れ、ウチモモのカブリとシンタマとソトモモの境に沿って刃先を進めてウチモモを分離する

2 寛骨に沿って刃先を進め寛骨の端まできたら、続く仙椎《せんつい》に沿って、さらに尾椎《びつい》まで刃先を進めて、寛骨・仙椎・第1尾椎までを一緒につなげたまま除骨する

3 下《か》腿骨《たいこつ》に沿ってナイフを入れ、そのまま膝蓋《しつがい》骨《こつ》の部分まで刃先を進め、さらに大腿骨《だいたいこつ》に沿って刃先を進め腿骨との接点箇所を切り開く

4 腿骨にナイフを入れ終えたら下腿骨の部分からトモスネ・シンタマ・ソトモモ・ランイチの順に部分肉を分離する

5 分離したらシンタマ部に残る膝蓋骨を除去し、次にソトモモ部とスネ部をスジ膜に沿って刃先を進めて分離し、さらにソトモモ部とシンタマ部とのスジ膜に沿って刃先を進めて分離し、ランイチ箇所まできたらシンタマのトモサンカクとランイチの境目であるスジ膜に沿ってシンタマを分離する

6 ソトモモのシキンボ背線に対して直角にシキンボ先端箇所でソトモモとランイチを切り離す

枝肉の分割と部分肉規格

大分割とは、半丸枝肉から部分肉を生産する前段階で、「まえ」「ともばら」「ロイン（ヒレを含む）」「もも」の４部位に分割することをいう。

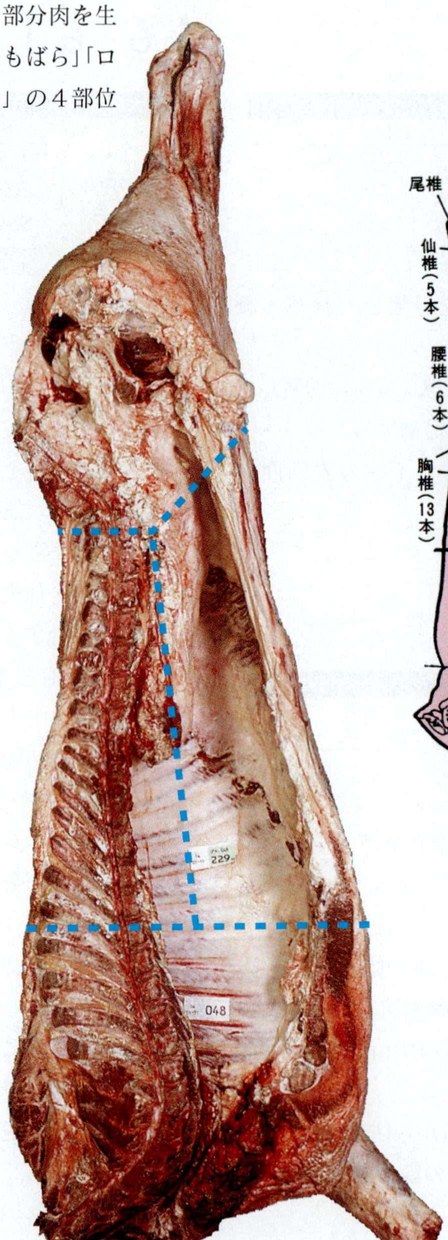

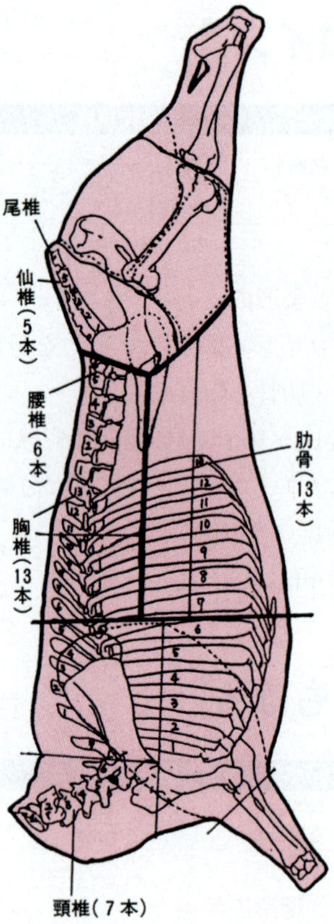

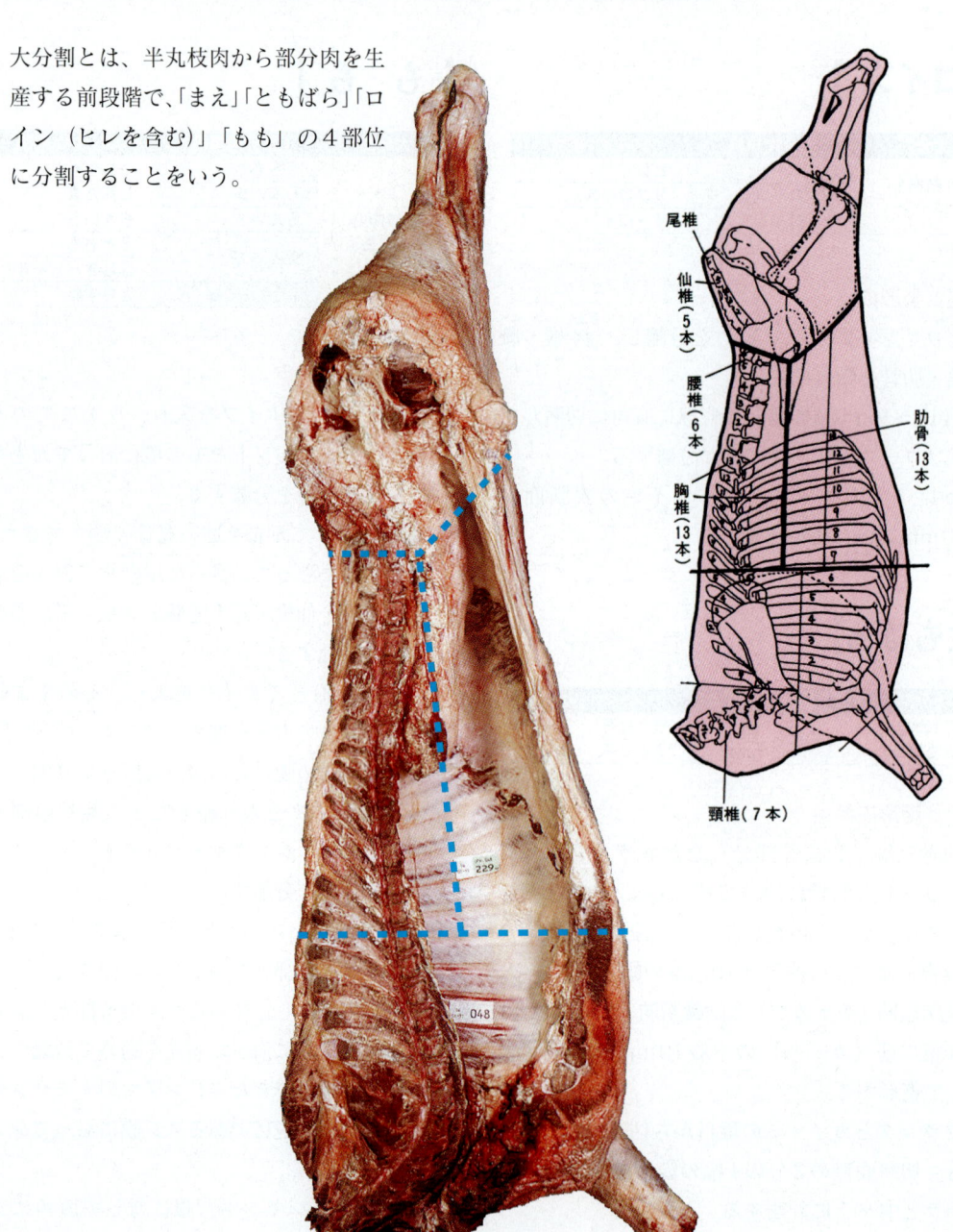

各部位の部分肉規格および重量と割合（一例）

和牛去勢「A3」、枝肉重量＝半丸223.7kg

大分割	部分肉規格	重量	構成比	筋引整形後	重量	構成比
まえ 枝肉重量 87.6kg 39.15%	ねっく	6.3kg	3.60%	ねっく	4.9kg	3.31%
	かたロース	20.5kg	11.71%	かたロース	18.3kg	12.36%
	かたばら	21.4kg	12.22%	ブリスケ	11.2kg	7.57%
				三角ばら	4.2kg	2.84%
	かた（うで）	15.7kg	8.97%	かた（うで）	12.0kg	8.11%
	とうがらし	3.4kg	1.94%	とうがらし	2.8kg	1.89%
	まえずね	5.2kg	2.97%	まえずね	5.1kg	3.45%
	まえセット	72.5kg	41.40%	まえセット	58.5kg	39.52%
	歩留り82.76%			歩留り66.78%		
ロイン 枝肉重量 32.7kg 14.61%	ヒレ	5.4kg	3.08%	ヒレ	4.4kg	2.97%
	リブロース	11.2kg	6.40%	リブロース	10.6kg	7.16%
	サーロイン	9.9kg	5.65%	サーロイン	8.9kg	6.01%
	ロインセット	26.5kg	15.13%	ロインセット	23.9kg	16.14%
	歩留り81.03%			歩留り73.08%		
ともばら 枝肉重量 40.10kg 17.92%	ともばら	31.8kg	18.16%	うちばら	12.0kg	8.11%
				そとばら	12.7kg	8.58%
	ばらセット	31.8kg	18.16%	バラセット	24.7kg	16.68%
	歩留り79.30%			歩留り61.59%		
もも 枝肉重量 56.6kg 25.30%	うちもも	11.3kg	6.45%	うちもも	10.5kg	7.09%
	しんたま	10.5kg	6.00%	しんたま	9.3kg	6.28%
	らんいち	9.4kg	5.37%	らんいち	9.0kg	6.08%
	そともも	10.7kg	6.11%	そともも	7.6kg	5.14%
				はばき	2.2kg	1.49%
	ともずね	2.4kg	1.37%	ともずね	2.3kg	1.55%
	ももセット	44.3kg	25.29%	ももセット	40.9kg	27.63%
	歩留り78.26%			歩留り72.26%		
半丸セット	フルセット	175.1kg100%		フルセット	148.0kg100%	
枝肉重量						
223.7kg	歩留り78.27%			歩留り66.16%		

（注）1. 大分割は「まえ」、「ロイン」、「ばら」、「もも」の4分割。
2. 部分肉規格は大分割からの除骨および部分肉に分割。
3. 小分割規格は「部分肉取引規格」の「整形方法」に準じる一般流通〝ノーマル規格〟に整形したもの。
要点：脂肪の厚さ10mm以内、リンパ節・汚染部は除去。
4. ケンネン脂は8.9kg

◎生体から精肉に至る歩留まりの推移（目安）

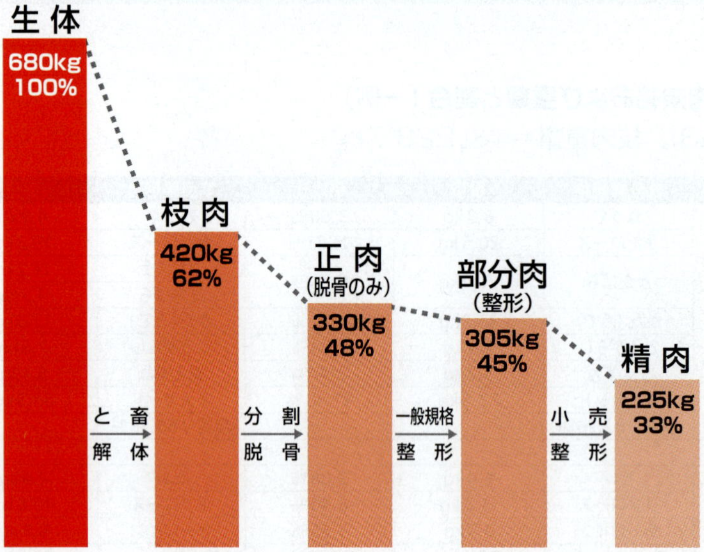

食肉流通の過程で食肉は、生体→枝肉→大分割→中分割→部分肉（正肉）→精肉（小売用）というように形を変えていく。その過程の中で、分割・脱骨・整形が行われ、廃棄される部分が出てくる。実際に、生体から精肉になるまでは重量はかなり小さくなる。

図は一般的な和牛が生体から精肉になるまでの重量の変化を示した一例。生体はと畜解体工程を経ることによって、内臓、皮、頭、尾、足などが分離され、枝肉となる。枝肉は大分割（マエ、ロイン、バラ、モモ）に分割され、それぞれ脱骨され、牛部分肉取引規格による整形を経て部分肉に加工される。枝肉から部分肉への歩留まりは格付けグレードで違いがあるが72～78％が目安となっている。

さらに、部分肉から小売用の精肉にいたる場合は、スライス、焼き肉などに商品化されるが、ここでも余分な脂肪やスジ引きが行われる。最終的に小売商品段階の重量は枝肉の約半分、生体の３分の１まで重量を減らしていることになる。

◎牛部分肉取引規格に基づく部分肉

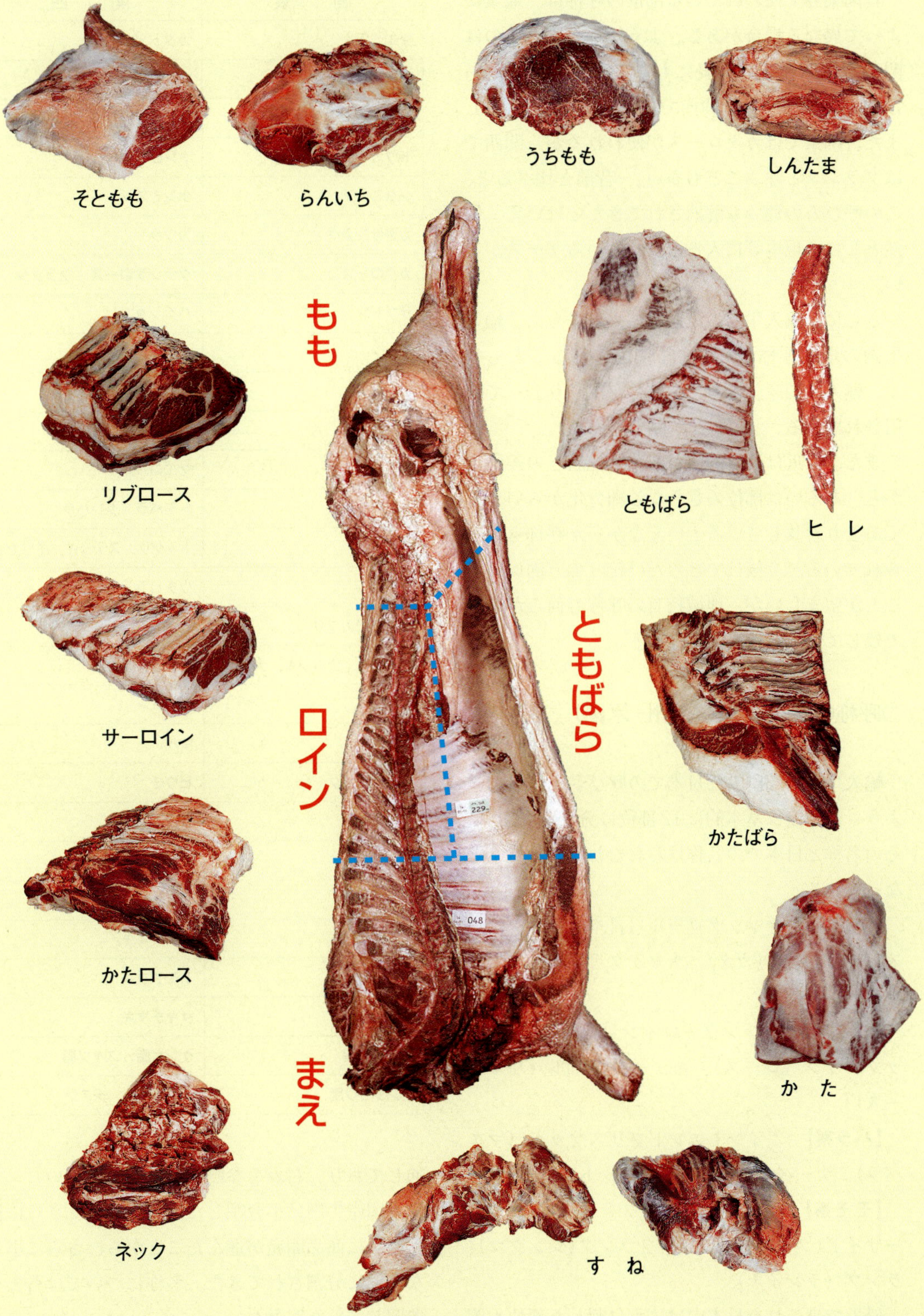

◎呼称の違い（関東・関西）

食肉業界で使われている部位の呼称は、地域によって異なる場合がある。よく知られているのは関東と関西の違い。表にもあるように、「ヒレ」は関東では使うが、関西では「ヘレ」が一般的。また、関東ではカタロースが使われるが、関西ではクラシタと呼ぶことも多い。一昔前と比べると、この呼び方の違いも解消されてきたとはいえ、依然として、現場等に入ると残っているケースが多い。

さらに、輸入牛肉の流通量拡大とともに、輸入牛肉の現地呼称がそのまま使用されることも多く、輸入、国産、地方での呼称が混じり合って使用されている。

また、最近は焼き肉店などで、他店との差別化から、あるいは部位のさらなる細分化からいままであまり普及しているといえなかった呼称も用いられている。今後はできるだけ統一の方向にいくことが望ましいが、地域特有の呼称も何らかの形で残していきたいものではある。

関東と関西の部位の呼称

関　東	関　西
マエ	カタ
カタバラ	マエバラ
カタ、シャクシ	ウデ
トウガラシ	トンビ
シタミスジ	ホンミスジ
カタサンカク	カワラ
カタロース	クラシタロース、クラシタ
ザブトン	ハネシタ
ネック	ネッキ、ネジ
ヒレ	ヘレ
サーロイン	サーロイン
リブロース	マエロース
トモバラ	トモバラ、タレバラ
モモ	トックリ、ステッキ、イワカミ
ウチモモ	ウチヒラ
ウチモモカブリ	ヒラカワ
ソトモモ、ナカシキ、ナカニク	ソトヒラ
シキンボ	ダイコン
シンタマ	マル
トモサンカク	ヒウチ
ランイチ	ラムイチ
ランプ	ラム
ランボソ	ラムシン
マエスネ	マエチマキ
トモスネ	トモチマキ
ハバキ	ダキチマキ
ケンネン脂	ケンネ脂、スイツ脂
ケンショウ脂	テンカイチ、チスジ

◎呼称の違い（日本・豪州・米国）

輸入牛肉の部位名と日本での呼び名を比べてみよう。豪州産は基本的に12部位に分かれており、その名称と日本での名称はおおむね次のとおりとなっている。

【マエ系】 チャックロール（日本名＝カタロース）、クロッド（カタ）、チャックテンダー（トウガラシ）

【ロイン系】 テンダーロイン（ヒレ）、ストリップロイン（ロース）、キューブロール（リブロース）

【バラ系】 ポイントエンドブリスケット（マエバラ）、ナーベルエンドブリスケット（トモバラ）

【モモ系】 トップサイド（ウチモモ）、シルバーサイド(ソトモモ)、シックフランク(シンタマ)、ランプ（ランイチ）

最近ではこれを日本向けに小分割した部位も流通しており、右表を参照していただきたい。

米国産牛肉は小分割した部位が多く、さらに日本向けに商品開発が進んだことから、さらに小さな部位に分割されてきた。名称については右表を参照していただきたい。

	中分割	小分割	豪州産	米国産	特徴・用途
マエ	カタロース	カタロース	チャックロール	チャックロール	適度に脂肪があるので味が良い。ステーキ、焼き肉、すき焼きに向く
		ネック	ネック	ネック	カブリをはずして切り落としに使用する
	カタバラ	カタバラ	ポイント	ブリスケット	スジ、余分な脂肪をトリミングして焼き肉に商品化
		サンカクバラ	チャックリブ	チャックリブ	サシが入りやすい部位なので、上カルビがとれる
	カタ	ウワミスジ	クロッド		表面の固いスジを除去すれば、軟らかいので上質の焼き肉用になる
		シタミスジ		トップブレードマッスル	スライスしてしゃぶしゃぶ、またはすき焼き用によい
		カタサンカク		クロッドハート	一部ステーキ用がとれるが、焼き肉、スライスがよい
		コサンカク			一部ステーキ用がとれるが、焼き肉、スライスがよい
		トウガラシ	チャックテンダー	チャックテンダー	ローストビーフ、タタキによい
		ニノウデ			ここまではあまり分割しないが、和牛の場合はタタキ、焼き肉に向く
	スネ	マエズネ	シン	シャンク	ひき材、シチューのほか、タタキもとれる
ロイン	ヒレ	ヒレ	テンダーロイン	テンダーロイン	もっとも軟らかい部位。主な用途はステーキと焼き肉
	ロース	リブロース	キューブロール	リブアイロール	カタの方は薄切り、サーロイン側はステーキ
		カブリ		リフターミート	切り落とし用に向く
		サーロイン	ストリップロイン	ストリップロイン	ステーキが一般的だが、焼き肉、スライスにも向く
トモバラ	ウチバラ（ナカバラ）	ウチバラ（ナカバラ）	ショートリブ	ショートプレート	カルビ用またはスライスとして販売する
				リブフィンガーミート	
		カイノミ		ボトムサーロインフラップ	カルビ用またはスライスとして販売する
	ソトバラ	ソトバラ	ナーベル	カルビプレート	ソトモモと合わせて切り落とし
				インサイドスカート	
		ササニク	フランクステーキ	フランクステーキ	ステーキ、焼き肉用として最高価格で販売できる
モモ	ウチモモ	ウチモモ	トップサイド	トップラウンドキャップオフ	スライス物のほか、ローストビーフにも適する
		コモモ			軟らかいのでステーキか焼き肉にするとよい
		カブリ		キャップ	分割しないことが多いが、意外と軟らかいので、ロールステーキにもできる
	ソトモモ	シキンボ	シルバーサイド	アイオブラウンド	ステーキ用にするときにはテンダーライザーをかけた方がよい
		ナカニク		アウトサイドラウンド	スライスが中心だが、バラと合わせ切りにしてもよい
		ハバキ		ヒールミート	スライスが中心だが、バラと合わせ切りにしてもよい
		センボン		バナナ	シチュー用など
	シンタマ	トモサンカク	シックフランク	トライチップ	サシが入りやすく最高の焼き肉がとれる
		カメノコ		ナックル	すき焼きまたはしゃぶしゃぶんに向く
		シンシン			ステーキ、焼き肉のほか刺身にしてもよい
		カブリ			切り落とし
	ランイチ	ランボソ	D-ランプ	トップサーロイン	ヒレの次に軟らかいといわれる。刺し身、ステーキに向く
		ランプ			「ランプステーキ」で知られる軟らかい部位
		ネクタイ			比較的柔らかく、味も良い。ユッケなどに向く
		イチボ		クーレット	目なりが途中から変わるので、カッティングに注意
	スネ	トモズネ	シャンク	シャンク	シチュー用または切り落としにする

コマーシャル規格

部分肉流通の増大に伴い、量販店などのユーザーでは従来の「部分肉取引規格」では飽き足らず、さらに細部まで小割り・整形したものを求めるようになっている。これにより部分肉の分割数は増加の一途をたどり、流通段階での食肉製造コストは増加傾向を示していた。業界内でもこうした細

表1◎牛コマーシャル規格名称及びコードNo.

	部位コード		名　称
枝肉	100		枝肉
		101	セット
		102	セットC
	200		枝肉半丸（サイド）
		201	半丸セット
		202	半丸セットC
		210	骨付とも
		220	骨付とも（ばらなし）
骨付	300		骨付まえ
		301	まえセット
		302	まえセットC
かた系部分肉	310		ネック
		311	ネックS
		312	ネックA
	320		かたロース（くらした）
		321	ネック付かたロース
		322	かたロースS
		323	かたロースA
		324	かたロースB
		325	かたロースC
	330		かたばら
		331	かたばらA（三角ばら）
		332	かたばらB（ブリスケット）
		333	かたばらC
		334	かたばらD
	340		かた（うで、しゃくし）
		341	かたS
		342	とうがらし（チャックテンダー）
	350		まえずね（すね）
		351	まえずねS
骨付	400		骨付ともばら
		401	ともばらセット
		402	ともばらセットC
バラ系部分肉			ともばら
	420		うちばら
		421	ともばらA
		422	ともばらB
	430		そとばら
		431	ともばらC
		432	ともばらD
ばら系部分肉	440		かいのみ・ささみ
		441	かいのみ（フラップミート）
		442	フランク（ささみ）
骨付	500		骨付ロイン
		501	骨付ロイン（ヒレなし）
		502	ロインセット
		503	ロインセットC
ロイン系部分肉	510		リブロース
		511	リブロースS
		512	リブロース芯（リブアイロール）
		513	リブロースかぶり（リブキャップ）
	520		サーロイン
		521	サーロインS
		522	サーロインA
		523	サーロインB
	530		ヒレ（ヘレ）
		531	ヒレA
		532	ヒレB
骨付	600		骨付もも
		601	ももセット
		602	ももセットC
もも系部分肉	610		うちもも
		611	うちももS
		612	うちももかぶり
		613	うちももA
		614	うちももB
	620		しんたま
		621	しんたまS
		622	ともさんかく（トライチップ）
	630		らんいち
		631	らんぷ
		632	いちぼ（クーレット）
	640		そともも（はばきなし）
		641	そともも（はばき付）
		642	そとももS
		643	はばき（ヒール）
		644	しきんぼ（アイラウンド）
	650		ともずね（はばき付）
		651	ともずね
		652	ともずねS
その他	710		
		711	小肉（トリミングミート）

分化した取引規格の統一が求められるようになった。こうした中、㈶日本食肉流通センターでは平成14年、従来の部分肉規格をさらに小分割した「小割整形部分肉規格（コマーシャル規格）」(30部位）を設定。食肉製造コストの低減、食肉流通の合理化を目ざした。コマーシャル規格の部位表示とコード表を紹介する（表１）。

⑴名称およびコードNo.

この規格に定める枝肉及び部分肉の名称は、右表に示す名称とし、各枝肉及び部分肉には、それぞれの規格を示すコードNo.を財団法人食品流通構造改善促進機構の食肉標準商品コード（部位コード）に準拠して付記する。

⑵分割および整形

この規格に定める部分肉の分割及び整形は、Ⅰ及びⅡに定める分割及び整形の方法により行う。

⑶脂肪基準

この規格に定める部分肉の脂肪基準は、表２に示すとおりとする（表２）。

⑷肉質等級

この規格の部分肉の肉質等級は、日格協部分肉規格をそのまま適用する（表３）。

⑸重量区分

この規格の部分肉の重量区分は、日格協部分肉規格をそのまま適用する（表４）。

表２◎脂肪基準

区分	脂肪基準
1	表面脂肪の厚さが10mmのもの
2	表面脂肪の厚さが5mmのもの
3	表面脂肪がほとんどないもの

表３◎肉質等級

等級＼項目	脂肪交雑	肉の色沢	肉の締まり及びきめ	脂肪の色沢と質
5	胸最長筋並びに背半棘筋及び頭半棘筋における脂肪交雑がかなり多いもの	肉色及び光沢がかなり良いもの	締まりはかなり良くきめがかなり細かいもの	脂肪の色、光沢及び質がかなり良いもの
4	胸最長筋並びに背半棘筋及び頭半棘筋における脂肪交雑がやや多いもの	肉色及び光沢がやや良いもの	締まりはやや良くきめがやや細かいもの	脂肪の色、光沢及び質がやや良いもの
3	胸最長筋並びに背半棘筋及び頭半棘筋における脂肪交雑が標準のもの	肉色及び光沢が標準のもの	締まり及びきめが標準のもの	脂肪の色、光沢及び質が標準のもの
2	胸最長筋並びに背半棘筋及び頭半棘筋における脂肪交雑がやや少ないもの	肉色及び光沢が標準に準ずるもの	締まり及びきめが標準に準ずるもの	脂肪の色、光沢及び質が標準に準ずるもの
1	胸最長筋並びに背半棘筋及び頭半棘筋における脂肪交雑がほとんどないもの	肉色及び光沢が劣るもの	締まりが劣り又きめが粗いもの	脂肪の色、光沢及び質が劣るもの

表４◎重量区分

部位コード・名称＼区分	「S」	「M」	「L」
	～kg未満	kg以上～未満	～kg以上
No.320 かたロース	10.5	10.5～14.0	14.0
No.330 かたばら	14.0	14.0～18.0	18.0
No.340 かた	14.5	14.5～17.5	17.5
No.510 リブロース	5.0	5.0～7.5	7.5
No.520 サーロイン	8.0	8.0～10.5	10.5
No.530 ヒレ	3.5	―	3.5
No.610 うちもも	9.0	9.0～11.0	11.0
No.620 しんたま	7.5	7.5～9.0	9.0
No.630 らんいち	7.5	7.5～9.0	9.0
No.640 そともも	7.0	7.0～8.5	8.5

◎日本食肉流通センターの牛コマーシャル規格（小割整形部分肉）

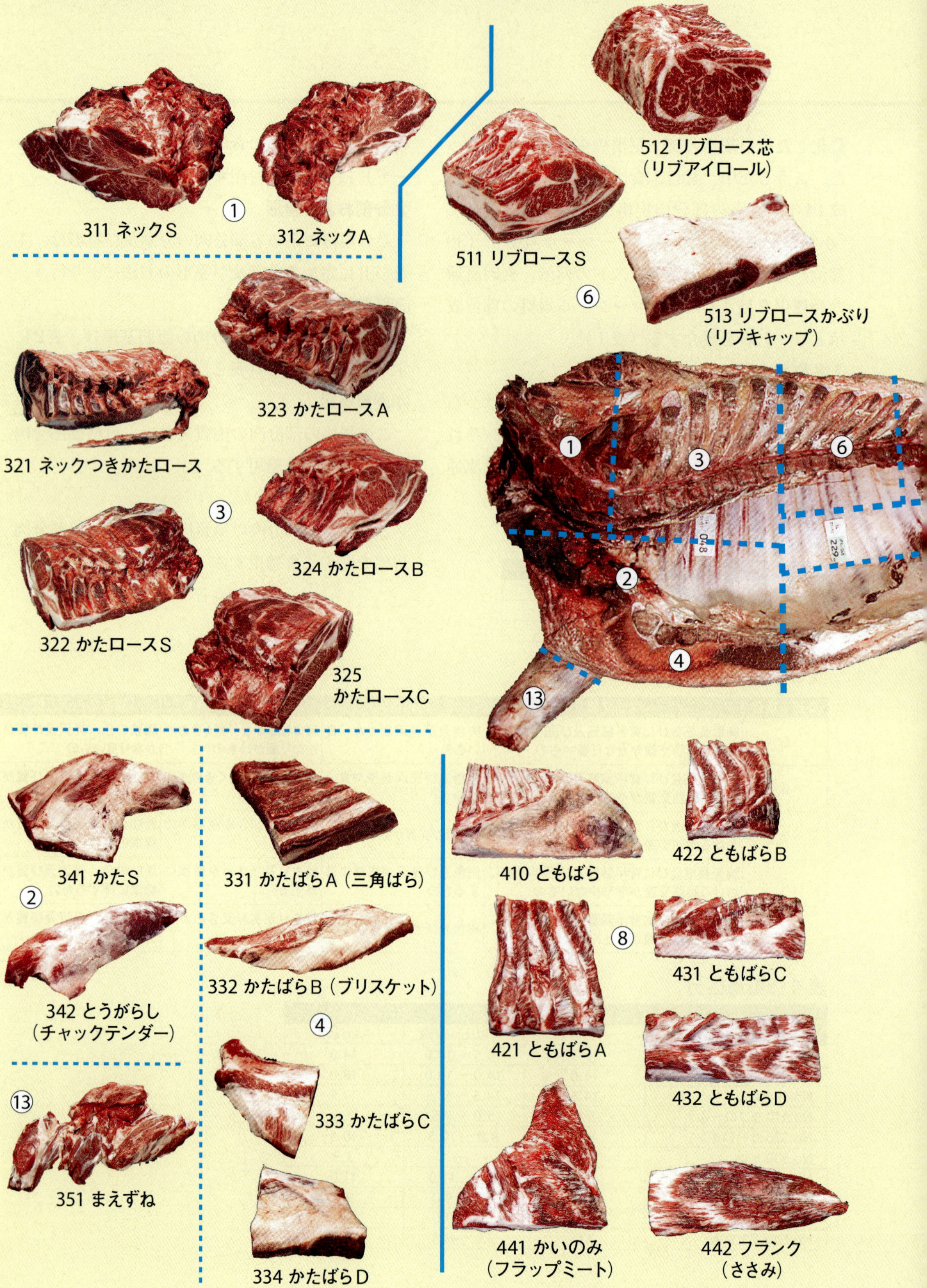
①
311 ネックS
312 ネックA
511 リブロースS
512 リブロース芯
（リブアイロール）
513 リブロースかぶり
（リブキャップ）
⑥
③
321 ネックつきかたロース
322 かたロースS
323 かたロースA
324 かたロースB
325
かたロースC
①
③
⑥
②
④
⑬
②
341 かたS
342 とうがらし
（チャックテンダー）
⑬
351 まえずね
④
331 かたばらA（三角ばら）
332 かたばらB（ブリスケット）
333 かたばらC
334 かたばらD
⑧
410 ともばら
421 ともばらA
422 ともばらB
431 ともばらC
432 ともばらD
441 かいのみ
（フラップミート）
442 フランク
（ささみ）

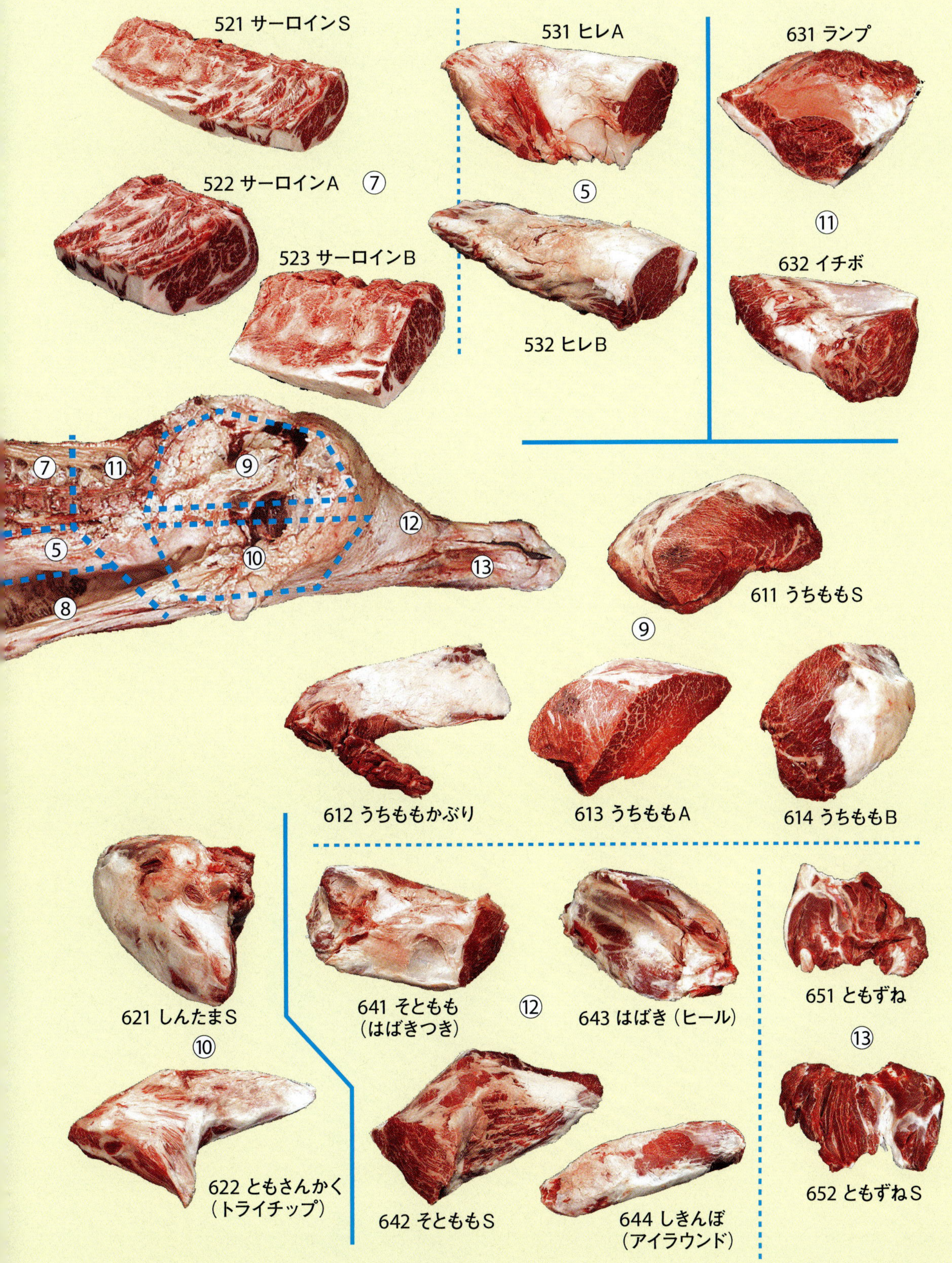

㈱枝肉、枝肉半丸および骨付まえ（301 まえセット、302 まえセットC）、骨付ともばら（401 ともばらセット、402 ともばらセットC）、骨付ロイン、502 ロインセット、503 ロインセットC）、骨付もも（601 ももセット、602 ももセットC）ならびに310 ネック、320 かたロース（くらした）、330 かたばら、340 かた（うで、しゃくし）、350 まえずね（すね）、440 かいのみ・ささみ、510 リブロース、520 サーロイン、530 ヒレ（ヒレ）、610 うちもも、620 しんたま、630 らんいち、640 そともも（はばきなし）、650 ともずね（はばきつき）、711 トリミングミートは省略。

第3章

枝肉の大分割

[実技・監修]
大正株式会社 取締役社長
徳田　浩司
牛部分肉製造マイスター
兵庫県牛肉マイスター

1. 枝肉を大分割(4分割)する

枝肉はまず4つの部位に大分割する。最初にマエ(第6肋骨から前躯)とトモ(第7肋骨から後躯)に2分し、次にトモ部分からトモバラとロインを切り離し、残ったモモと合わせて4分割とする。すなわち——

① **マエ**(カタロース〈ネック付〉、ウデ〈カタ・マエズネ〉、カタバラ)

② **ロイン**(リブロース、サーロイン、ヒレ)

③ **トモバラ**(ウチバラ、ソトバラ)

④ **モモ**(ウチモモ、ソトモモ、シンタマ、ランイチ、トモズネ)

——となる。　　　　＊カッコ内は中分割部位

大分割図

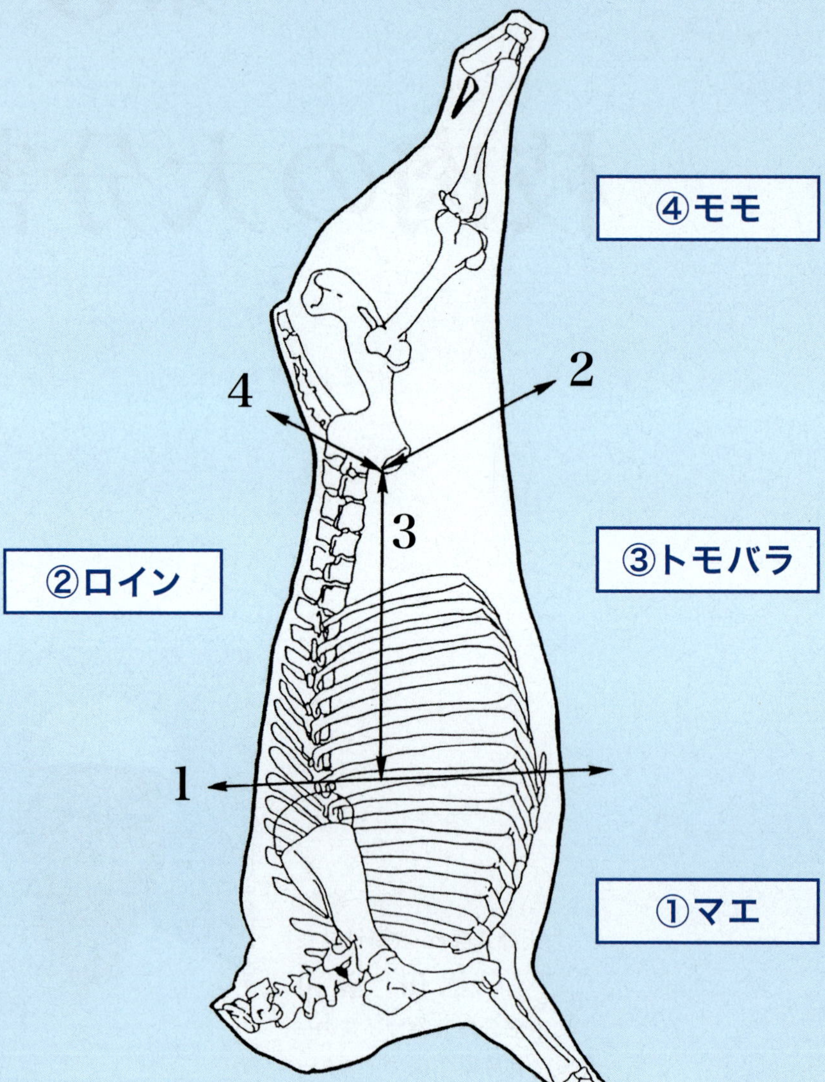

枝肉の大分割

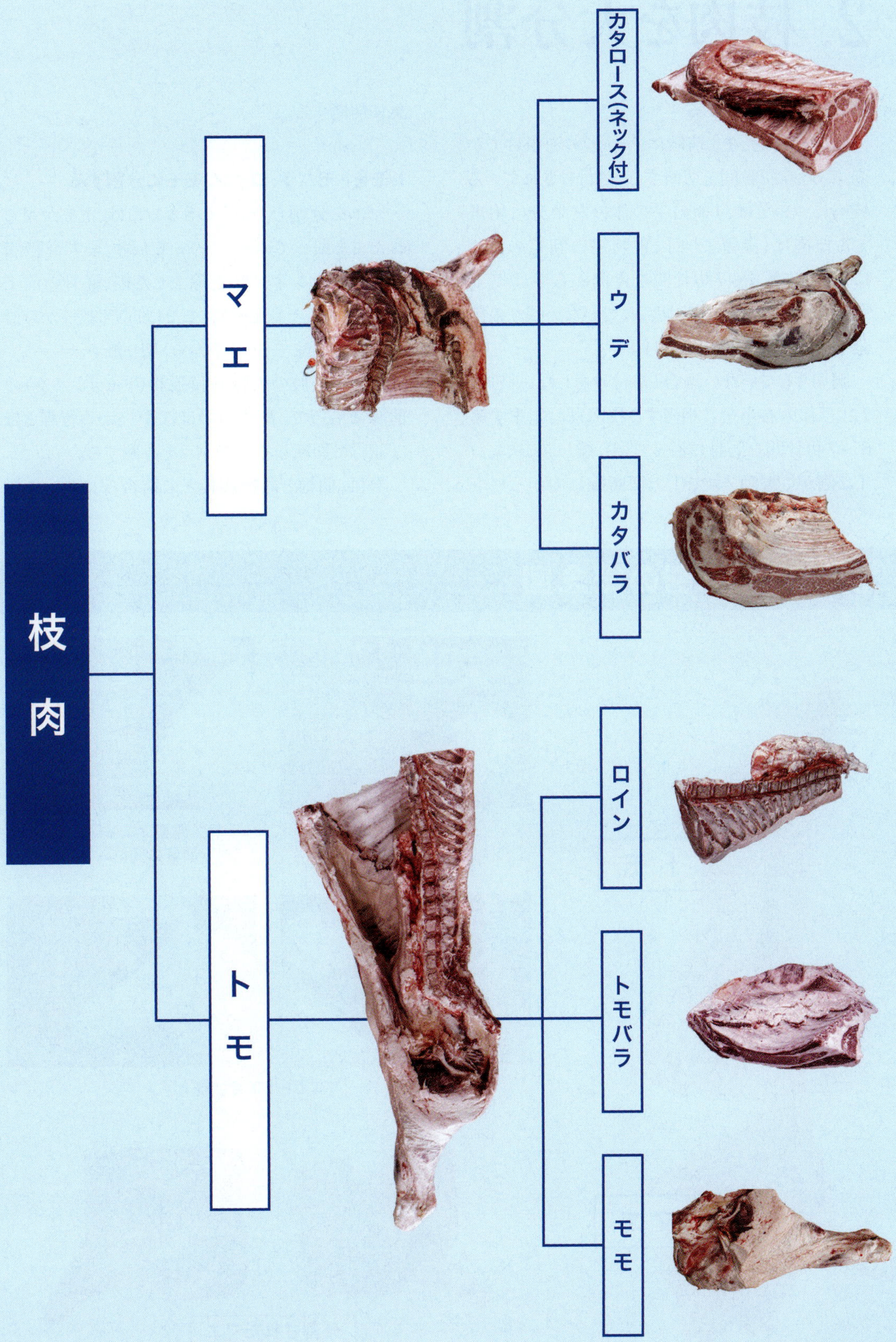

枝肉
マエ
トモ
カタロース(ネック付)
ウデ
カタバラ
ロイン
トモバラ
モモ

2. 枝肉を大分割

マエとトモを分割する

枝肉を吊ったまま前肢にシャックルを掛けてから、第6～7肋骨間を切断する。格付けされている枝肉については、1頭の牛の体の左半分に相当する枝肉は（歩留まり・肉質判定の判定のために）すでに第6～7肋骨間を背側から半ば以上「胴切り」してあるので、切られていない残りの部分を 電動ノコで切断すればよい。

胴切りしていない場合（格付けをしない枝肉，および体の右半分に相当する枝肉）は、①まず第6～7肋骨間を肋骨に沿って切り離し、②次にロイン側から電動ノコで①の切断線に向かって一気に切断する。

トモをトモバラ、ロイン、モモに分割する

マエを分割したあとのSカンには、トモが吊られたまま残っている。このトモから、まず腎臓脂肪（通称：ケンネン脂）を除去した後、恥骨の前下方において、ヒレを後端（モモに近いほう）から最後腰椎部分まで（モモ部から）切り離す。

次いで後肢の大腿筋膜張筋（トモサンカク）の前縁に沿って、寛結節のほぼ中央から背線とほぼ並行に切断して、トモバラを分離する。

次に、仙椎と最後腰椎との結合部において背

枝肉の大分割の概念図

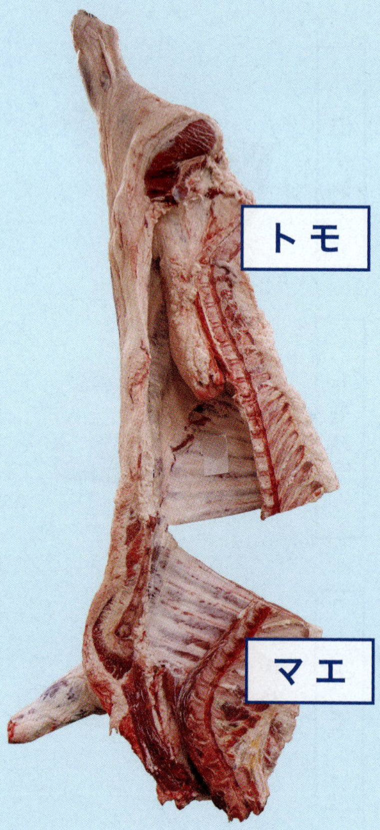

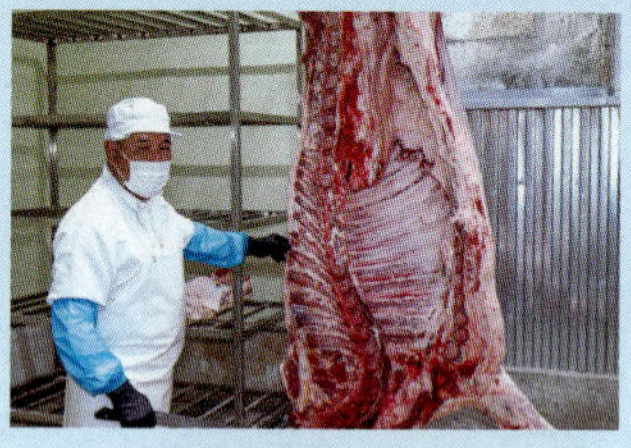

胴切り前の枝肉

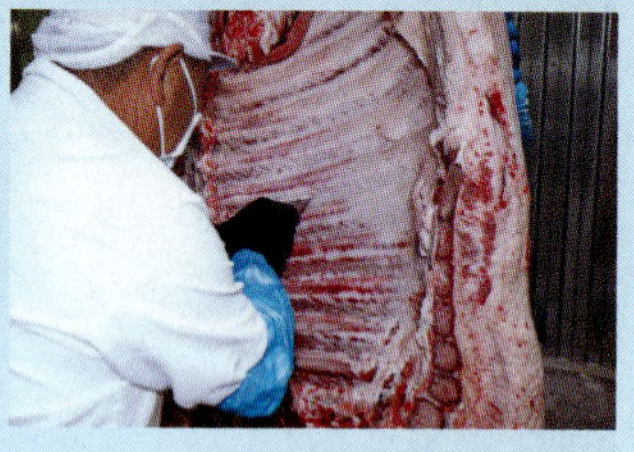

電動ノコギリを
肋骨の間に入れる

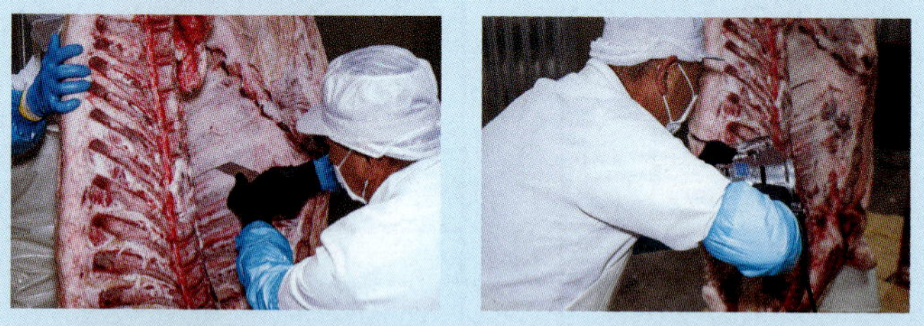

マエとトモに分ける

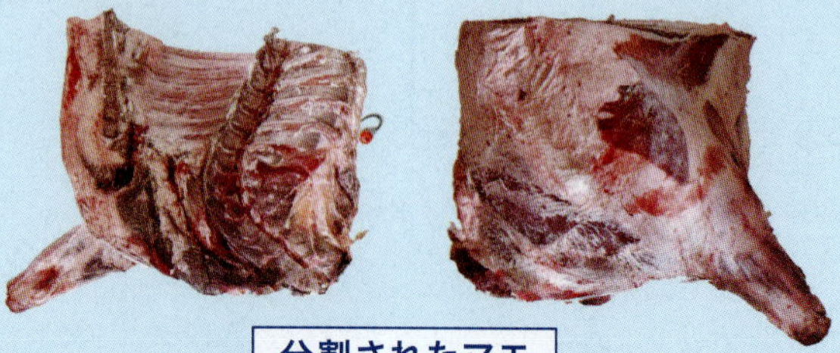

分割されたマエ

線とほぼ直角に切断してロインを分離する。

ヒレの頭を切り離した後のロインとトモバラの分離は、どちらを先にしてもよい。

また、以上のように、ロインとトモバラを別々に分離する方法のほか、ロインとトモバラを分離しない状態（これをロイン・バラと呼ぶ）で先にモモから切り離し、まな板上でロインとトモバラを分割する方法もある。この場合は、マエとの切断面のリブロースの芯（胸最長筋）の端からバラ側へ指2本分の幅をとった位置が、ロインとトモバラの切断線の目安になるので覚えておくといいだろう。

この大分割（4分割）では、ヒレの処理がひとつのポイントになる。ヒレは牛肉の部位の中でももっとも商品価値の高い部位だが、分割図をみてもわかるとおり、（ヒレの）アタマの部分（モモのシンタマの前縁まで喰い込んでいる部分。牛の体全体からみるとうしろになるが、こちらのほうが太いのでアタマと呼ばれている）がモモのシンタマ部分に喰い込んでいるので、これを引き剥がしてから、ロインおよびバラをモモから分離しなければならない。この際、ナイフ傷を入れないよう、ヒレの位置をよくつかんだうえで、モモから切り離すテクニックが必要となる。

そのほか、各部位の切断面はボソボソした感じにならないように、滑らかに切ることが分割技術の重要な点である。

カタバラ・カタロース

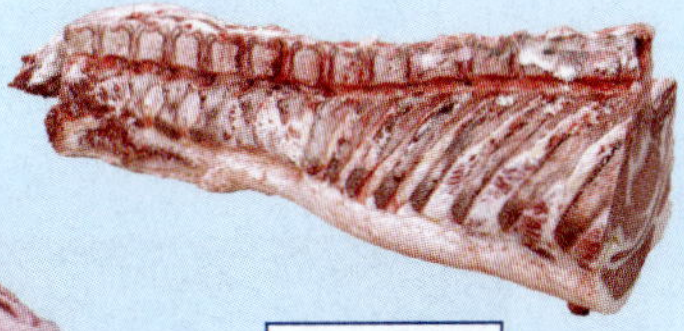

ロース

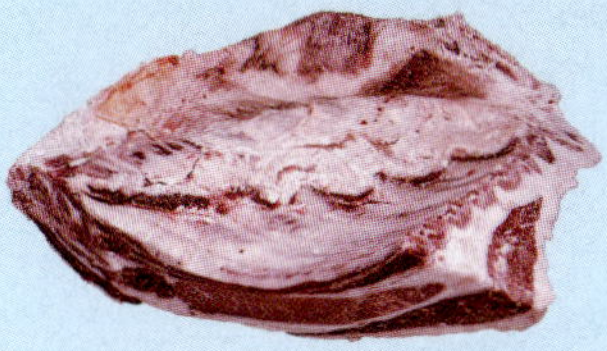

トモバラ

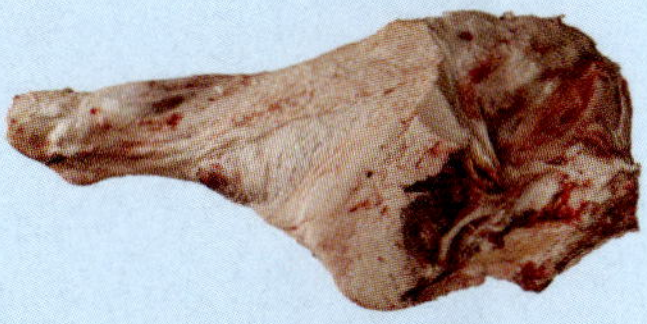

モモ

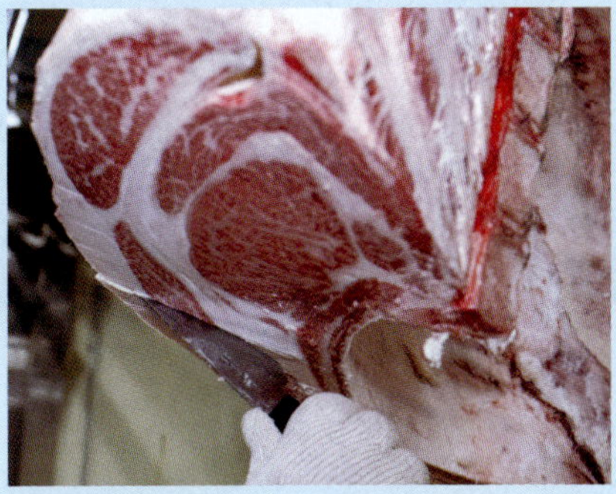

ロースの切断面

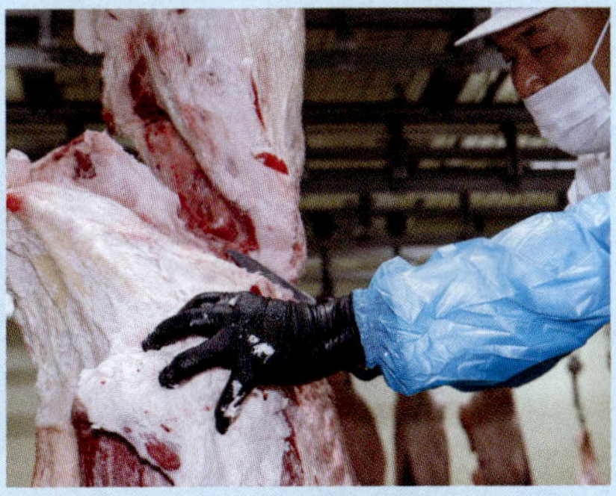

モモとトモを分ける

マエの分割

枝肉は前述のように、胴切りがしてあるものと、していないものとがある。格付けをする場合は、牛の体の左側に当たる半丸（はんまる）の第6～7肋骨間が（脊椎を含めて）途中まで切開してあるので、残りのバラ部分を切り離せばよい。体の右側に当たる枝肉および格付けしない場合は、胴切りはされないので、最初に第6～7肋骨間を切り離してから、電動ノコを使って背側から切断する。

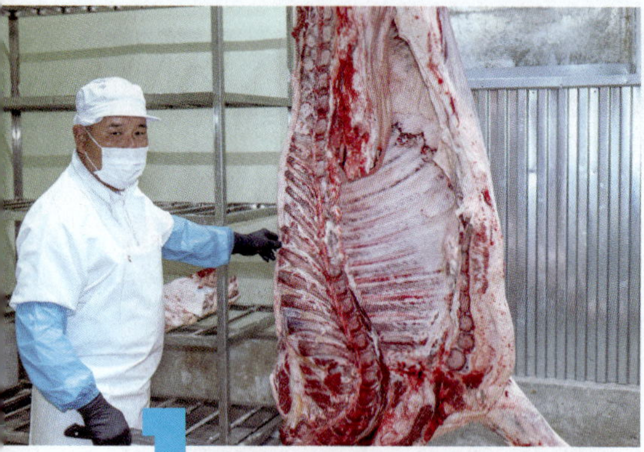

1 胴切り前の枝肉

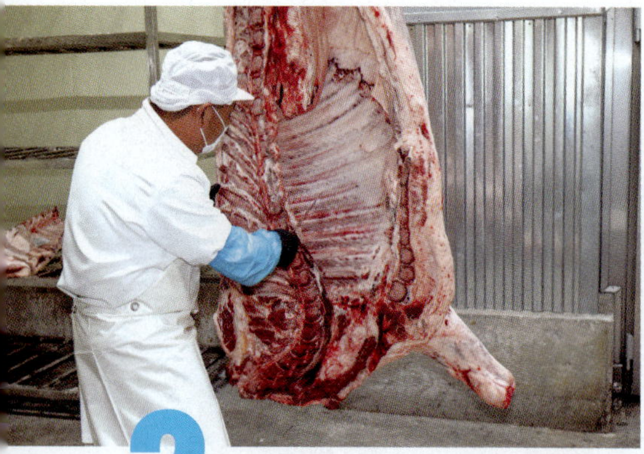

2 位置を決める

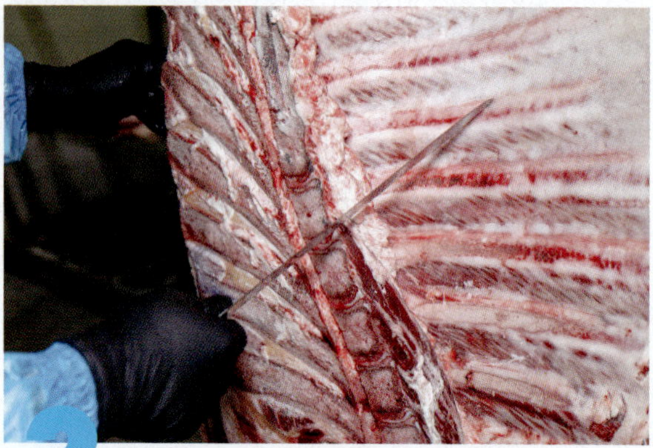

3 肋骨と肋骨の間に包丁を入れる

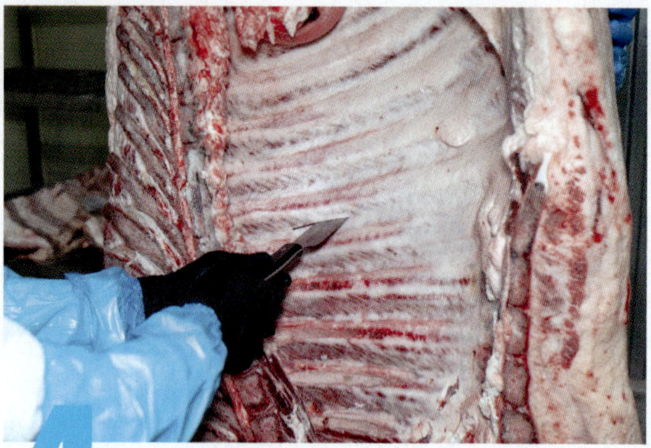

4 肋骨の間に包丁を通し、貫通させる

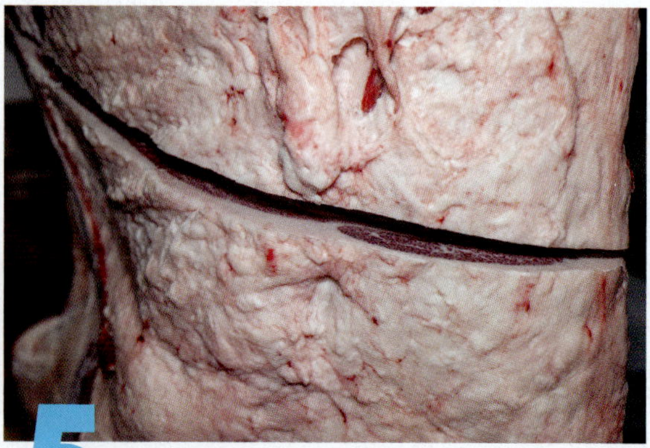

5 肋骨の間を切った枝肉

マエとトモの切断面

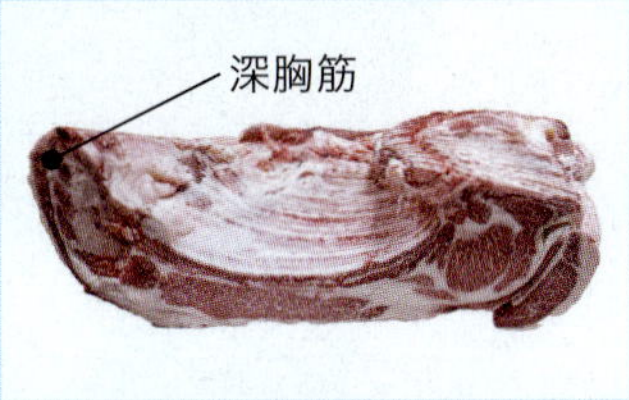

マエの切断面

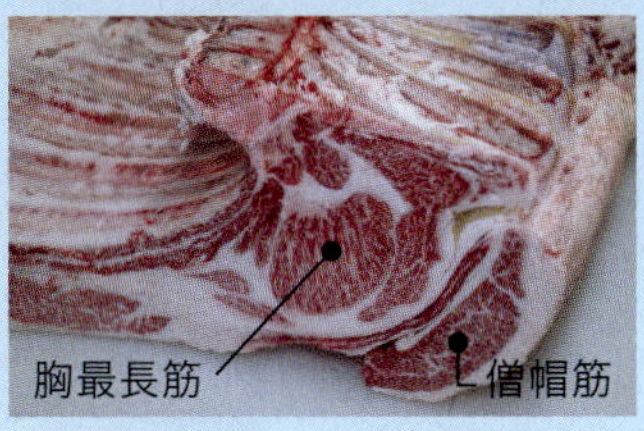

カタロースの切断面

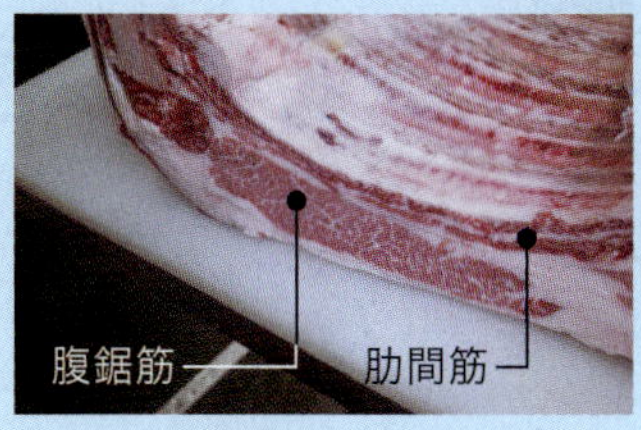

バラの切断面

マエとトモの切断面は、その枝肉の歩留まり・肉質を見るうえで重要な部分である。歩留まり等級の測定には、胸最長筋の面積、バラの厚さ、皮下脂肪の厚さ(および半丸枝肉の重量)の数値が使われるが、等級を補正する要素 として、①筋間脂肪が枝肉重量および胸最長筋の面積に対して相対的に厚すぎるもの②筋間脂肪が厚く、菱形筋がほとんど認められないもの(③モモの厚みに欠けるもの)は、1等級下に格付けしても差し支えない、とされている。また肉質等級の測定には、胸最長筋、頭半棘筋、背半棘筋の3つの断面における脂肪交雑が主要ポイントとなる。

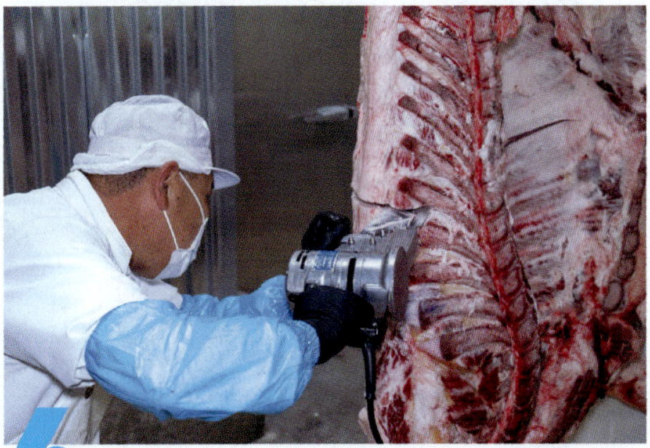

6 電動ノコギリを使い背骨を切る

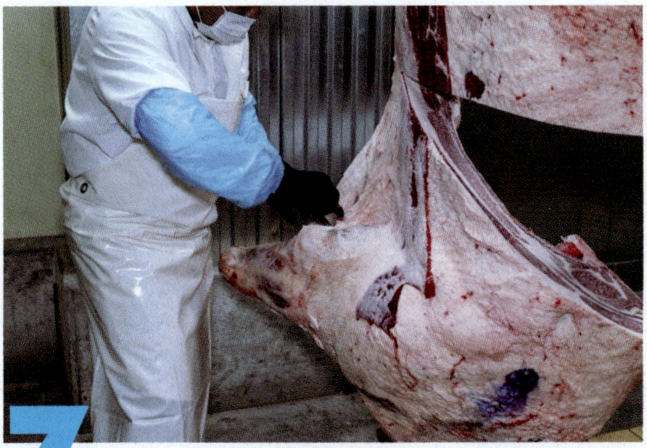

7 下に落ちないように、接合部分を残す

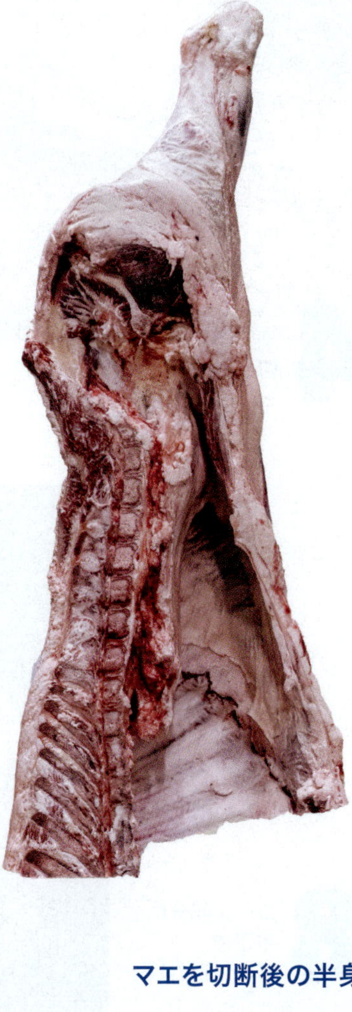

マエを切断後の半身

ロース、トモバラ、モモの分割

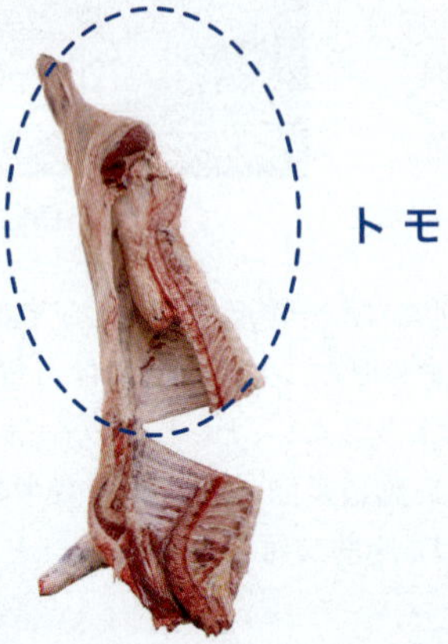

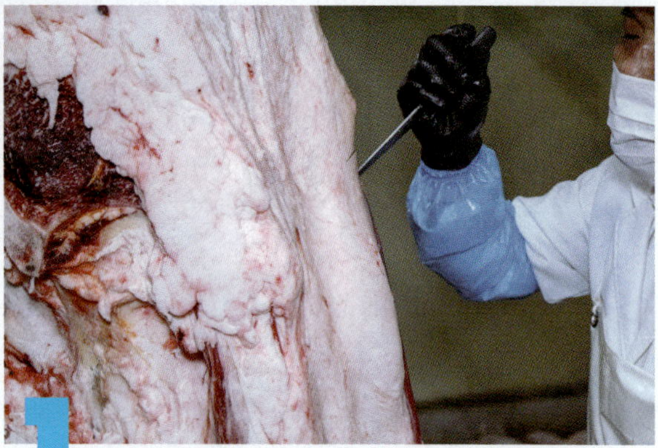

1 個体の体型を把握し、モモとロース、トモバラを分ける位置を決める

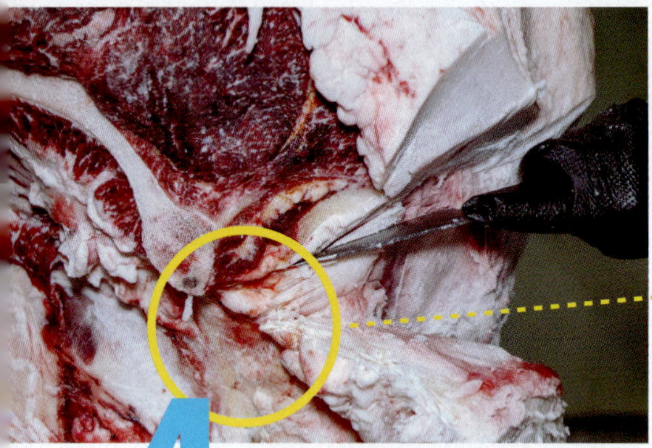

4 切っていき、ヒレの先を出す

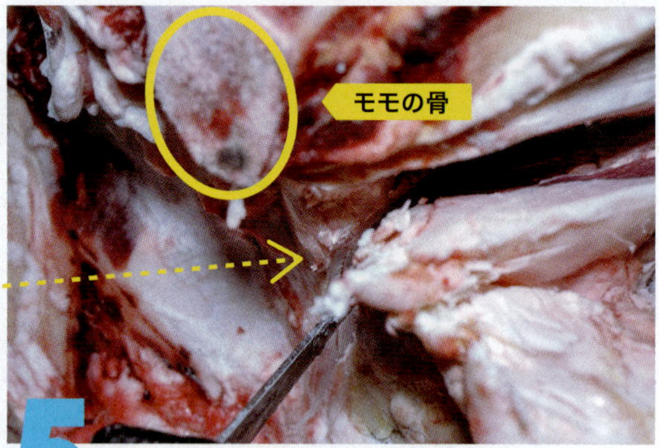

5 ヒレの先とモモを切り分ける

8 ロース部分に包丁でマークを付ける

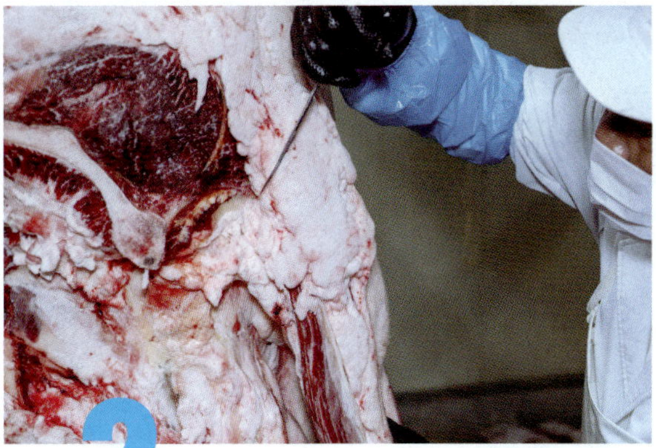

2 包丁を入れる

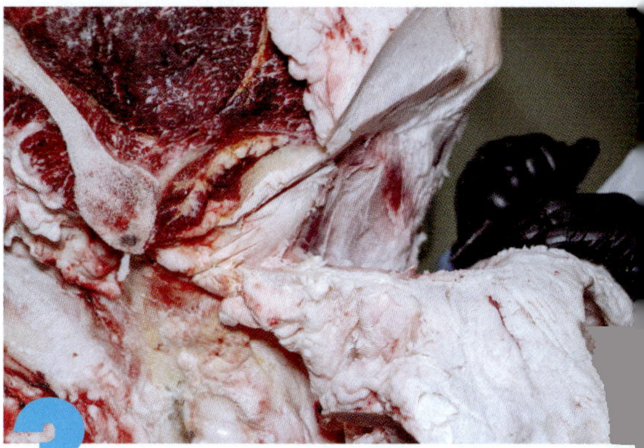

3 慎重に包丁で切り分ける

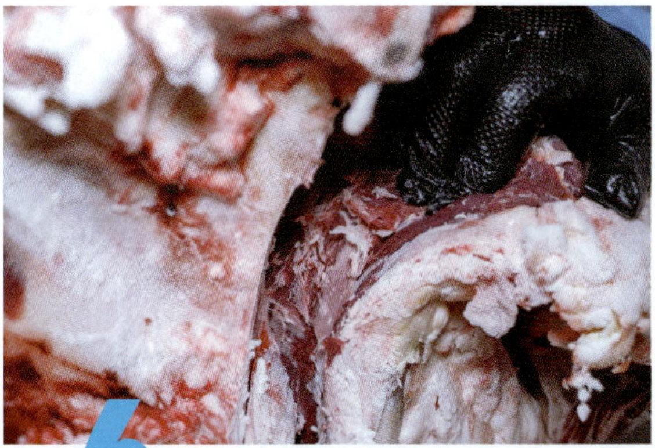

6 ヒレの先とモモを切り分ける

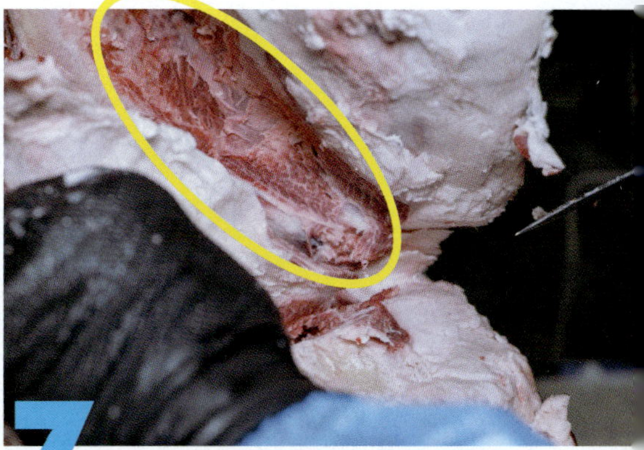

7 ヒレの先とモモを慎重に切り分ける

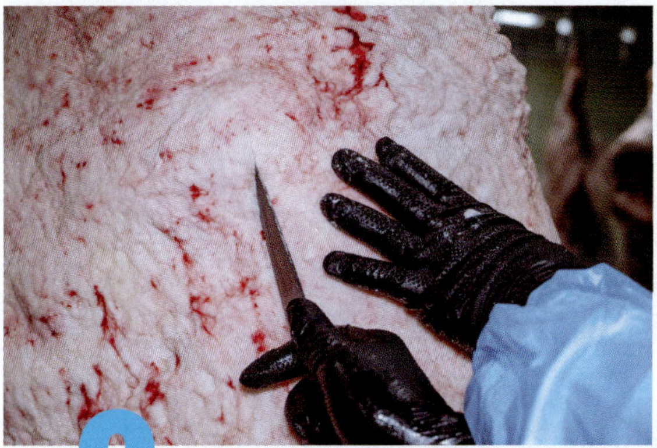

9 8のマークを基準として、
背中側にもマークを付ける

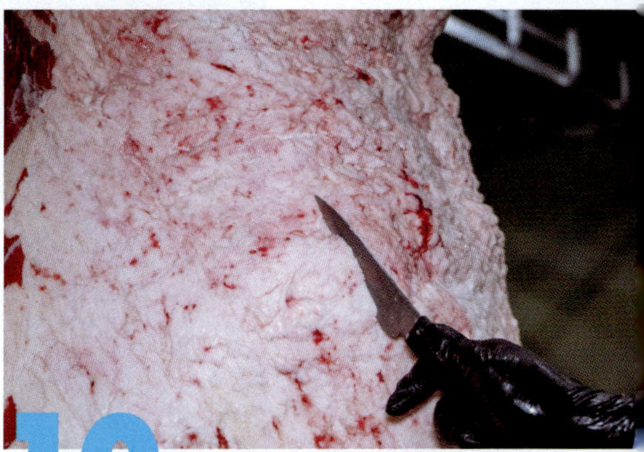

10 背中側のマークの部分に、包丁
を入れる

次ページに続く ▶

ロース、トモバラ、モモの分割

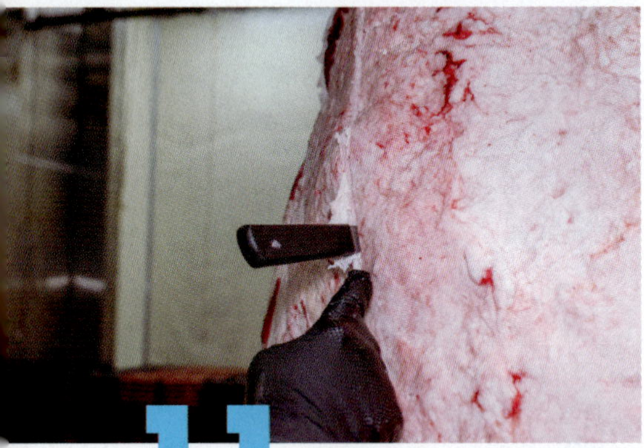

11

背中側のマークした部分に
包丁を入れる

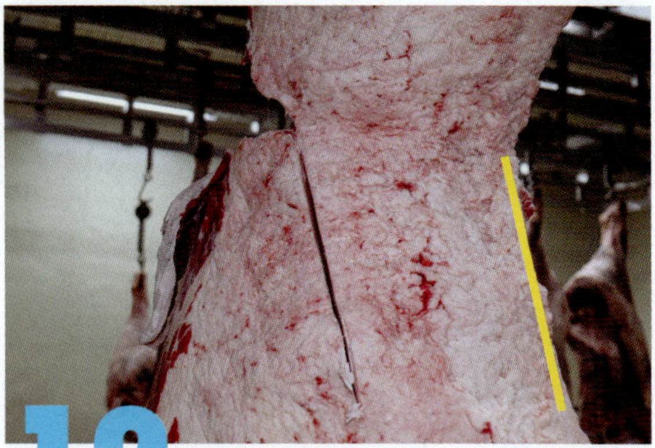

12

背中側のラインと平行になるように、
包丁を入れる

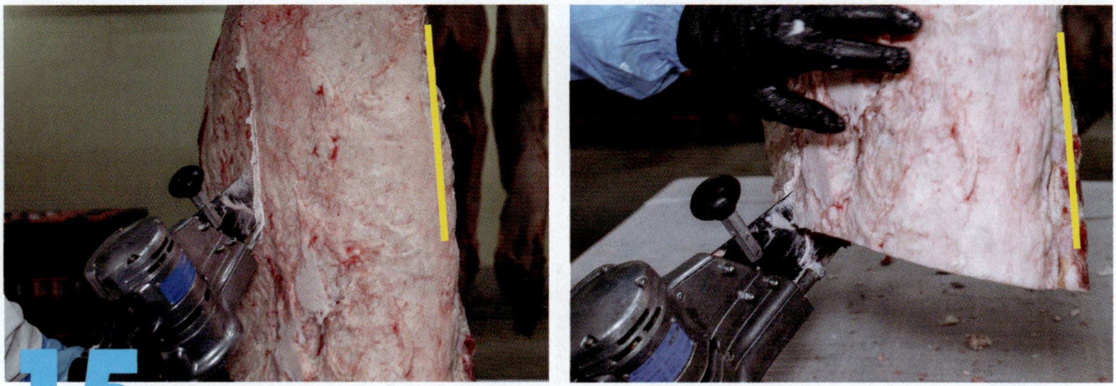

15

8でマークした部分まで電動ノコギリで切断する。背中側のラインと平行になるように慎重に行う。
ここで平行ラインがずれるとロースの価値が下がる場合がある

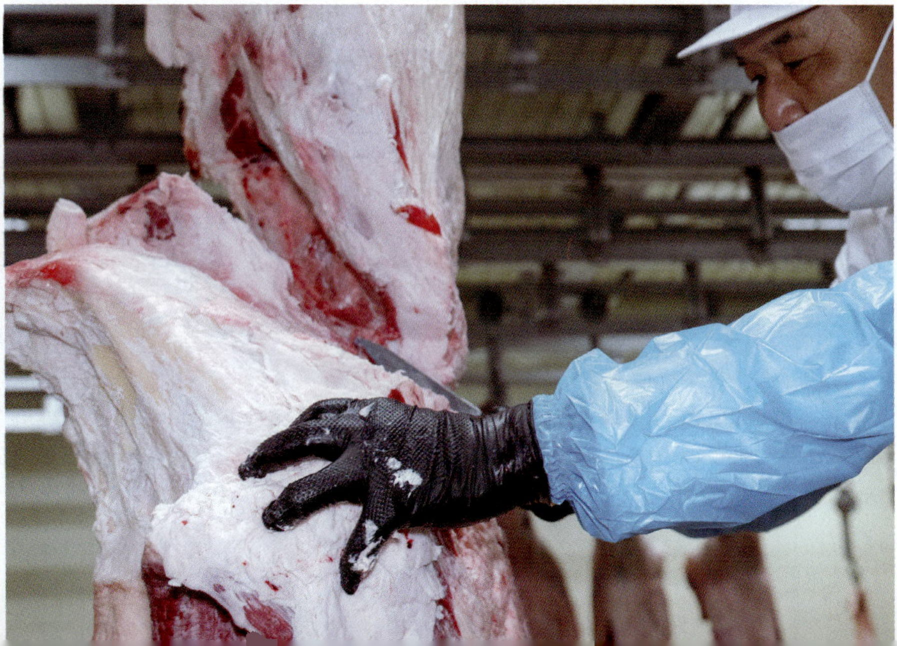

17

モモと分解させる

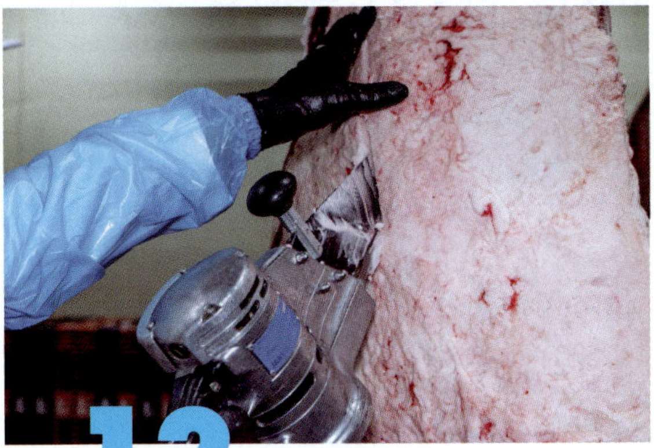

13 包丁を入れた所に
電動ノコギリを入れる

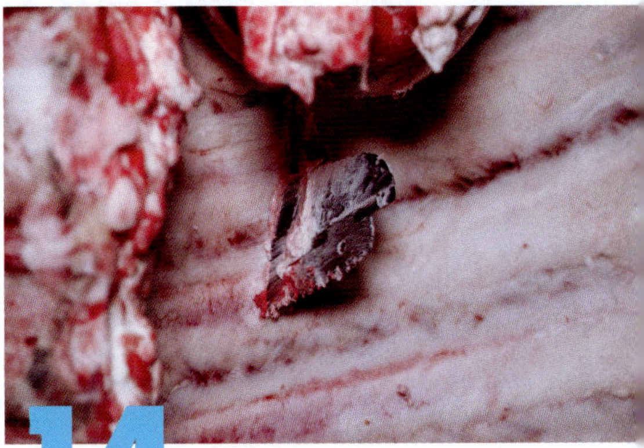

14 内側に貫通する電動ノコギリ

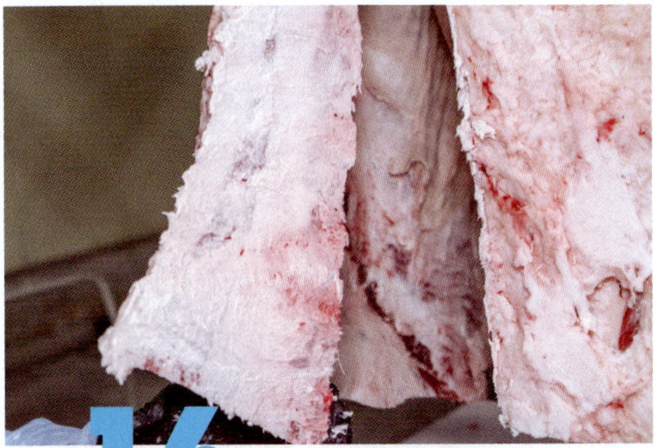

16 電動ノコギリで切断した切断面

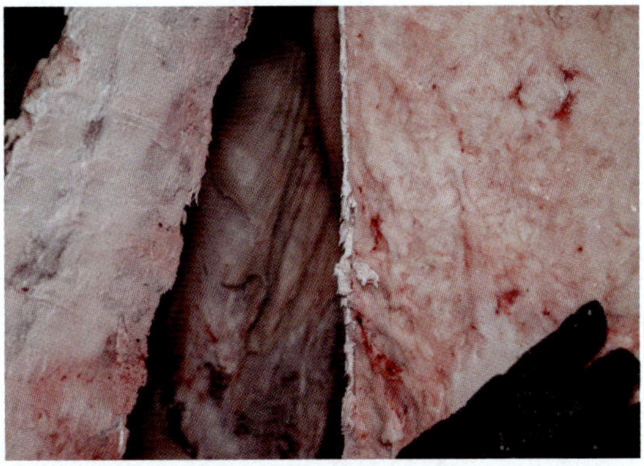

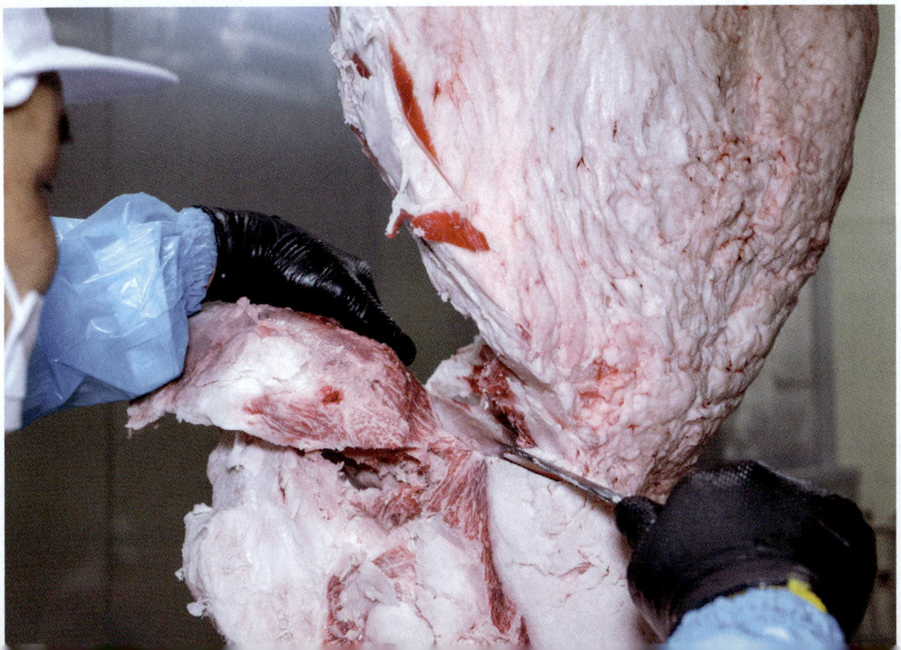

18 モモとロース、
トモバラを
切り分ける

3. 大分割後の4分体を中分割する

枝肉を大分割して「マエ」「ロイン」「トモバラ」「モモ」の4つに分けた後、それぞれをさらに中分割する。本項では、マエはカタロース（ネック付き）、カタバラ、ウデ（カタ・マエズネ）に、ロインはヒレとロイン（未分割のリブロース+サーロイン）に、トモバラはソトバラとウチバラに、またモモはシンタマ、ランイチ、ウチモモ、ソトモモ（ハバキ、トモスネ付き）に分割する。

「部分肉取引規格」による部分肉は、**①ネック ②カタロース ③カタバラ ④カタ ⑤ヒレ ⑥リブロース ⑦サーロイン ⑧トモバラ ⑨ランイチ ⑩シンタマ ⑪ソトモモ ⑫ウチモモ ⑬スネ**の13部位を部分肉分割の基本としている。

中分割図

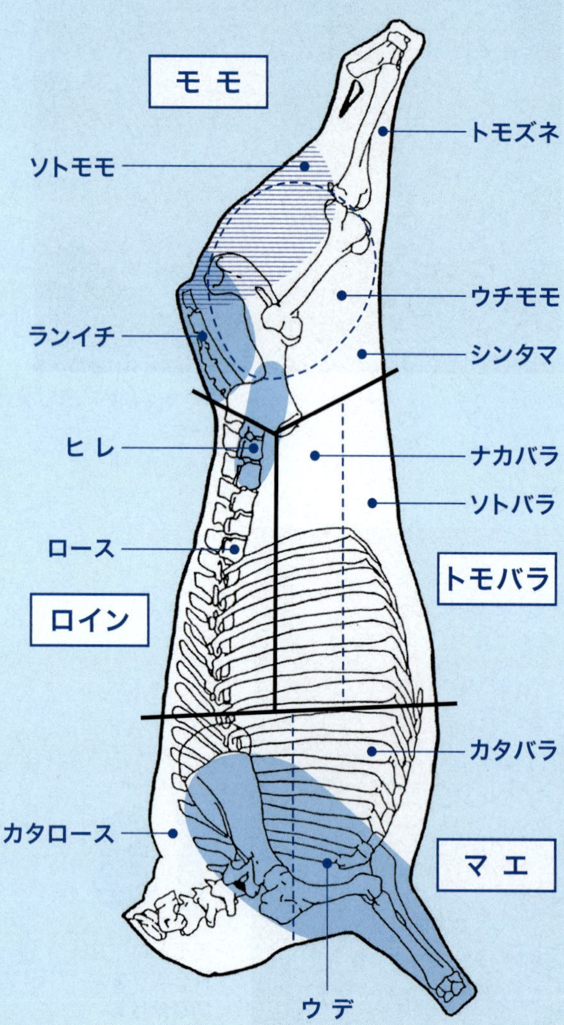

大分割と中分割

マエ

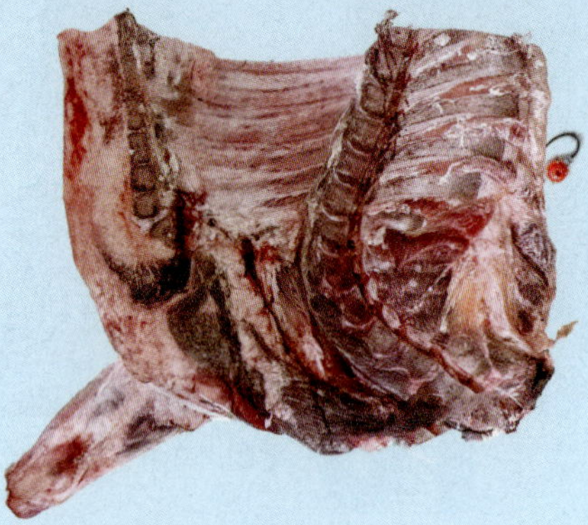

カタバラ・カタロース・ネック

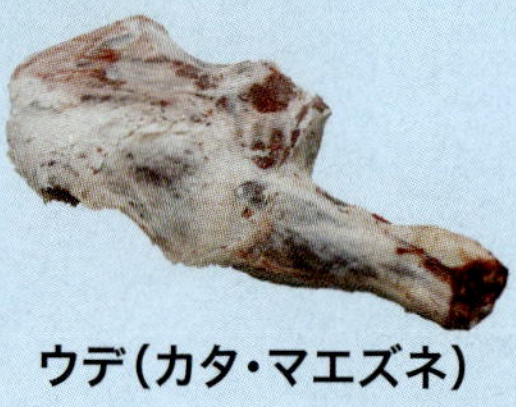

ウデ（カタ・マエズネ）

マエ
- ウデ（カタ・マエズネ）
- カタロース（ネック付）
- カタバラ

ロイン
- ヒレ
- リブロース
- サーロイン

トモバラ
- ウチバラ
- ソトバラ

モモ
- ランイチ
- シンタマ
- ソトモモ（トモズネ付）
- ウチモモ

ロイン

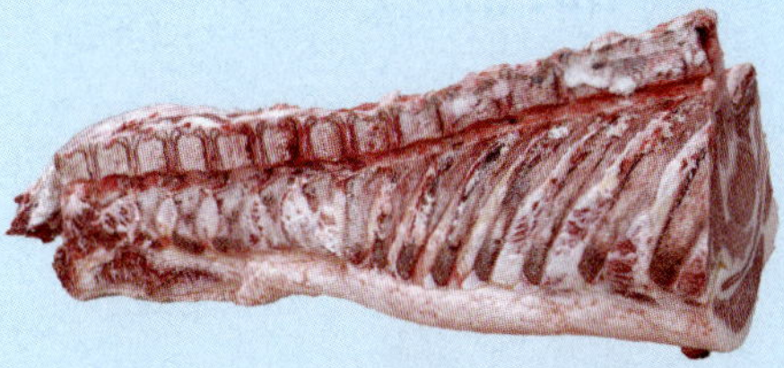

ヒレ・サーロイン・リブロース

トモバラ

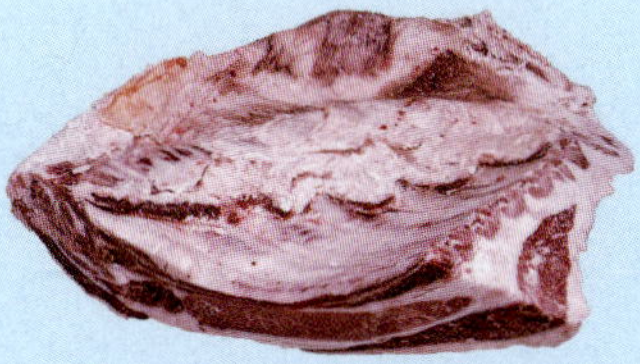

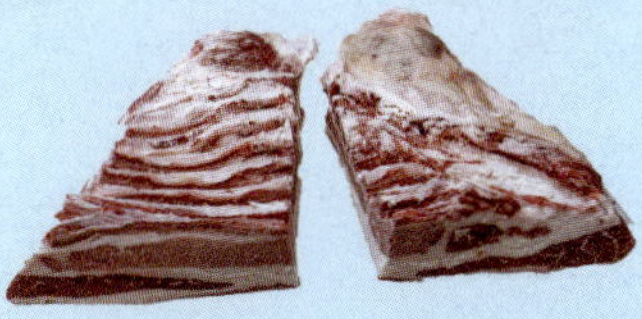

ウチバラ・ソトバラ

モモ

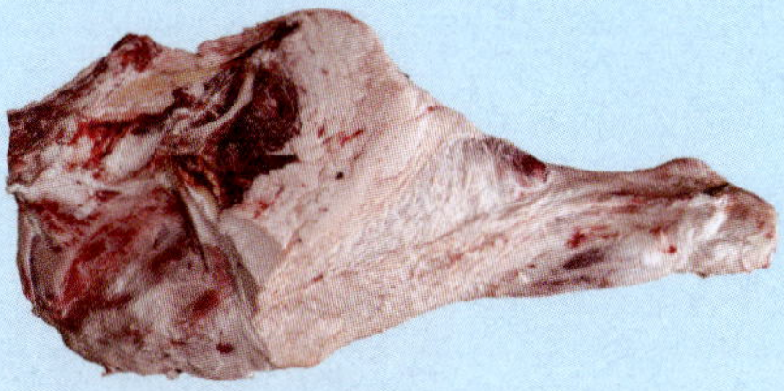

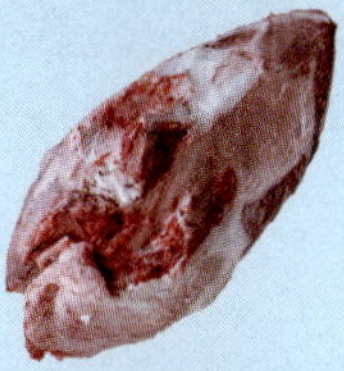

シンタマ

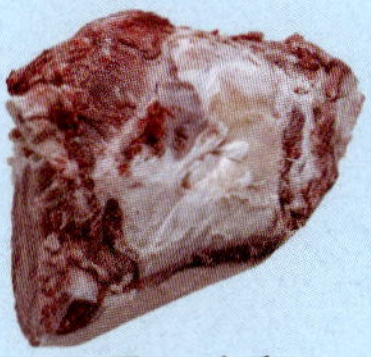

ランイチ

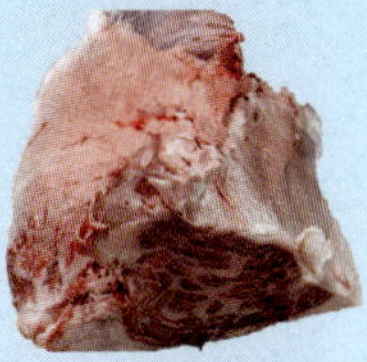

ソトモモ

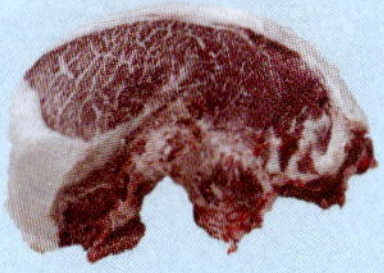

ウチモモ

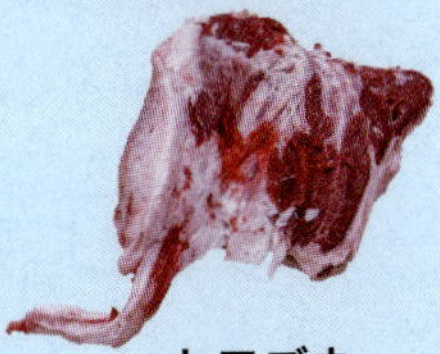

トモズネ

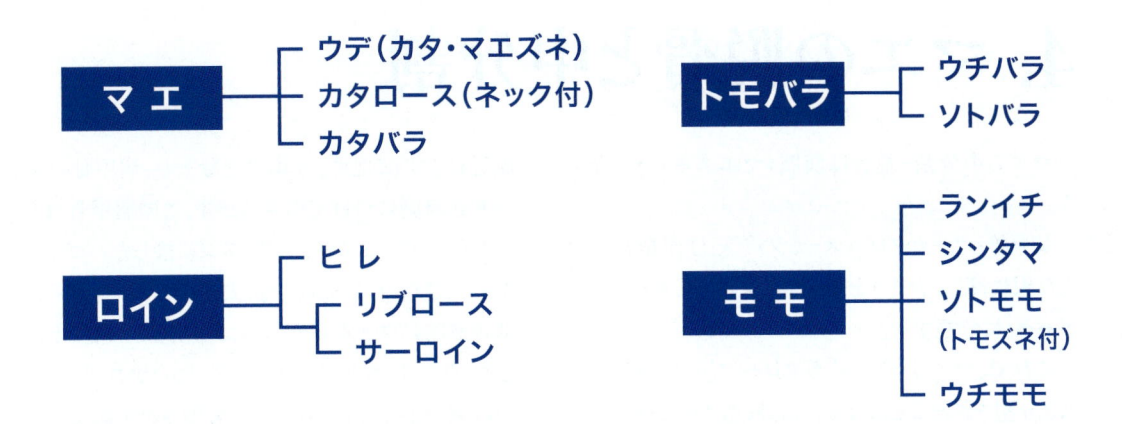

4. マエの脱骨と中分割

マエの中分割・脱骨は前肢（マエズネ）を行なう。

切り離した「カタロース・カタバラ」は作業台のまな板に移し、手ノコを使って「カタロース」と「カタバラ」に分割する。

これで、マエは「ウデ」「カタロース」「カタバラ」に3分割されたことになる。次に脱骨だが、ウデの脱骨はまず前腕骨、上場骨を除去し、肩甲骨の骨ハダを肉側につけて引きはがす。この肩甲骨はトウガラシ、ウワミスジ、シタミスジに接したハゴイタ型の大きな骨で、これを除去する時にトウガラシは必然的にウデ本体から半ば切り離されることになる。ウデは「カタ」と「マエズネ」に分かれ、「カタ」の包装の中 に、トウガラシが分離されて添えられ

マエの中分割

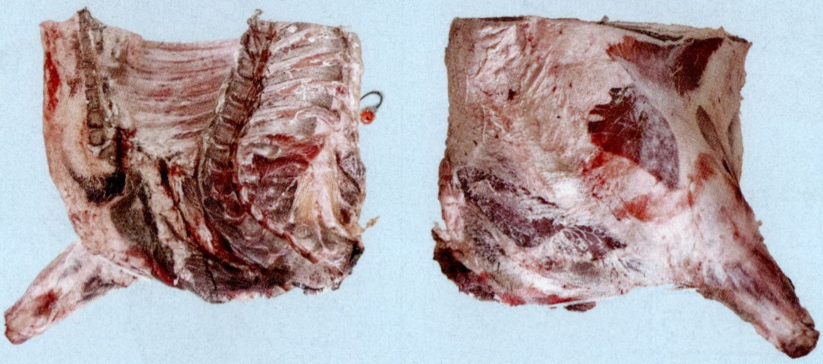

マ エ

ウデを外したマエ

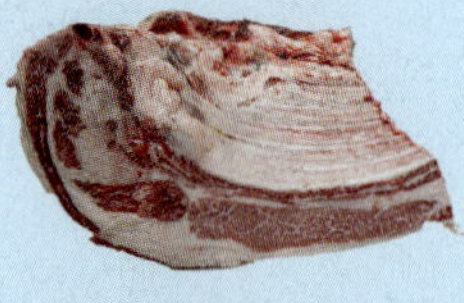

カタバラ

カタロースとネック

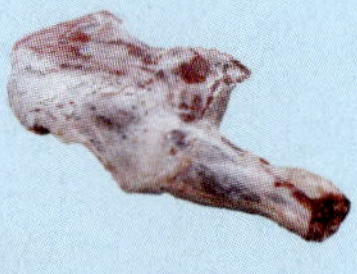

ウ デ

ていたり、時にはまったく切り離されて、別部位のような形で流通したりすることがあるのは、このためである。

カタロースの脱骨はまず肩甲軟骨を除去した後、肋骨と胸椎に沿ってナイフを入れていき、肋骨と胸椎をつなげたまま1本（1関節）ずつ取り除く。胸椎につながる頸椎も1個ずつ取りはずす。

カタバラは肋骨の先端にある胸骨部分を取り除いてから、肋骨1本ずつに沿ってナイフを入れ、取りはずす。

以上の分割・脱骨では、最初のウデを分離する時にかなりの力がいる。また、この時、商品価値の高いカタロース部にナイフ傷を入れないようにして切り離す技術も必要になる。

ウデの脱骨

1. 前腕骨をとる
2. 上腕骨をとる
3. 肩甲骨をとる
4. トウガラシを分別する
5. マエズネ、マクラを分割する

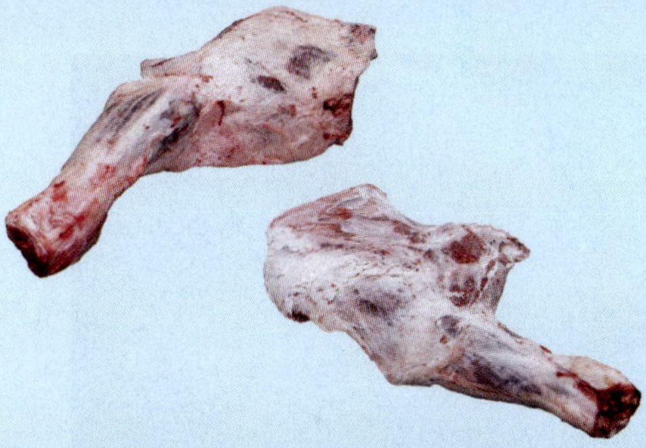

カタロースの脱骨

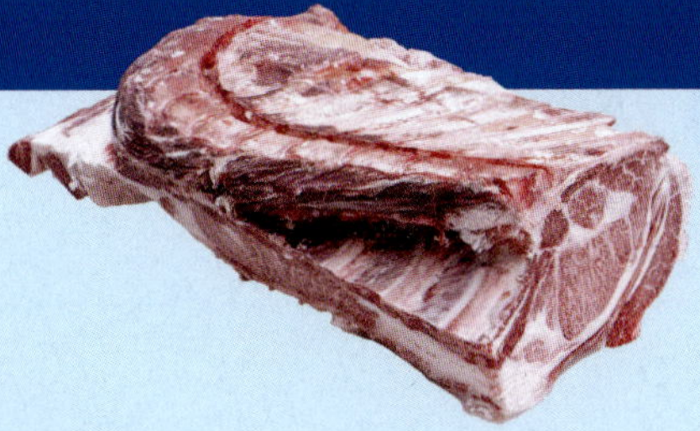

1. 体表側の肩甲軟骨を取り除く
2. 頸椎側の肋骨の上の肉を取り除く
3. 肋骨を1本ずつ取りはずす
4. 頸椎を1関節ずつ取りはずす

カタバラの脱骨

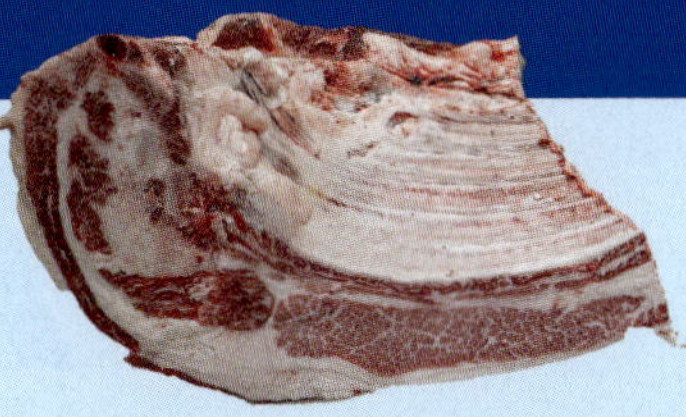

1. 胸骨をとる
2. 肋骨を1枚ずつ取りはずす

マエの脱骨

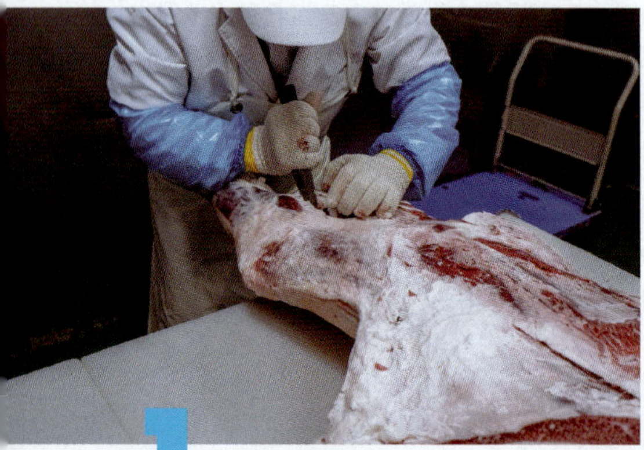

1 スネの脱骨を行う

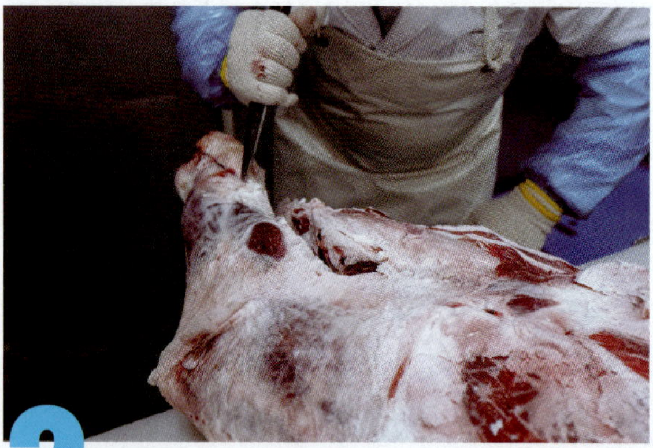

2 骨に沿って包丁を入れる

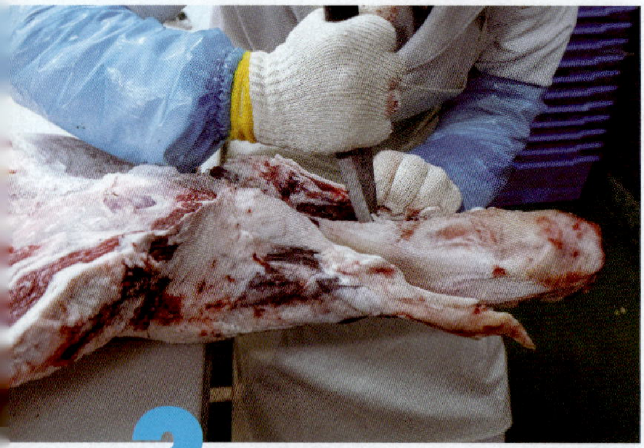

3 骨肌に沿って慎重に包丁入れる

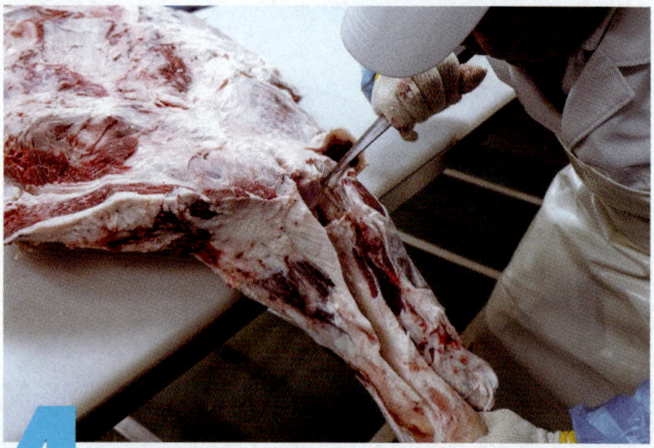

4 橈骨《とうこつ》が出てくる

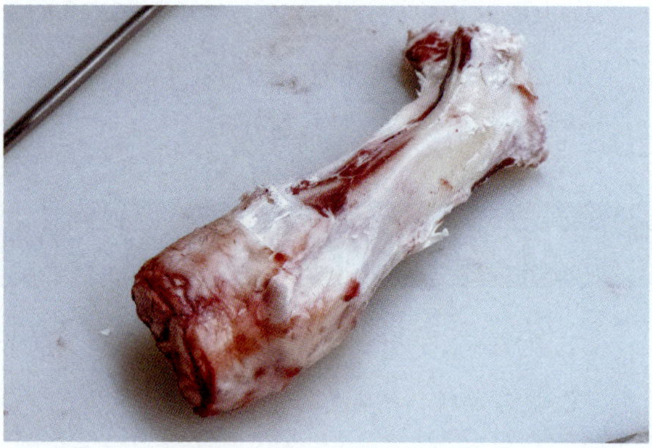

7 橈骨《とうこつ》

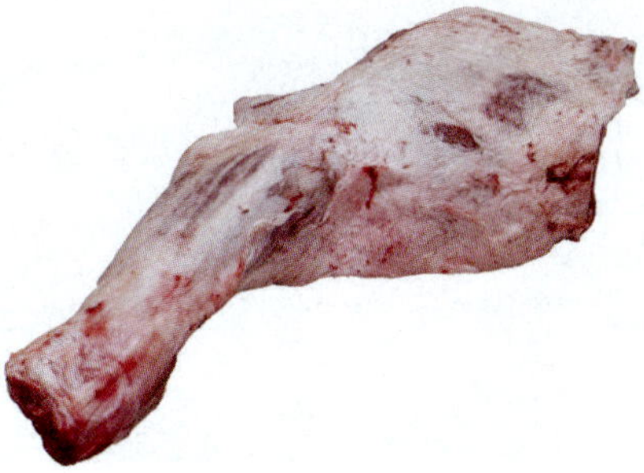

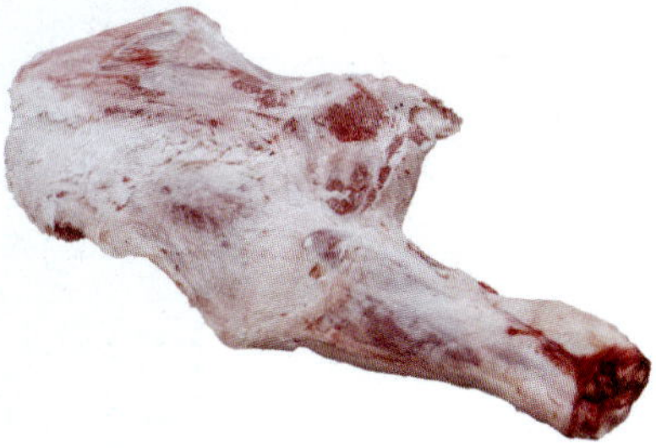

脱骨前のウデ（体表側）

脱骨前のウデ（体内側）

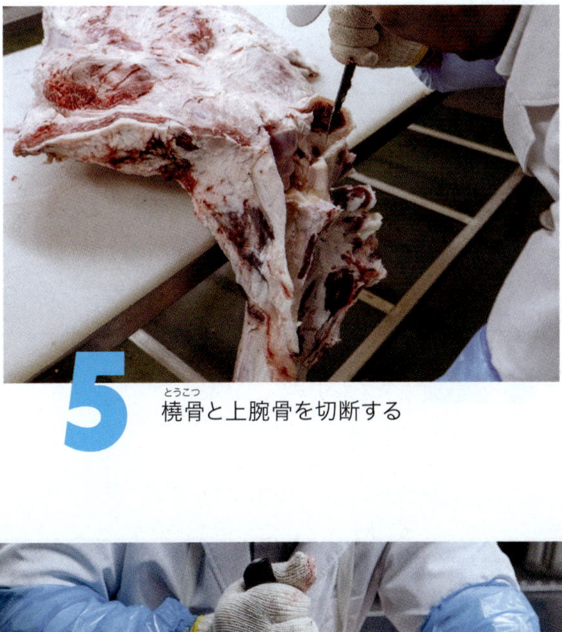

5 橈骨《とうこつ》と上腕骨を切断する

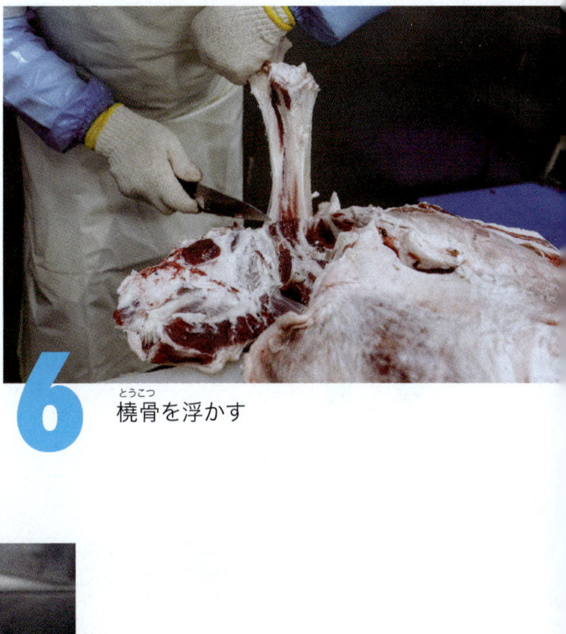

6 橈骨《とうこつ》を浮かす

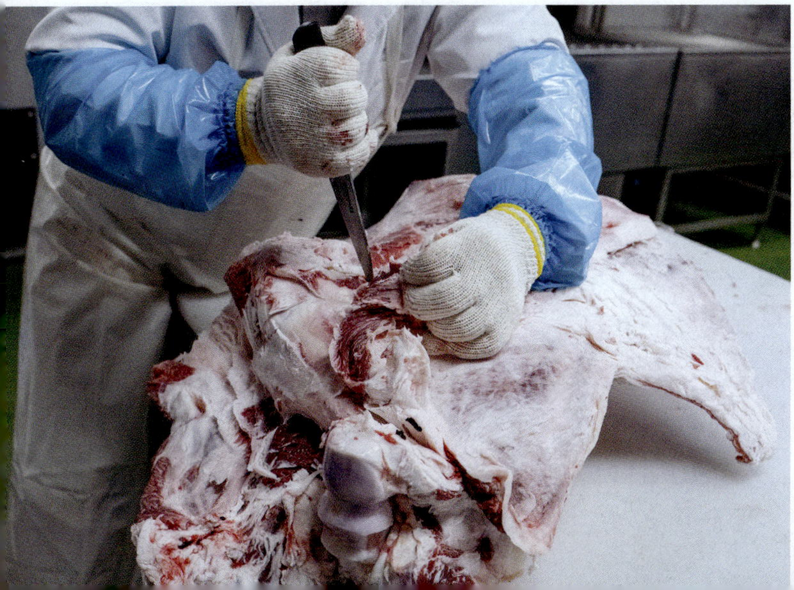

8 上腕骨に沿って
ニノウデをおこす

次ページに続く ▶

マエの脱骨

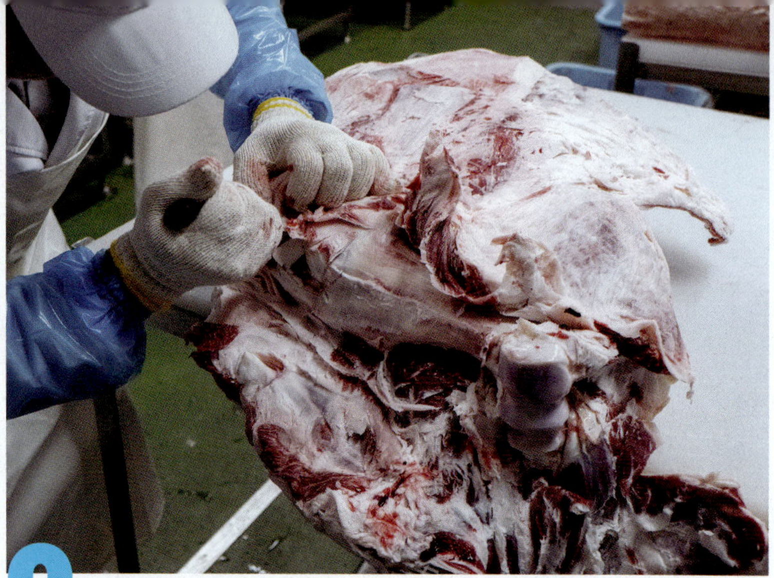

9 上腕骨が出てくる

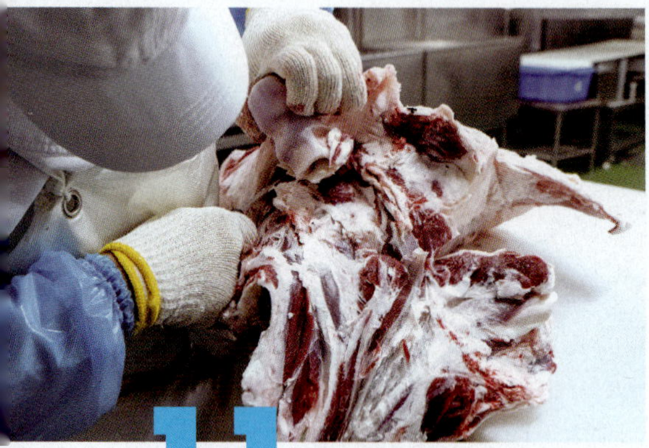

11 上腕骨が浮かんでくる

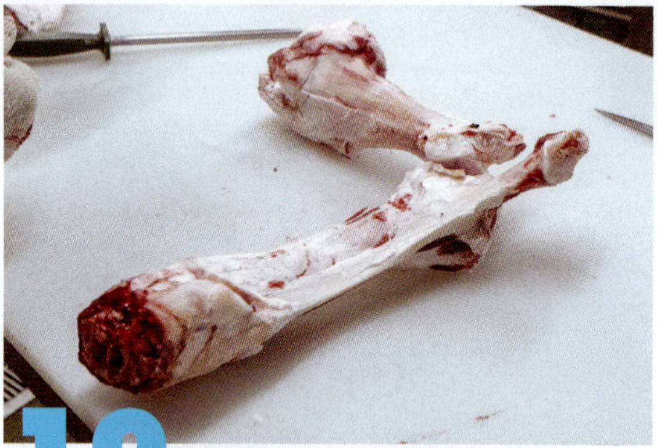

12 橈骨《とうこつ》(前腕骨)と上腕骨

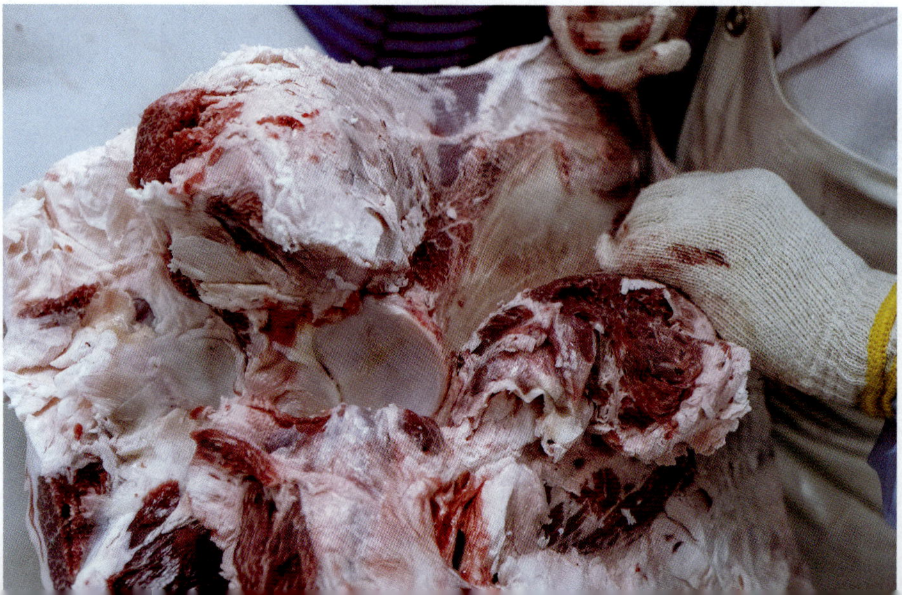

15 肩甲骨に沿って、
ウワミスジをおこす

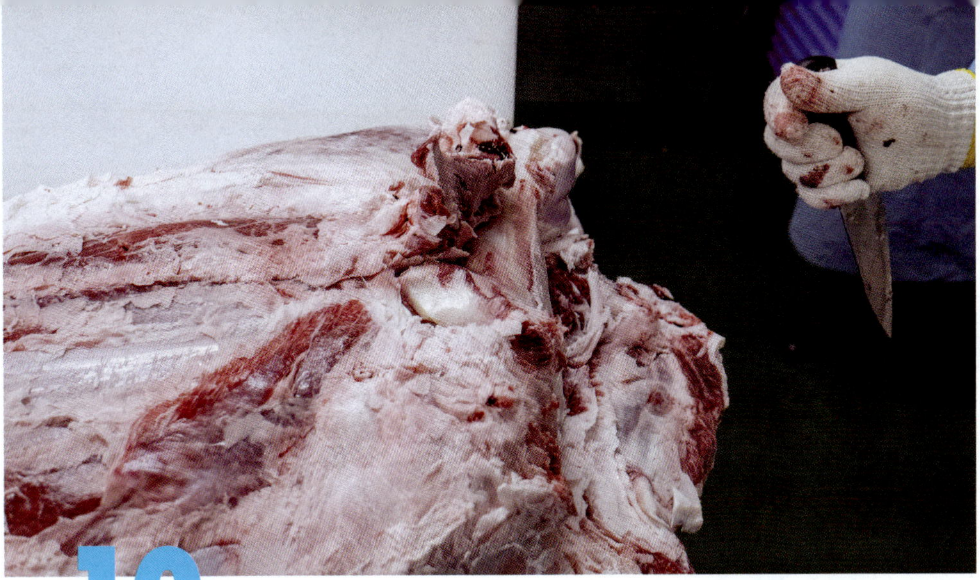

10 上腕骨が出てくる

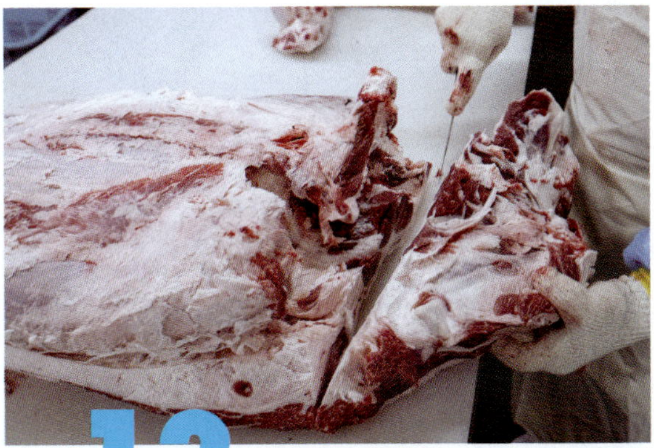

13 マエズネを外す

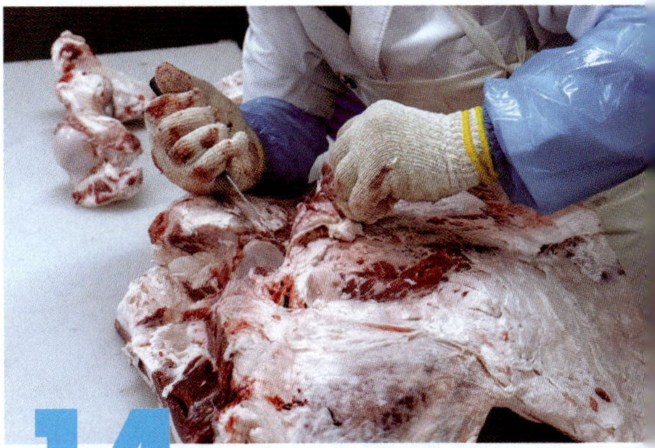

14 肩甲骨を外す

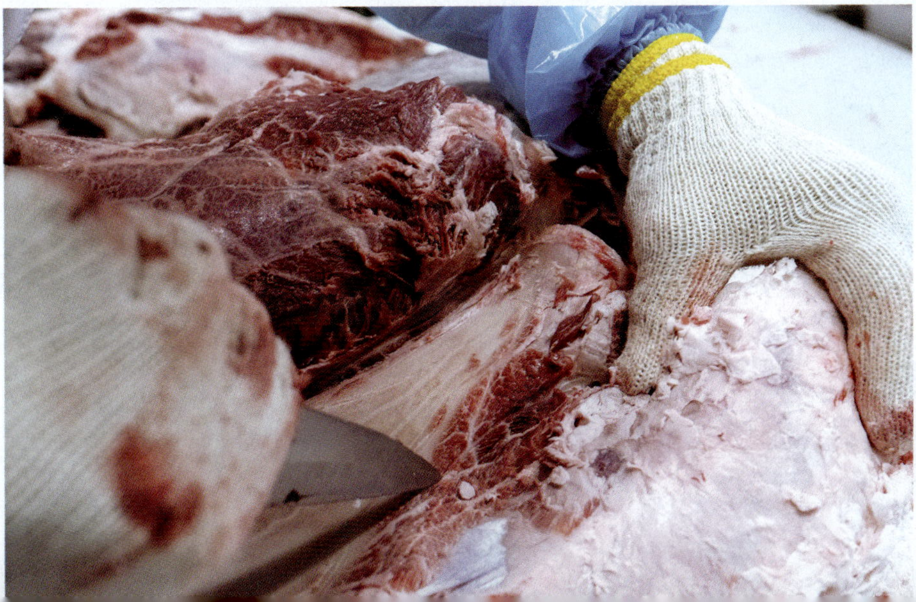

16

トウガラシを
肩甲骨から外す

次ページに続く ▶

マエの脱骨

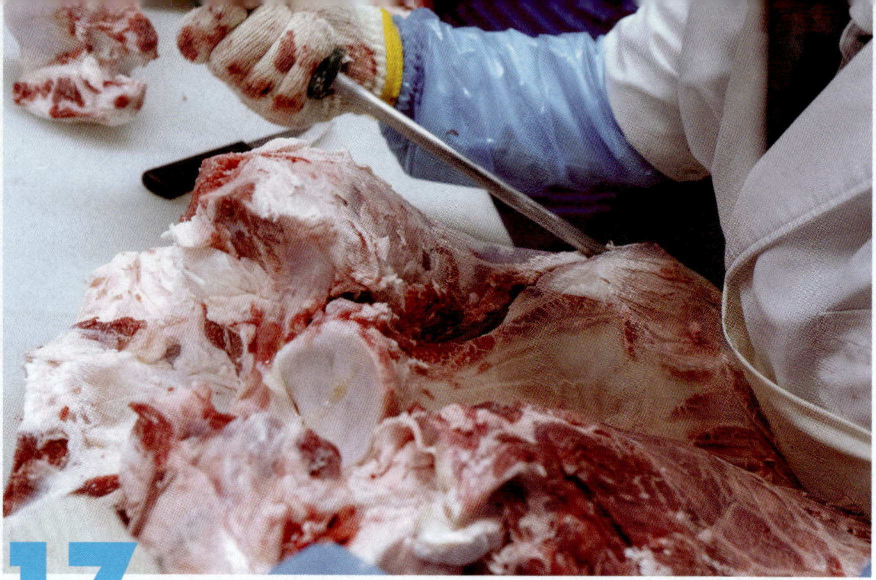

17 研ぎ棒を使い、トウガラシをおこす

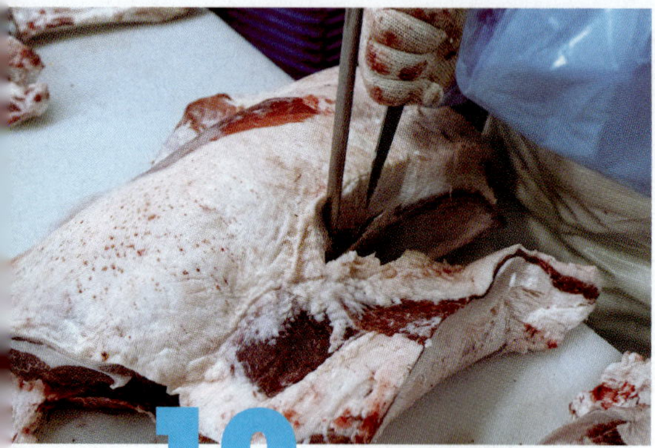

19 研ぎ棒などを使い、
肩甲骨とミスジを剥がす

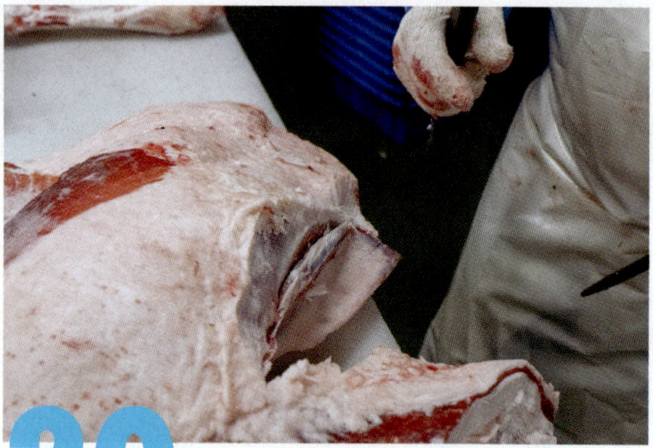

20 肩甲骨が剥がれていく

23 脱骨し小分割
したウデ

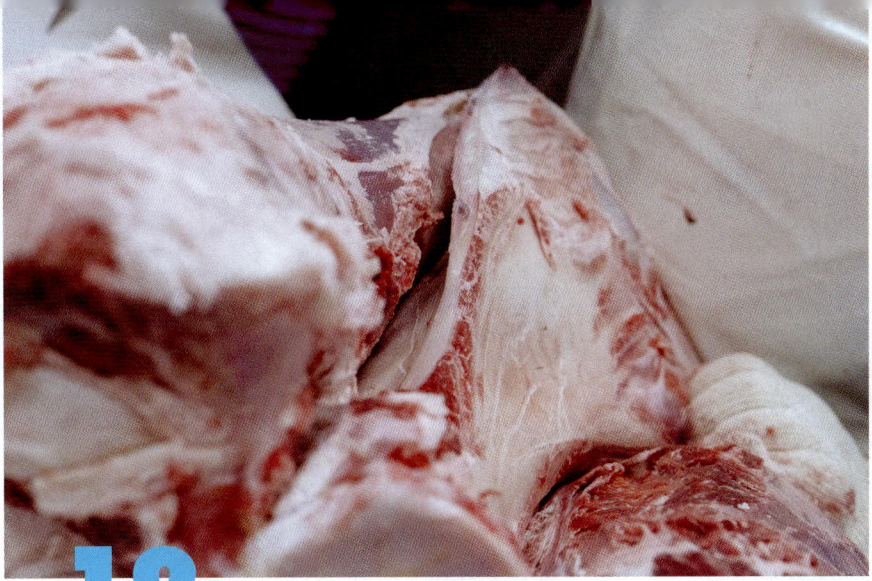

18 浮かんでくるトウガラシと肩甲骨

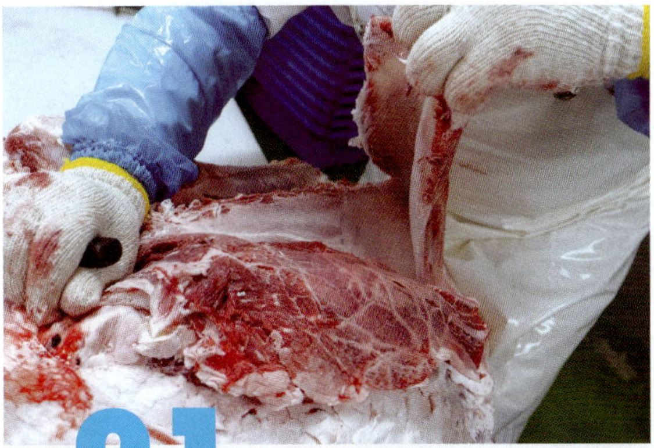

21 肩甲骨が剥がれる。慎重に作業する

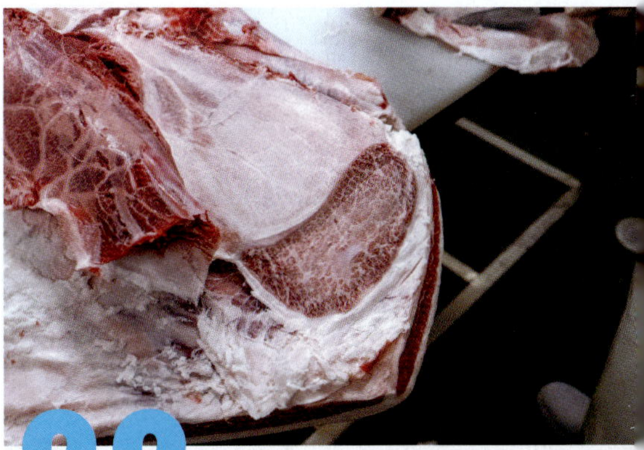

22 肩甲骨を剥がしたあと

ウデの脱骨のポイント

ウデの脱骨は、まず上腕骨と前腕骨に沿って1回で大きくナイフを入れ、次に同じ骨の反対側にもナイフを入れて、前腕骨から取っていく。次に上腕骨を肩甲骨のほうからはずし、最後にウワミスジとトウガラシの間の肩甲骨の上にナイフを入れ、ウワミスジを上げていく。次に肩甲骨の下側にナイフを入れてトウガラシ部を切り離す。この時、ウデは体表側を上にした状態で行うのがよい。

トウガラシ部を切り離したら、再度裏返しの裏側に深くナイフを入れ、肩甲骨を持ち上骨側から力を入れて引き離す。

この時のポイントは、トウガラシとミスジ（ウワミスジと区別する意味でシタミスジともいう）の甘皮を肉の側にできるだけきれいに、多く付けておくことと、肉全体に身割れができないような技術を身につけることである。

マエの中分割

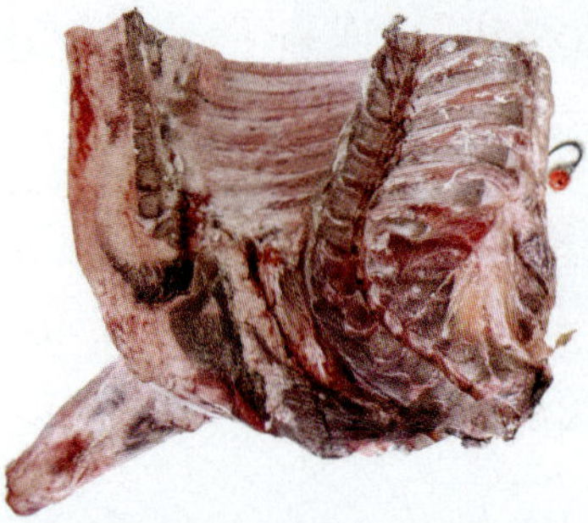

中分割・脱骨前のマエ（スネ付き）

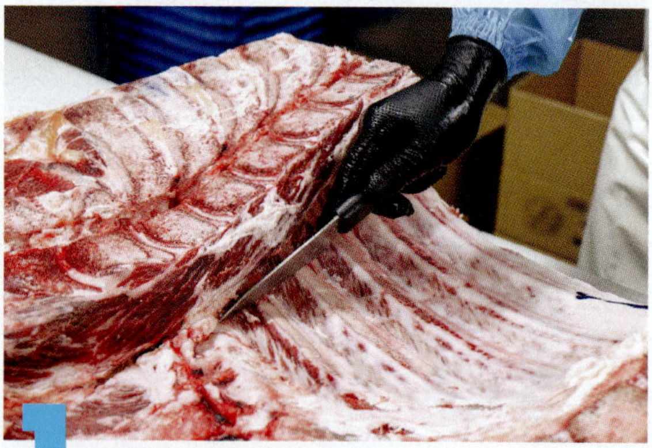

1 電動ノコギリの位置を決める

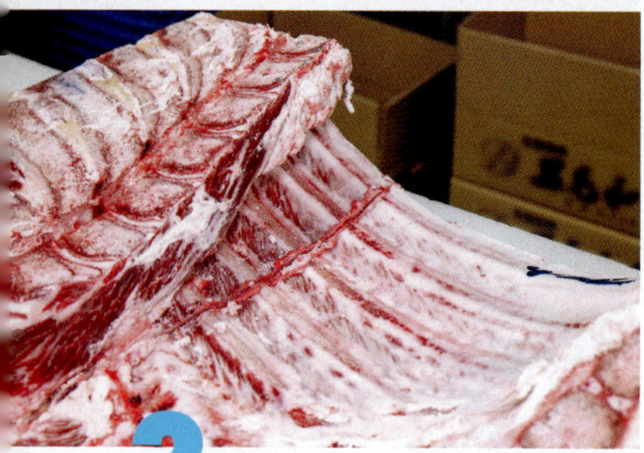

3 電動ノコギリで切った肋骨

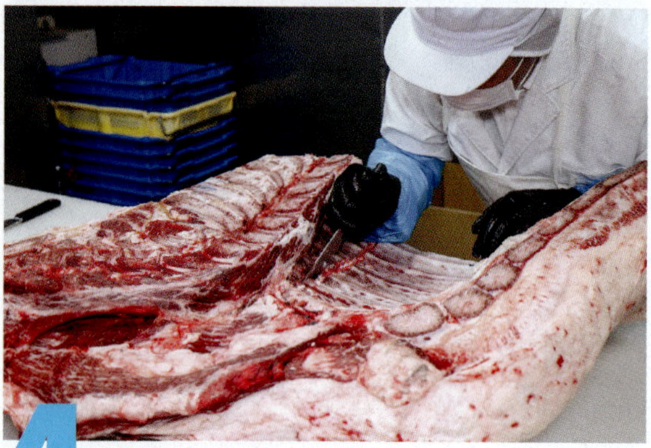

4 包丁でカタバラとカタロースを切り分けていく

7 切り分けられたカタロースとカタバラ

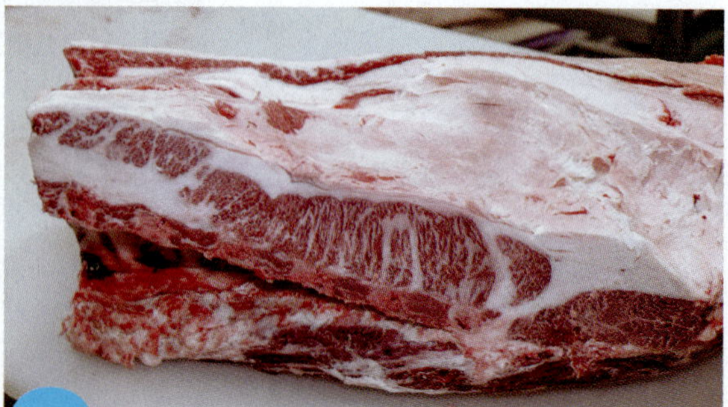

8 切断面のサシ

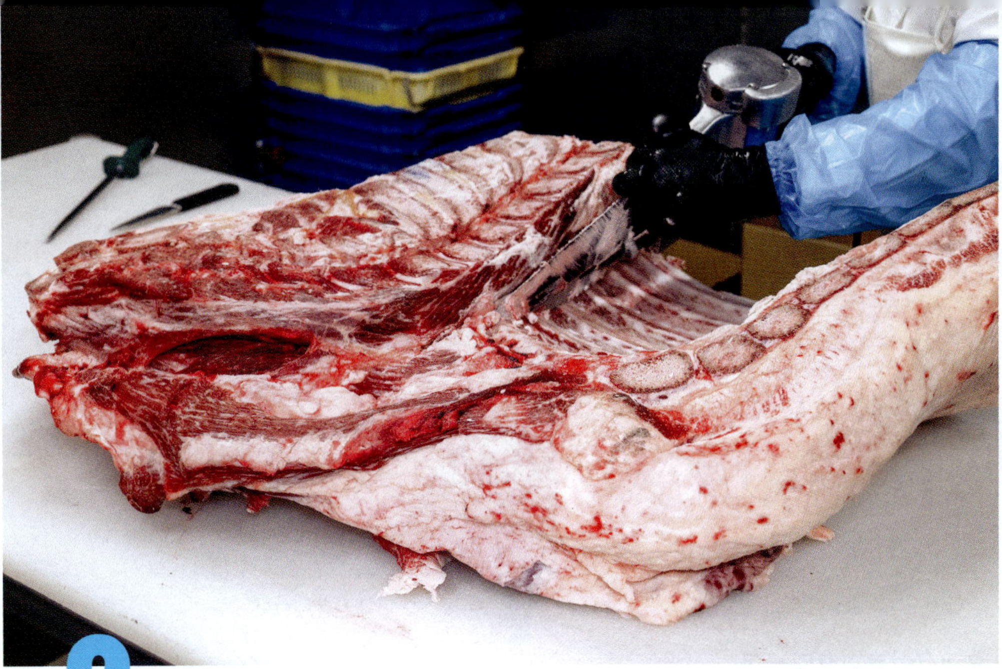

2 電動ノコギリで肋骨を切っていく

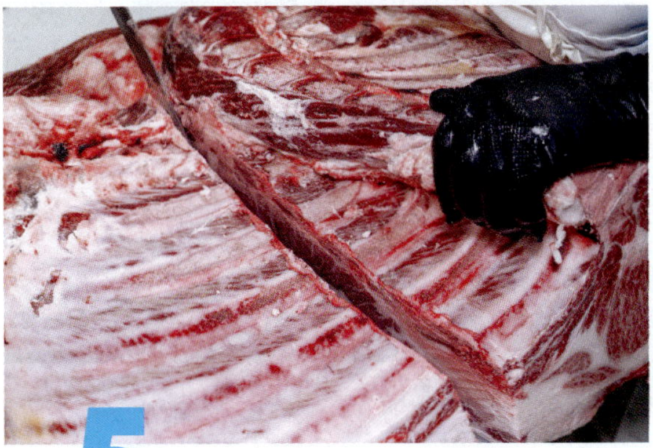

5 カタバラとカタロースの切断面

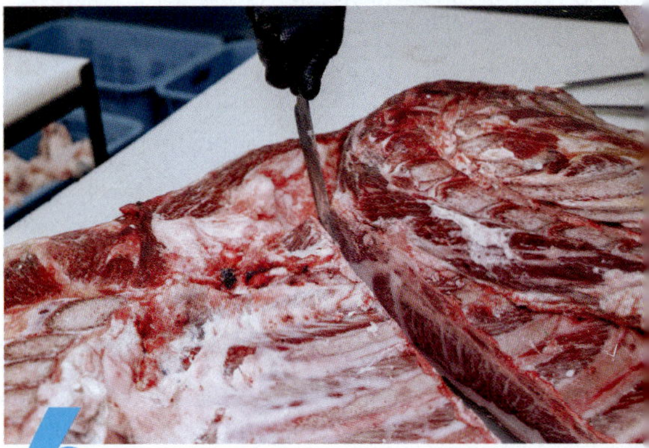

6 カタバラとカタロースを切り離す

マエの中分割のポイント

マエの分割のポイントの第一は、前記のようにウデを引きはがす際の力の入れ方である。力を入れ過ぎると肉を傷め、商品化の時点でロスの発生原因ともなり、結果として商品価値を落とすことになるので気をつけたい。

また、ウデを分離する時に、カタロースの芯やトウガラシにナイフでキズを入れないようにすることも重要なポイントである。マエ部位の中で、このカタロースとトウガラシは商品価値の高い部分であり、ここに 誤ってナイフを入れた跡があると、小売り段階からのクレームのもとともなる。

カタロースとカタバラの分離に当たっては、肋骨は手ノコ（または電動ノコ）で切り、肉の部分はナイフで切っていくので、この作業も適正に行うコツを身に つけ、商品価値を落とすことのないようにしたい。

ネックとカタロースの脱骨

ネック付きカタロース

1 ネック付きカタロース

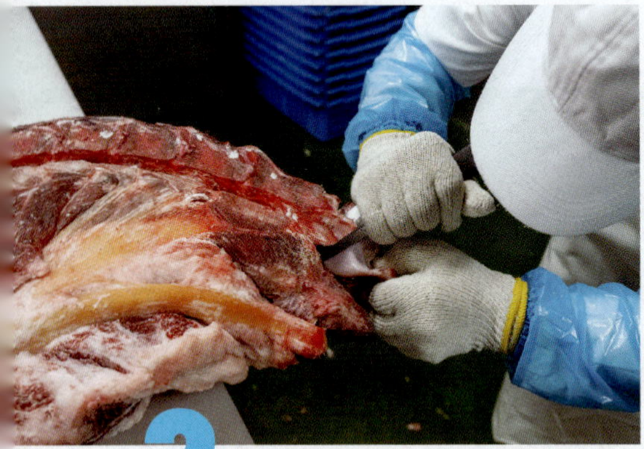

3 ネックの脱骨。頸椎は骨の形が複雑なため指をけがしないように初めに脱骨する

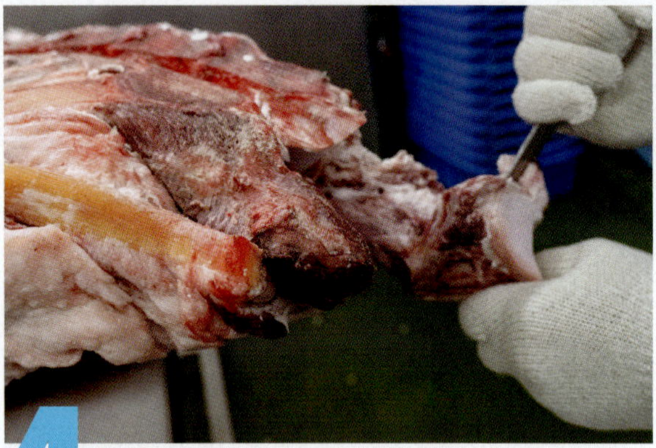

4 ネックの脱骨

6 脱骨後のネック。歩留まりを気にし脱骨を行う

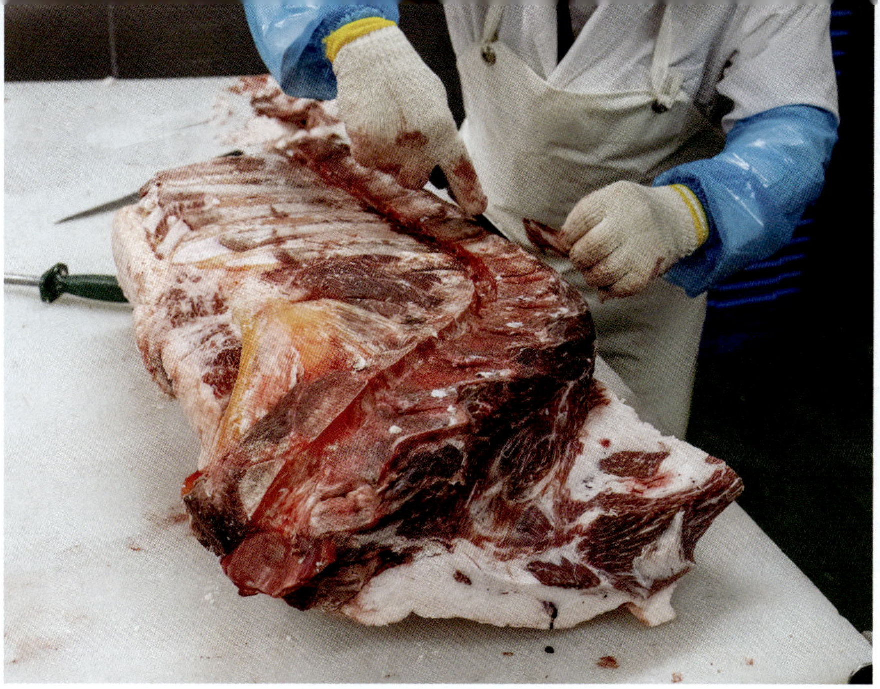

2

ネック付きカタロース
の脱骨と整形

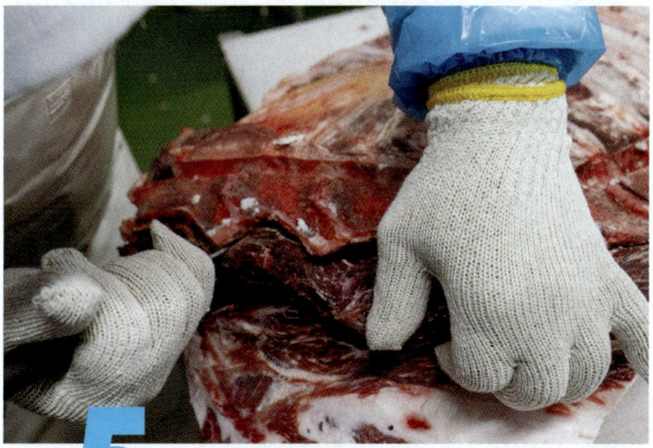

5

骨に沿って肉をおこす

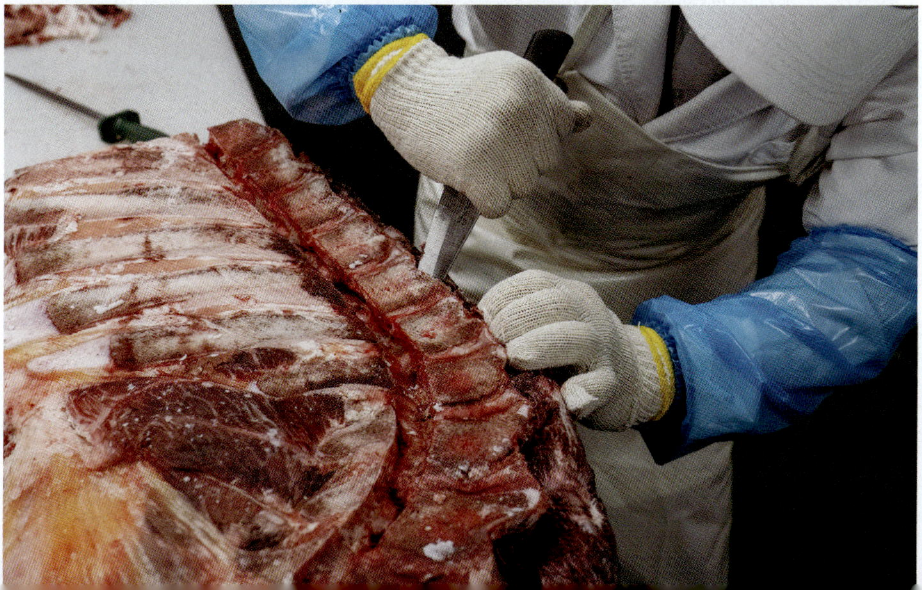

7

背骨から
小肉(頸長筋)を
外す

次ページに続く ▶

ネックとカタロースの脱骨

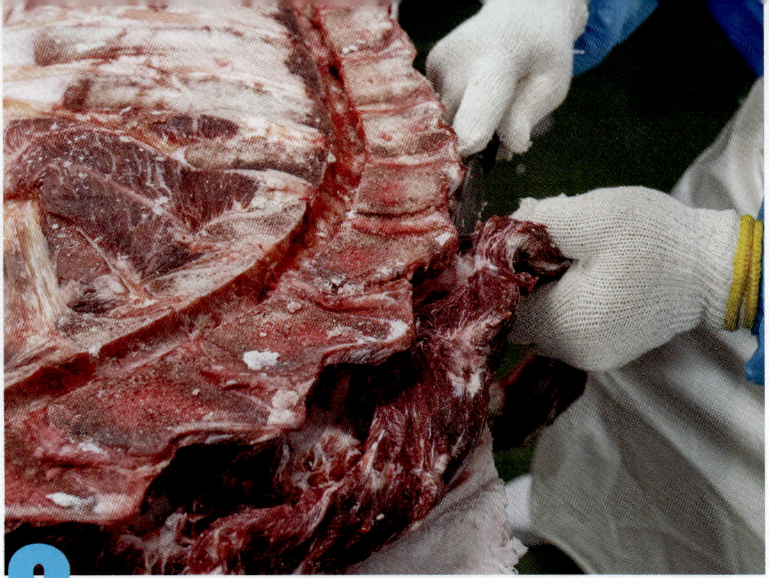

8 小肉（頸長筋）を外し、背中から剥がすように、骨の形に添って包丁を入れていく

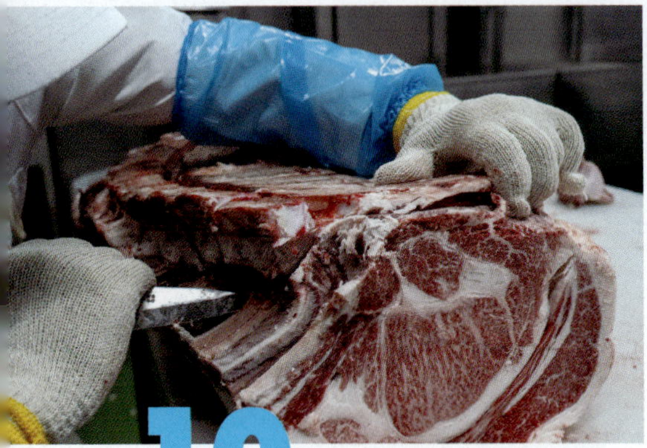

10 肋骨部分を、骨肌に沿って丁寧に剥がしていく

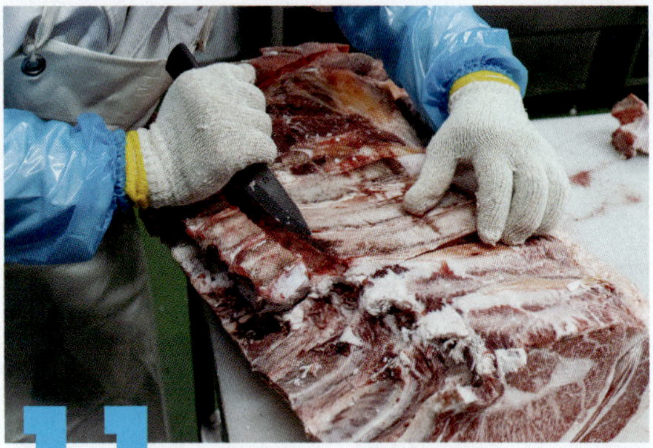

11 一本一本丁寧に外す

13 きれいなバラ山

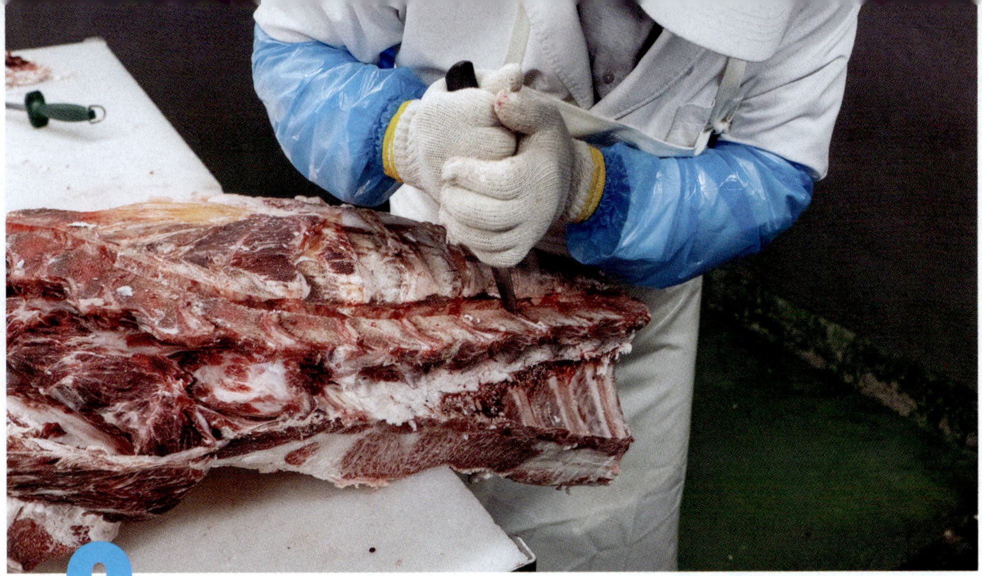

9 背骨の関節に包丁を入れる

12 脱骨後のカタロース

14

残った軟骨の
検査

次ページに続く ▶

ネックと カタロースの脱骨

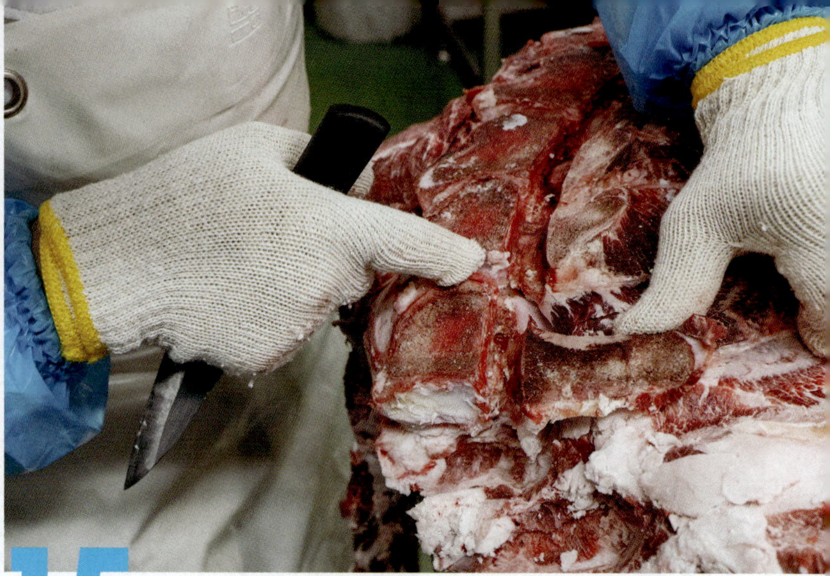

15 残ったネック側の骨の脱骨

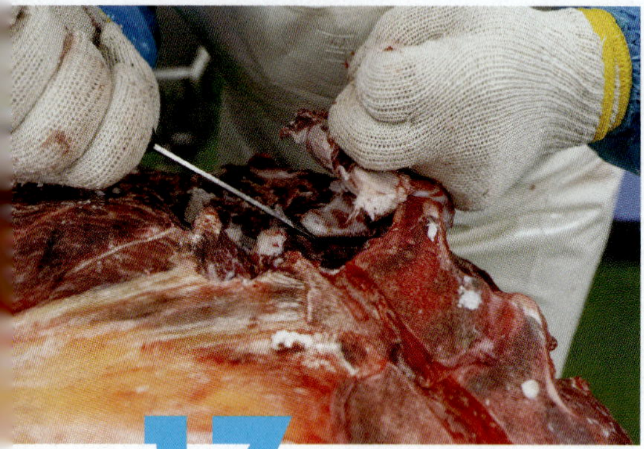

17 骨肌に沿ってきれいに外す

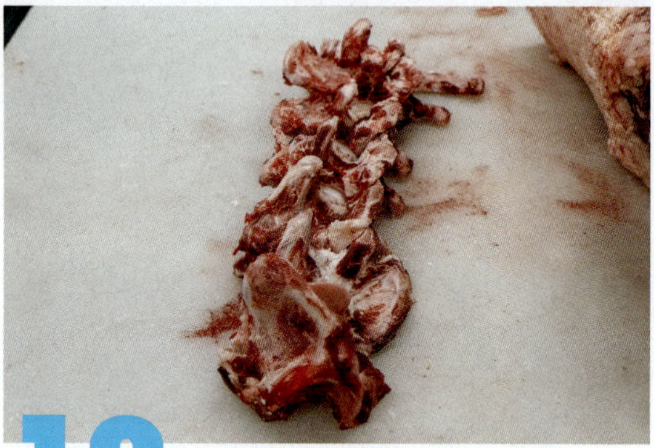

18 ネックの骨。複雑な形を把握し脱骨する

21 脱骨後、整形したカタロース。見た目と歩留まりを考慮して整形を行う

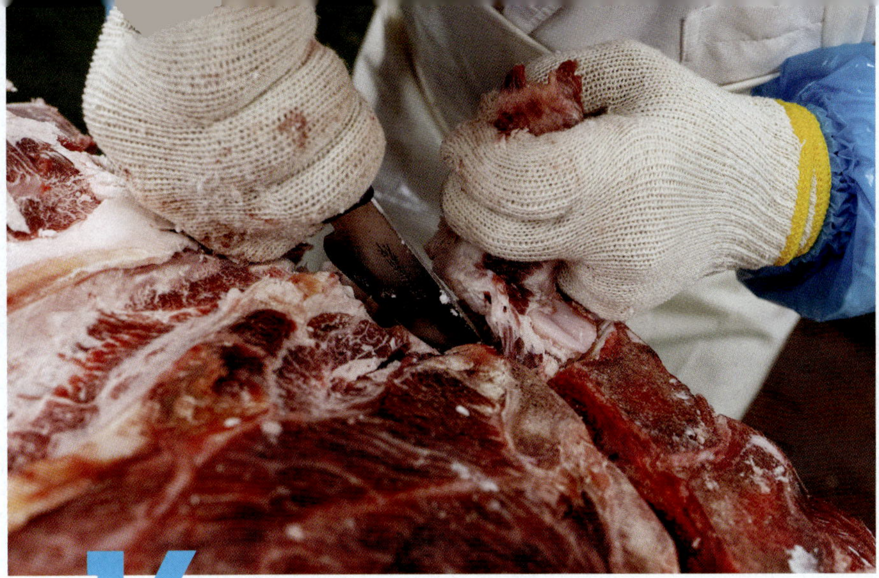

16 骨の形を把握し、一本一本丁寧に外す

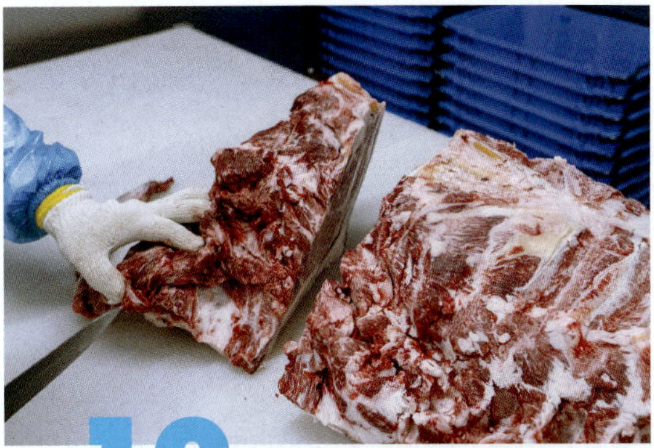

19 ネックとカタロースを分ける

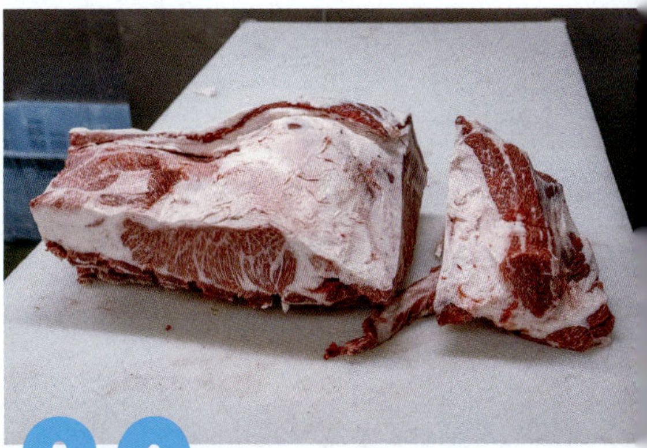

20 カタロースとネック

カタロースの脱骨のポイント

カタロースは頸椎と胸椎（棘突起を含む）、そして助骨の一部（短い骨）がついている。「一本ロース」（分割前のリブロース+サーロイン）と同じように、それぞれ1本ずつ関節にナイフを入れて取りはずしていく。脱骨に入る前に、まず胸椎から頸椎に沿って、肋骨の上についている小肉を取り除き、次にそれぞれの関節をナイフで切り離し、胸椎と肋骨を1本ずつ取り除く。

この時のポイントは、カタロースの肉の部分に深くナイフを入れないことである。ナイフを深く入れると、商品化の時クズ肉が多く発生し、商品価値を下げる結果になるので、十分に注意したい。

また、頸椎の脱骨は骨の形が複雑であるので、骨に肉をつけないように、ていねいにナイフを入れることが大切。それと、肉には骨ハダをつけないことである。

カタバラの脱骨

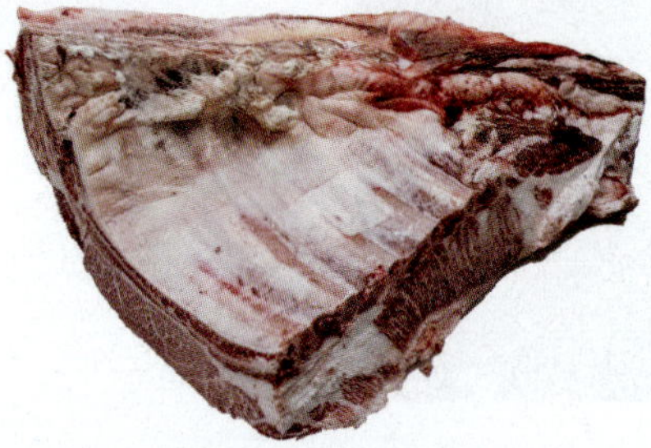

ネック付きカタバラ

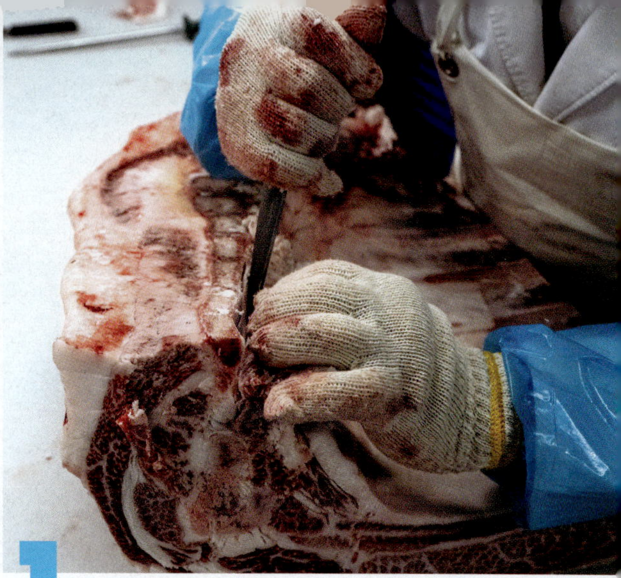

1 カタバラの小肉を外す

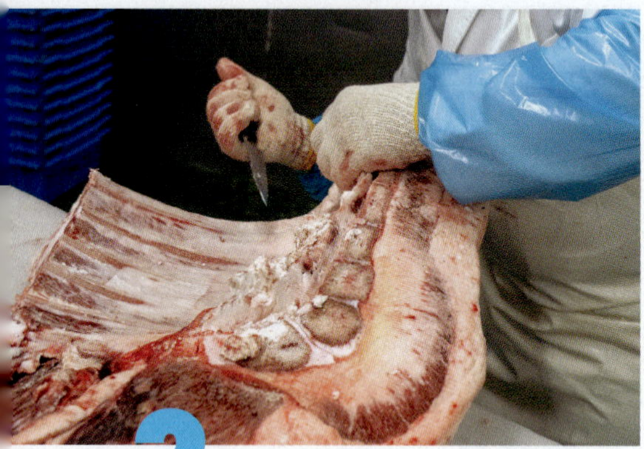

3 バラの胸骨を浮かしていく

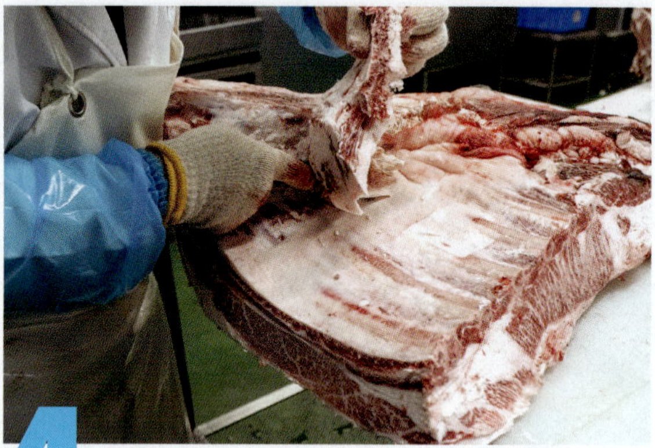

4 骨まわりの小肉を取っていく

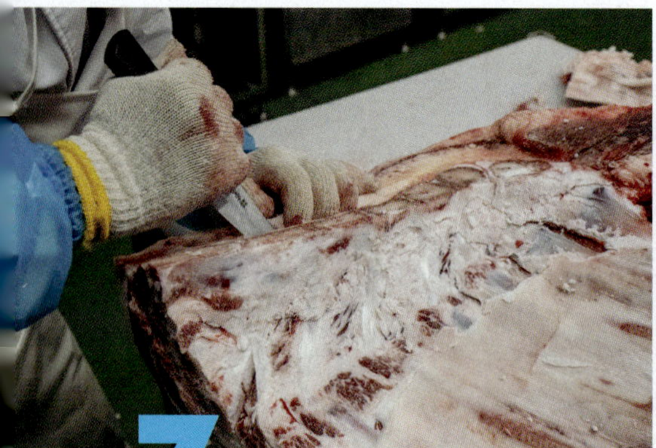

7 胸骨の骨を浮かせていく

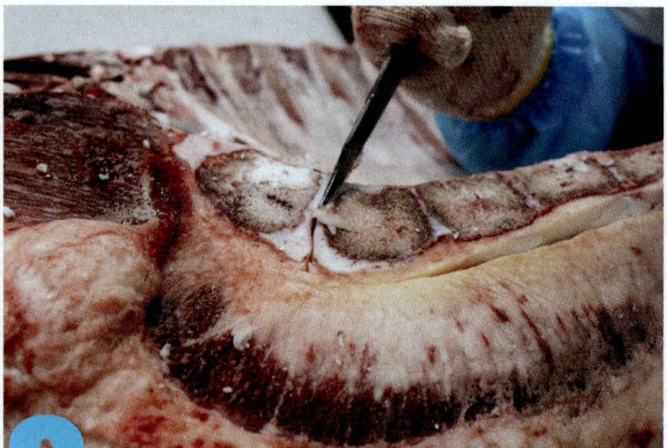

8 関節に包丁を入れていく

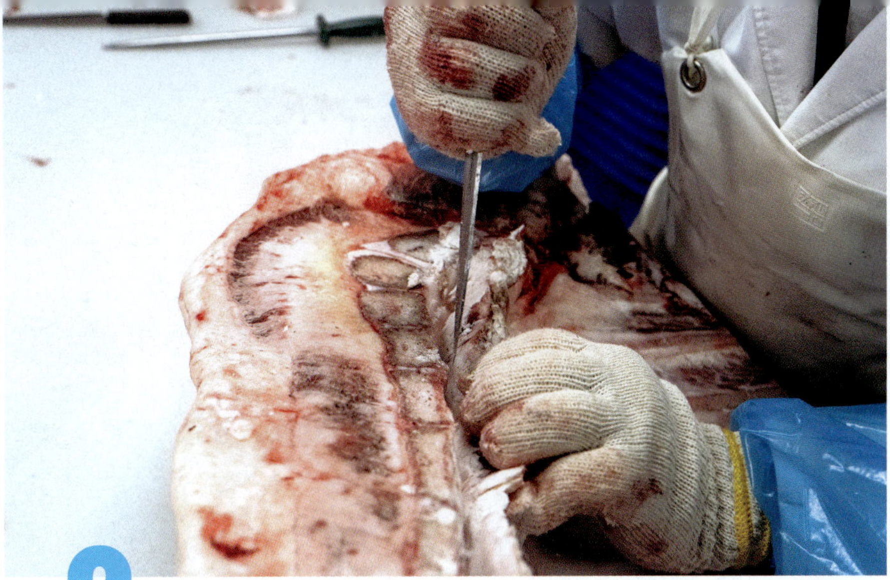

2 小肉をおこす

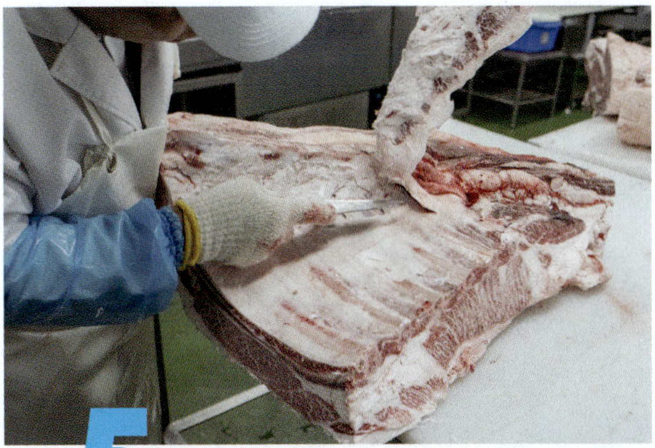

5 骨に沿って包丁を入れ、
骨まわりの小肉を取っていく

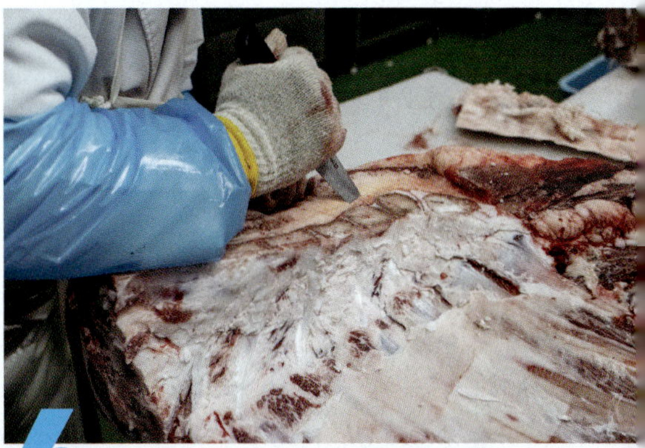

6 胸骨の骨に沿って包丁を入れる

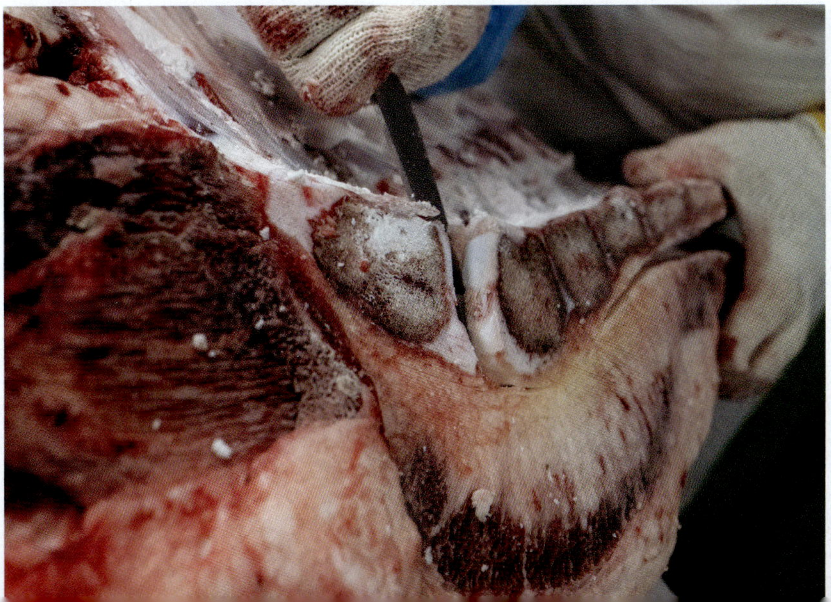

9 関節に
包丁を入れる

次ページに続く ▶

カタバラの脱骨

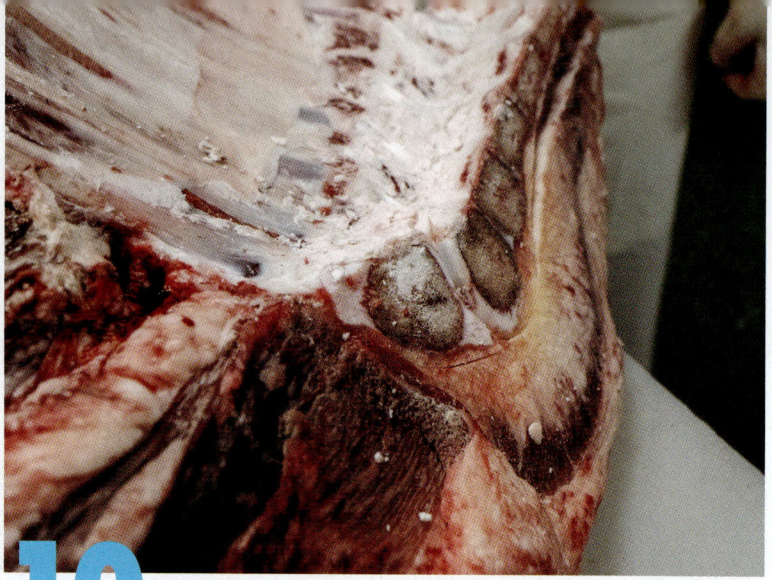

10 骨が浮いてくる

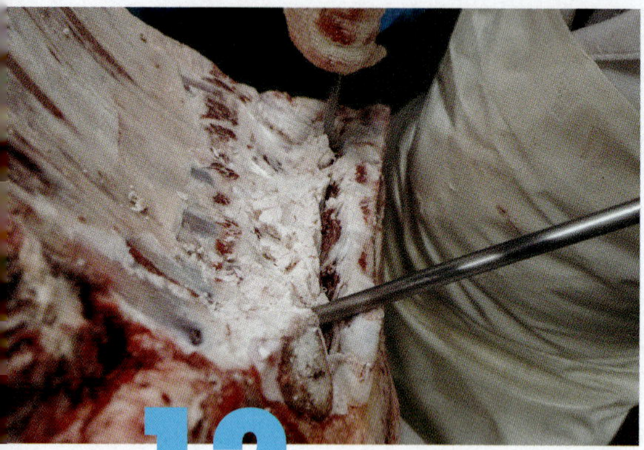

12 胸骨が浮いてくる

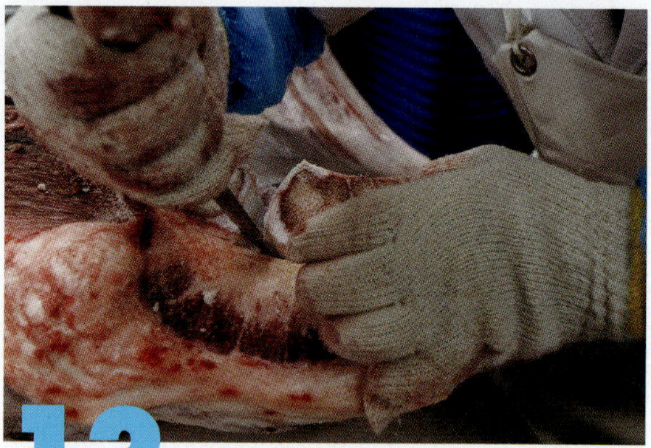

13 胸骨を丁寧に外す

16 胸骨を外していく

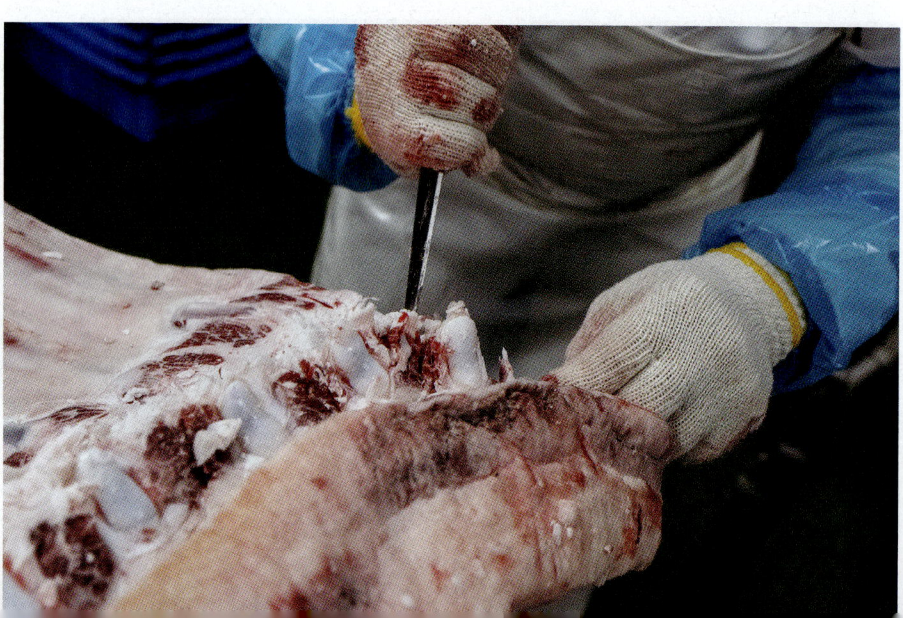

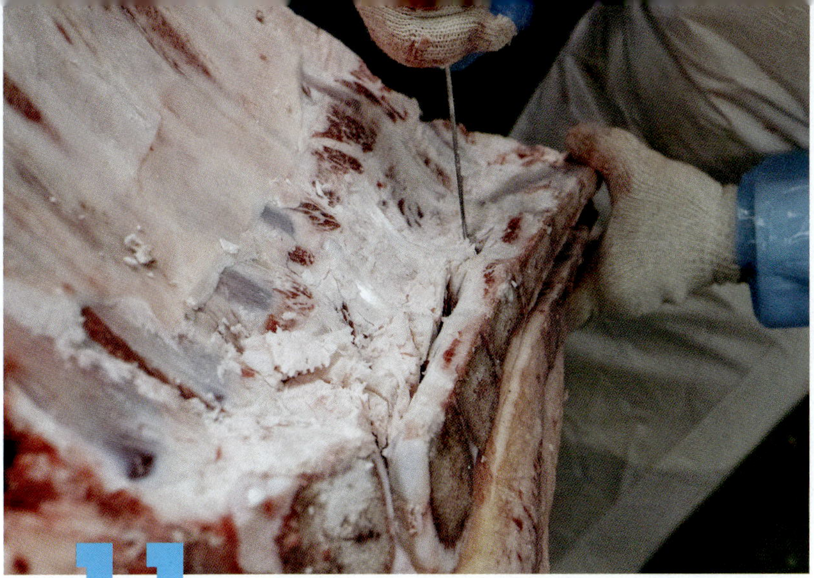

11 胸骨と肋骨の間に包丁を入れる

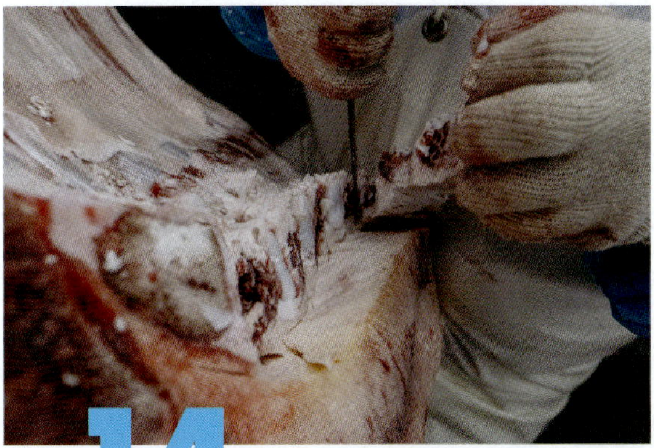

14 胸骨を丁寧に外す

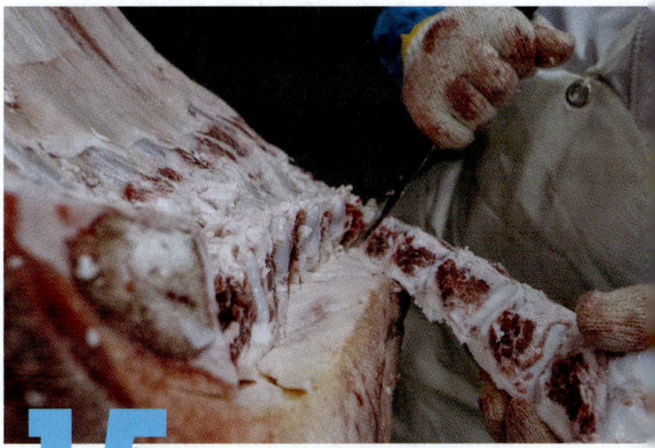

15 胸骨が外れる

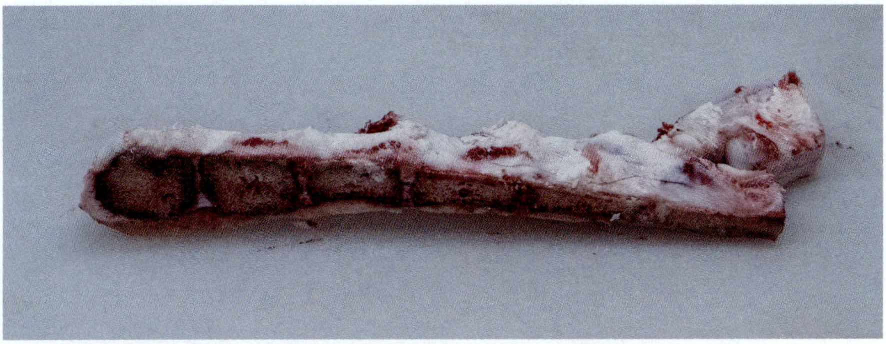

17 胸骨

次ページに続く ▶

カタバラの脱骨

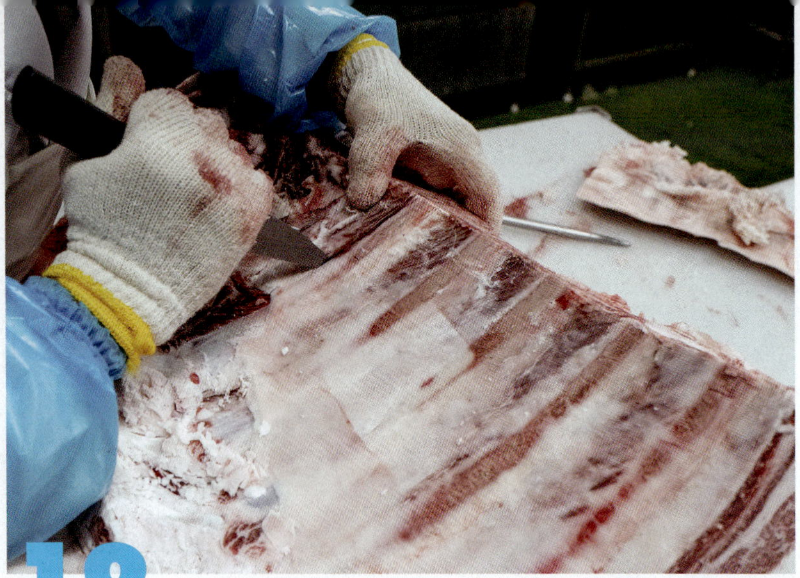

18 肋骨を剥がしていく

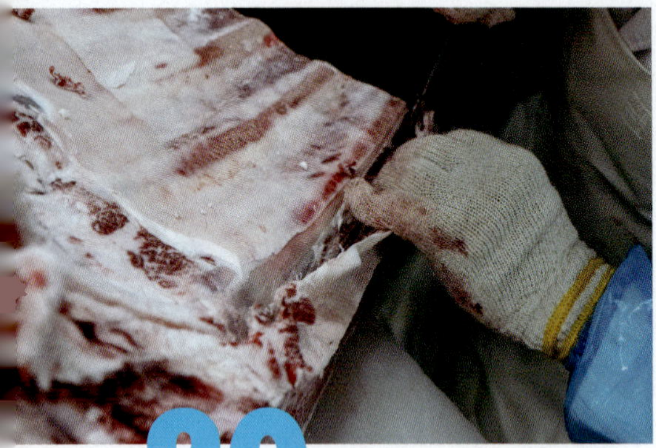

20 一本一本丁寧に骨肌に沿って、
肋骨を剥がしていく

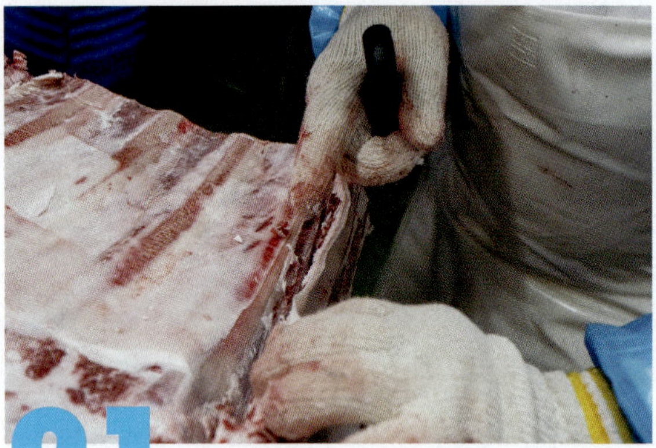

21 骨の形を把握し、骨肌に沿って
極力肉を削らないように骨を外す

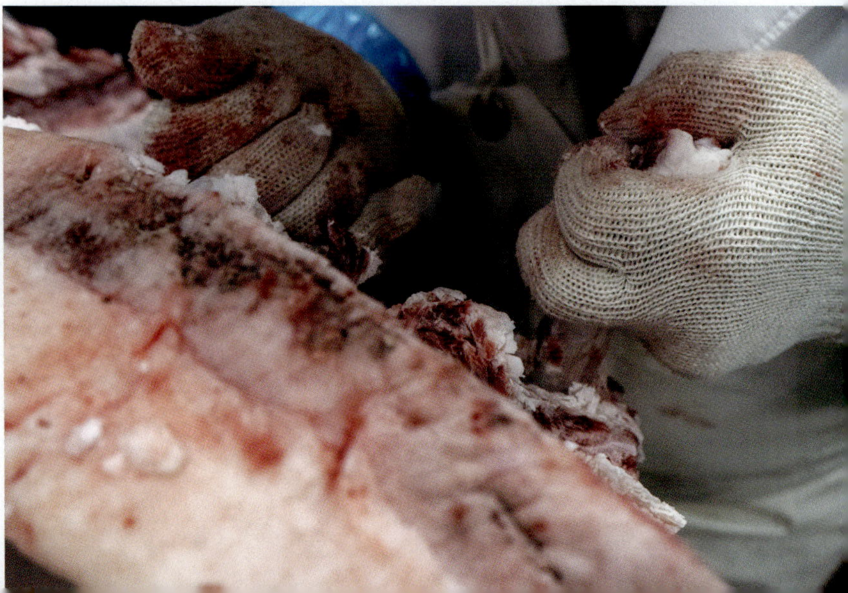

24 骨肌に沿って
骨を外す

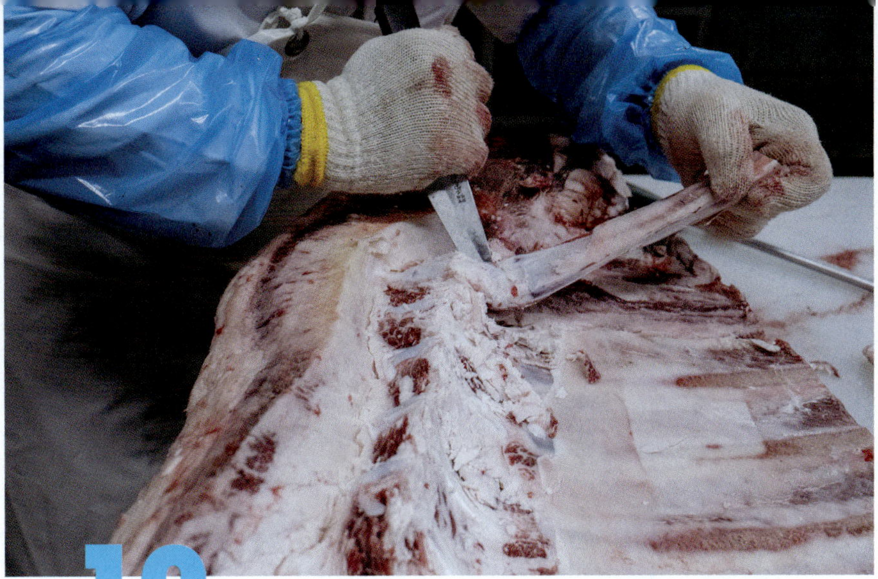

19 一本一本丁寧に骨肌に沿って、肋骨を剥がしていく。
その際、肋骨の幅、厚みを意識し、肉を削らないようにする

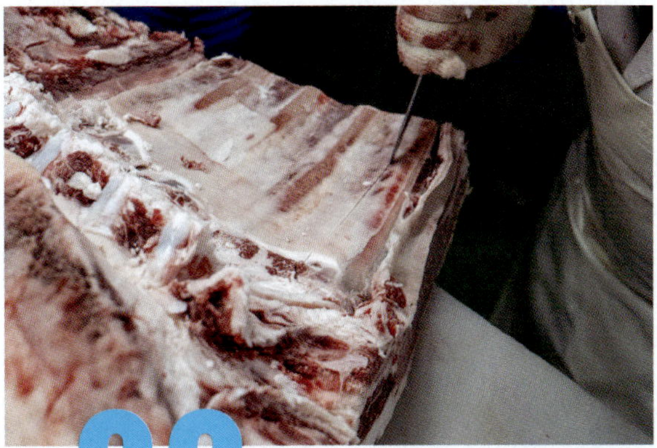

22 丁寧に包丁を入れていく

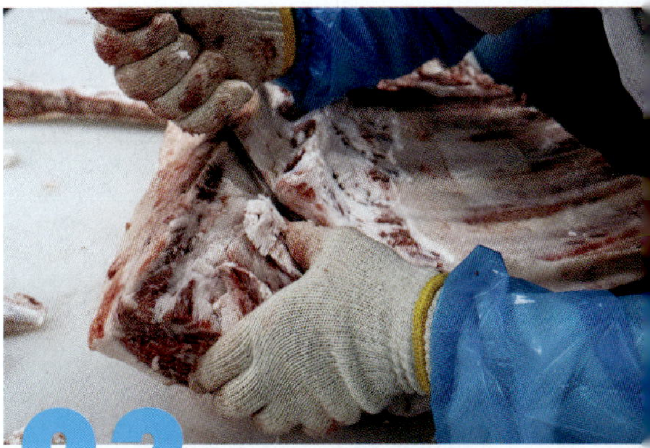

23 ブリスケ側の肋骨を起こす

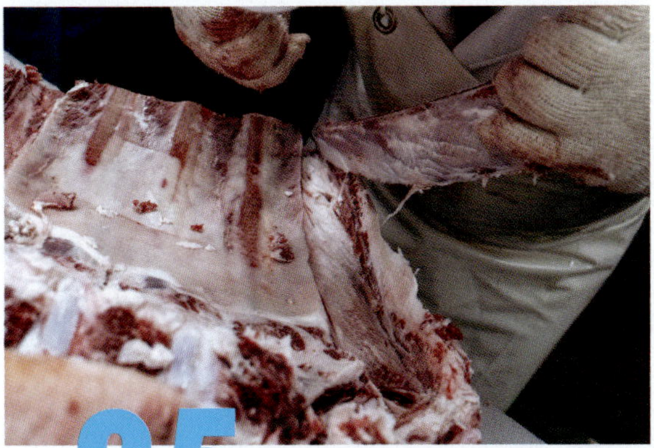

25 肋骨を丁寧に剥がしていく

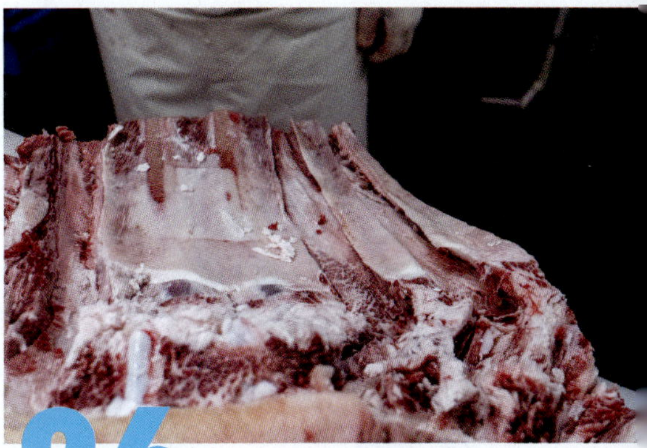

26 ネック側の骨を外していく

次ページに続く ▶

カタバラの脱骨

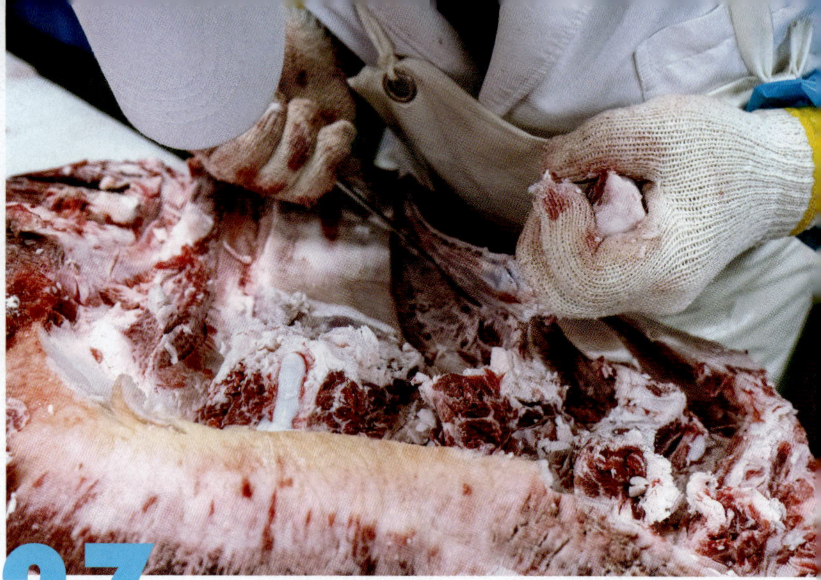

27 一本一本丁寧に骨を外していく

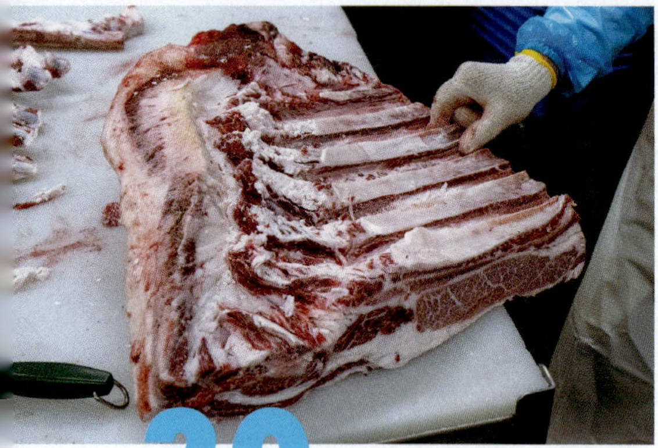

30 肋骨の脱骨後

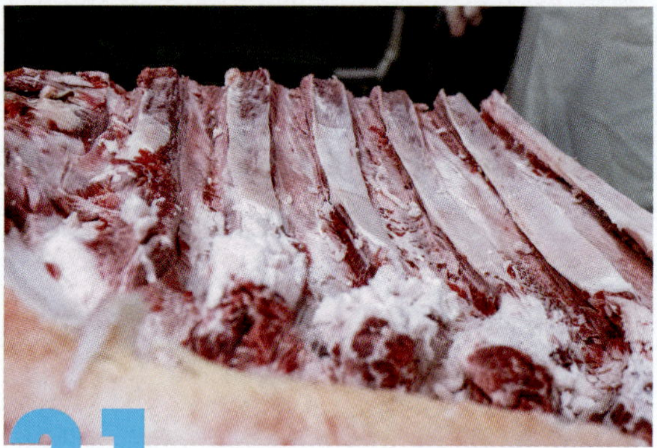

31 きれいなバラ山

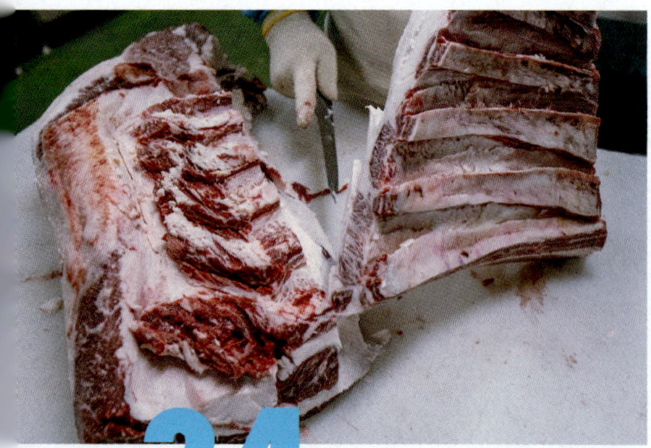

34 三角バラを切り分ける

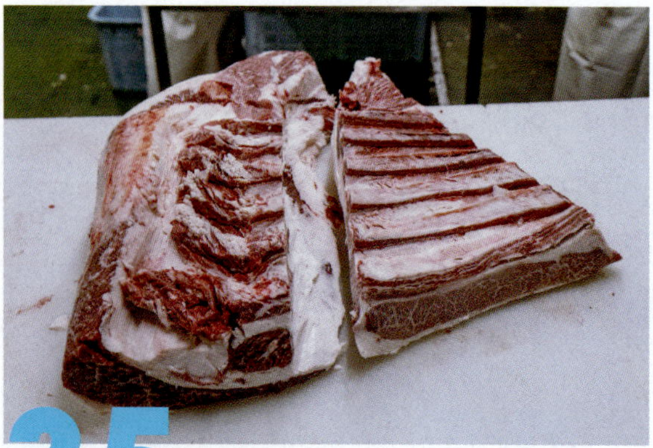

35 三角バラとカタバラ

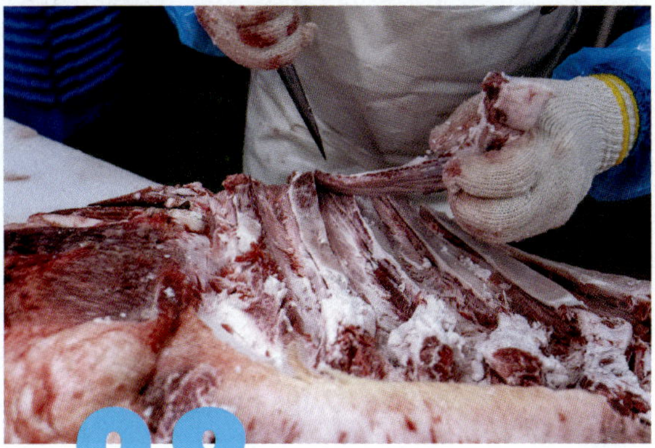

28 一本一本丁寧に
骨を外していく

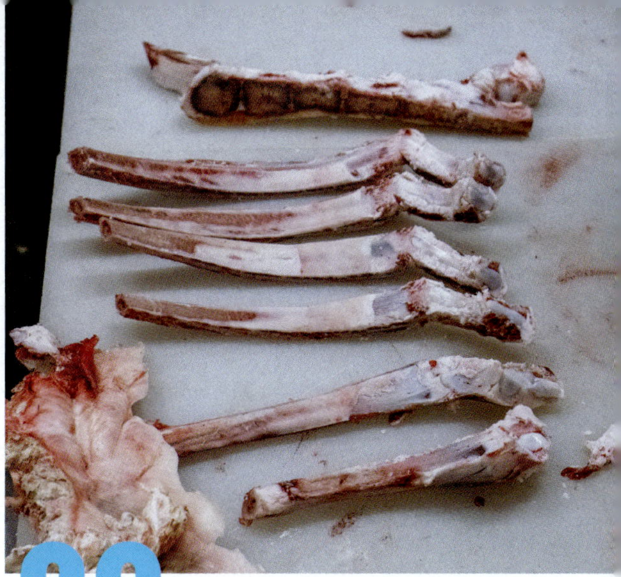

29 肋骨。一本一本、骨の幅、厚みが異なっている。また一本の骨であっても厚みは位置によって変わってくるので、その厚みをつねに理解して脱骨しなければならない

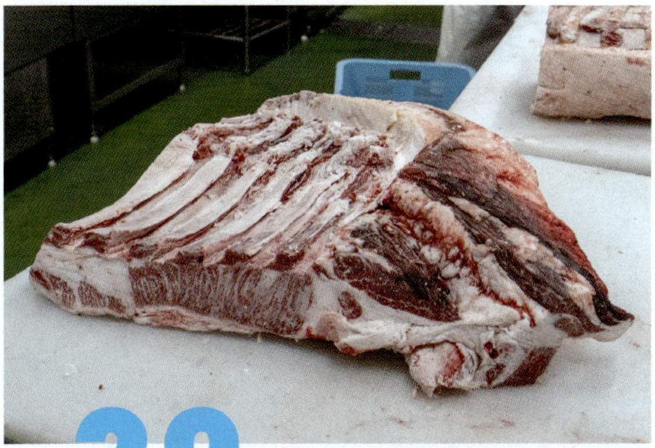

32 三角バラとカタバラ

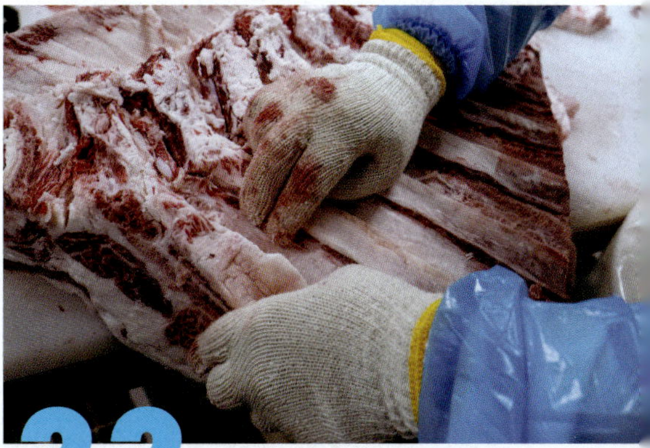

33 残った軟骨がないか調べる

カタバラの脱骨のポイント

カタバラの脱骨でいちばん難しい部分は、胸骨と剣状軟骨に沿って入れるナイフの深さである。深く入れ過ぎると肉がバラバラになりやすいので注意したい。

胸骨と剣状軟骨を取りはずしたら、次に肋骨の両側に平行に、骨の深さにナイフを入れる。

この時、ナイフを深く入れ過ぎると、商品価値の高い「焼肉用」「カルビ」などがとれる三角バラの部分にキズが入ることがあるので要注意である。

カタバラの脱骨作業の善し悪しは、肋骨を抜いた後、肉に骨の形(“バラヤマ”)がコの字型にしっかり残っているかどうかを見るとよくわかる。この部分の形が崩れていると、商品化の際にロス率が高くなる。また、当然ながらでき上がりの部分肉の歩留まりも低下するので注意を要する。(アメリカなどでは作業効率を重視する見地からも、バラヤマは残さずカットしてしまう。こうした部分の違いも日本式カットの特徴である)

カタバラの整形

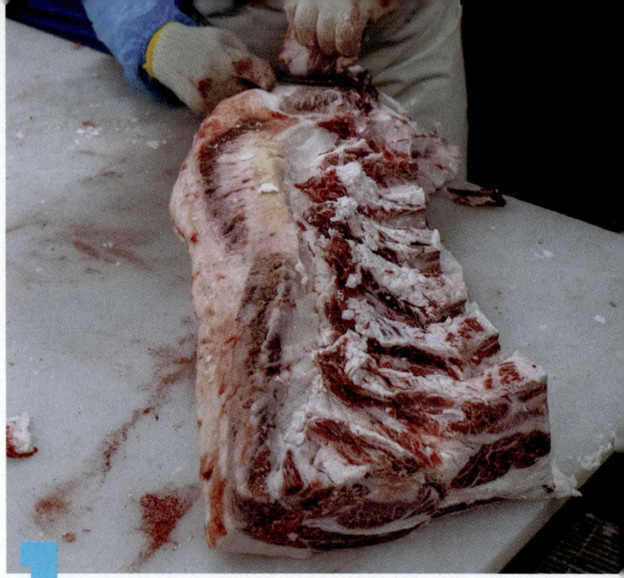

1 カタバラ

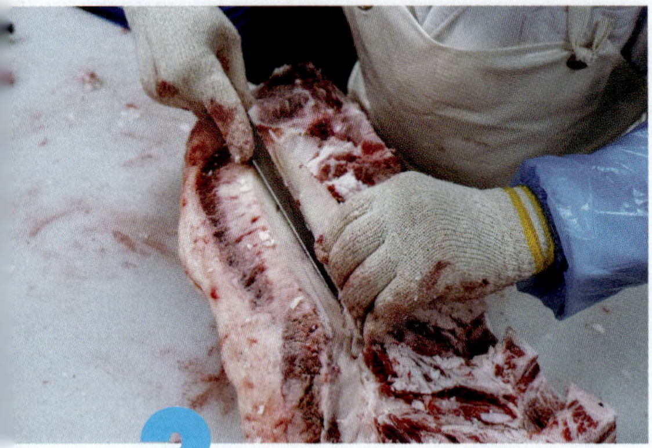

3 脂をとる

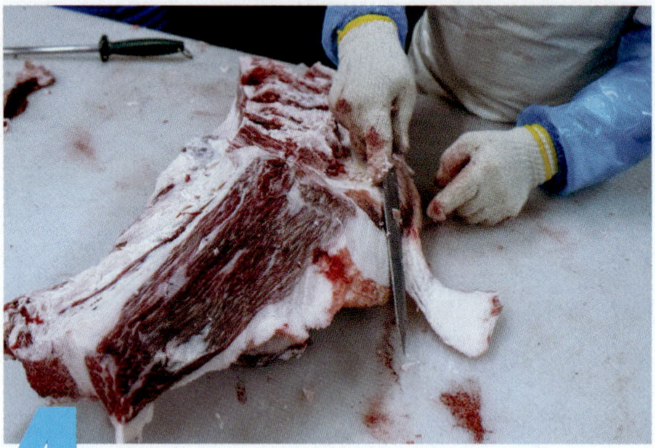

4 脂をとる

6 角がとれ丸みを帯びた
カタバラ

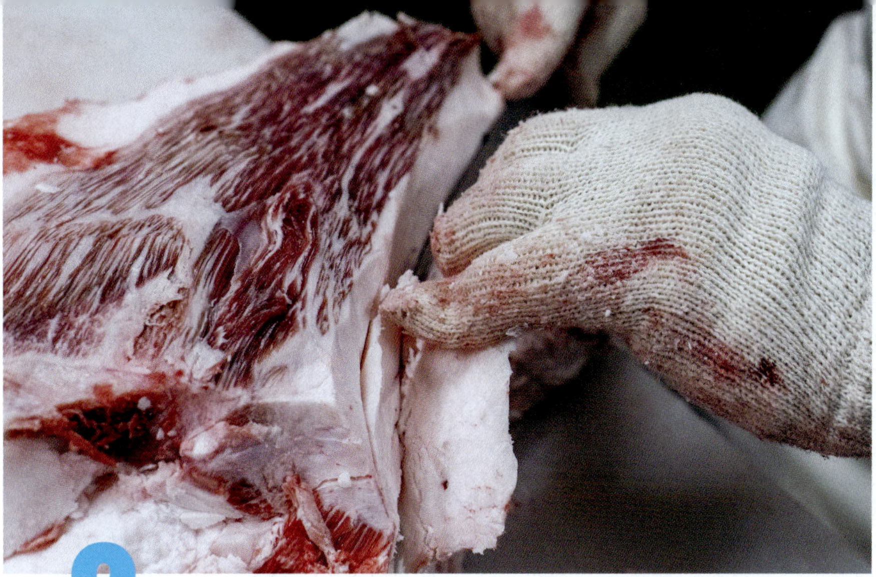

2 ネック側の脂と、変色をとる

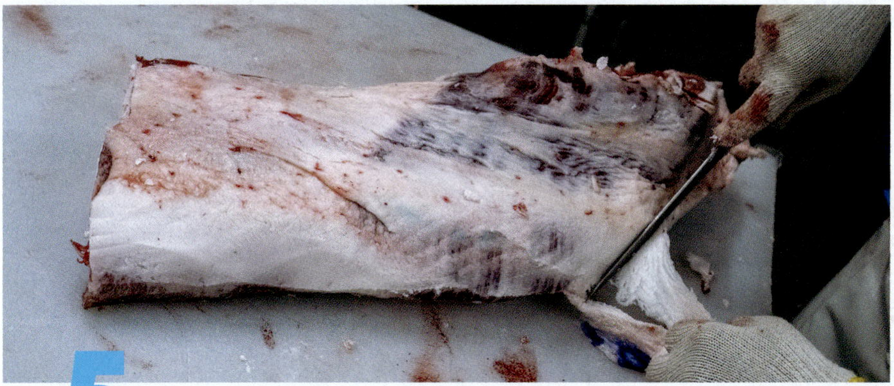

5 脂をとり丸みをだす

7 整形後のカタバラ・
ブリスケ

5. ロインの脱骨と中分割

1本ロースからヒレを分割する場合、一番大切な点は、牛肉の中で商品価値の最も高いヒレとロースに傷をつけないことである。ヒレの頭の部分、およびヒレ全体にナイフで傷をつけないよう、細心の注意をしてほしい。ナイフの切っ先を上手に使い、1回でナイフを入れず何回かに分けて入れていくことが、きれいに分割するコツ。

ちなみに、ヒレは牛の尾に近い方が太く、頭に近い方が細い。太い方を「頭」、細い方を「尾」と呼ぶの がふつうで、頭と尾の位置が牛全体とは逆になるので注意すること。

最初にヒレの尾の部分から分割に入り、腰上に沿ってナイフを入れていくのであるが、この時腰椎に肉を付けてしまわないよう、腰椎の骨膜をいっしょに取り除くようにするとよい。

ヒレを最終的に腰椎から分割する時は、ヒレの頭の部分を手で軽く押さえて、無理のないようにていねいに切り離すこと。切り離したヒレの裏側(腰椎に接した側)に、腰椎の骨ヤマがきれいについていることが、上手な仕事の証明になる。

ロインの中分割の概念図

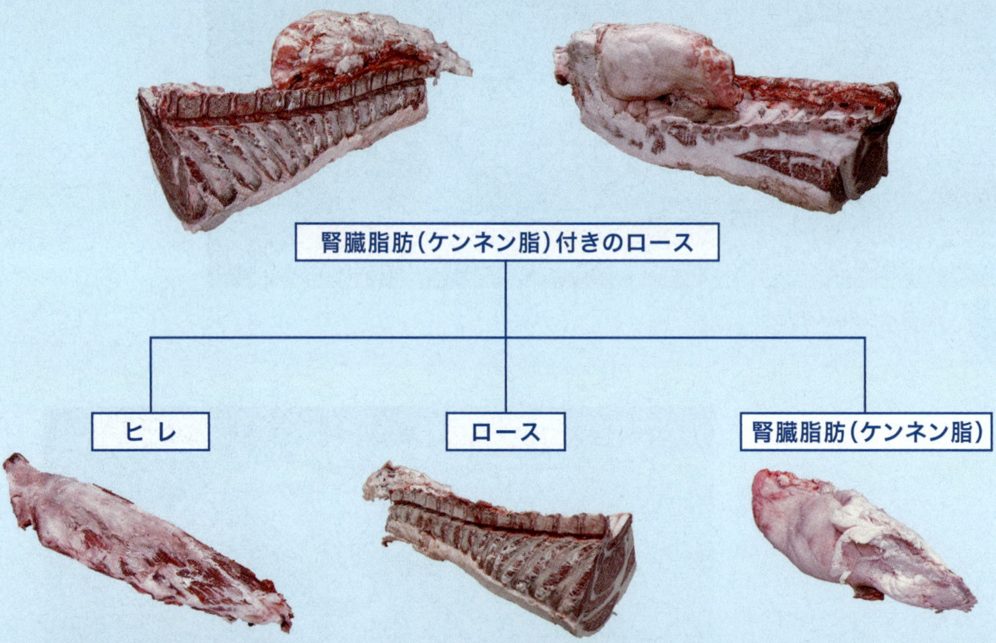

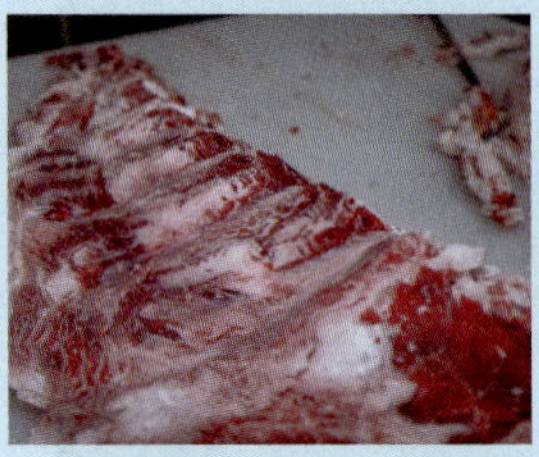

ヒレとロースの接合部

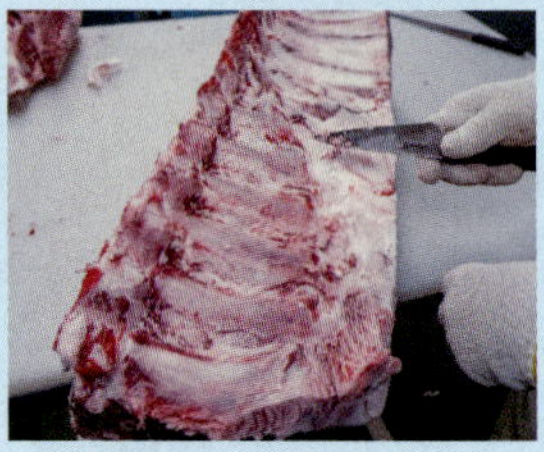

ヒレを取ったあとのロース

ロインの中分割と脱骨

1. ケンネン脂を外す。
2. ヒレを分割する。
3. 肋骨と胸椎をつなげたまま1関節ずつ取りはずす。
4. 腰椎を1関節ずつ除去する。

6. トモバラの脱骨と中分割

トモバラは、肋骨を除去するため、まず肋骨の上(腹腔側)についている薄い筋肉・インサイドスカート(=腹横筋)をはがし、この部分の肋骨を露出させる(インサイドスカートは若干変色が早いものの、肉自体はやわらかく味の良い部分で、焼肉店などの焼肉商材として利用されている)。その上で、肋骨、肋軟骨を1本ずつはずしていく。

この場合も、肉の側に骨ヤマがきれいに残っているのがよい。この骨ヌキが雑だと、枝肉→部分肉の歩留まりが悪くなるばかりでなく、商品化の際にきれいな商品ができない。

しっかりした商品化技術をもっている小売業者にとって、バラは一番の利益商品でもあるので、これが雑だとクレームの原因にもなるから注意してほしい。

脱骨が終わったら、ササミ(ササ肉、フランクともいう)とカイノミの境目から2分し、ウチバラとソトバラに分割しておく。ササミ、カイノミはバラの中でも商品価値の高い部分なので、ここに傷を入れないようにすることも肝心である。

バラの中分割の概念図

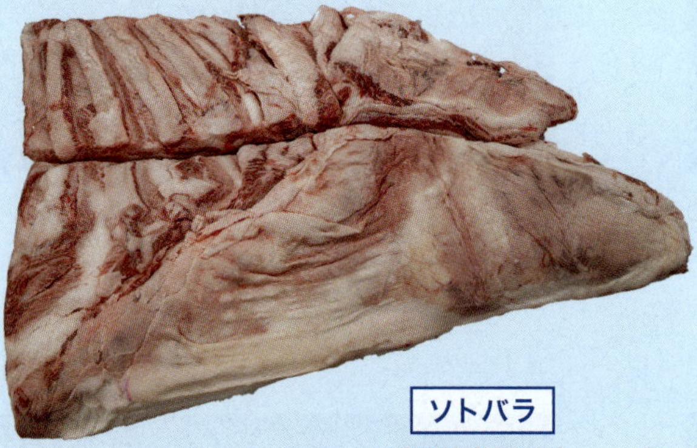

インサイドスカートをめくってある

バラの中分割と脱骨

1. インサイドスカートを肋軟骨の部分まではがす。
2. 肋骨および肋軟骨を除去する。
3. ウチバラとソトバラに分割する。

カイノミとササミ

バラのモモ側についている薄い筋肉、カイノミ(ウチバラに含まれる)とササミ(ソトバラに含まれる)は味もよく、焼肉用として最適の部分。カイノミはトリミング後で2〜3kg、ササミは同じく1.5kgくらいの比較的小さな筋肉である。ていねいなトリミングによって、付加価値の高い商品ができるので、最近ではバラからこの部分を取り出したスペックも見られるようになっている。

ロインの脱骨と分割

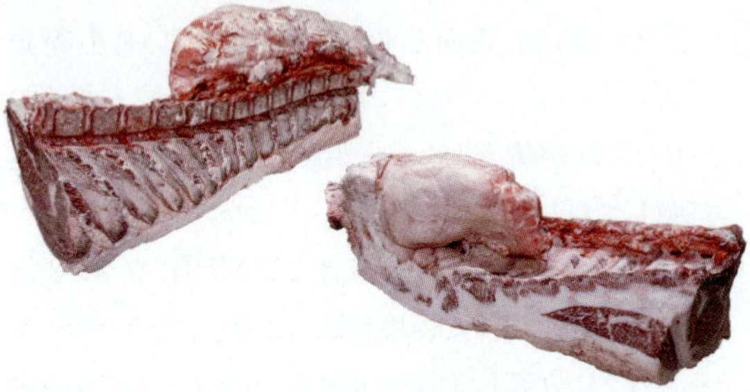

ケンネン脂付きのロース

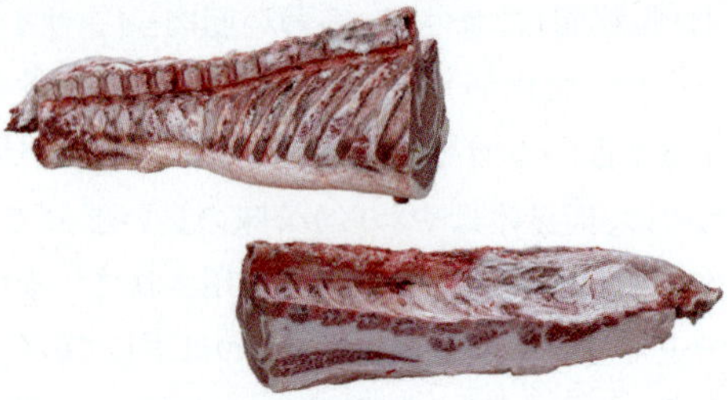

ケンネン脂を外したロース

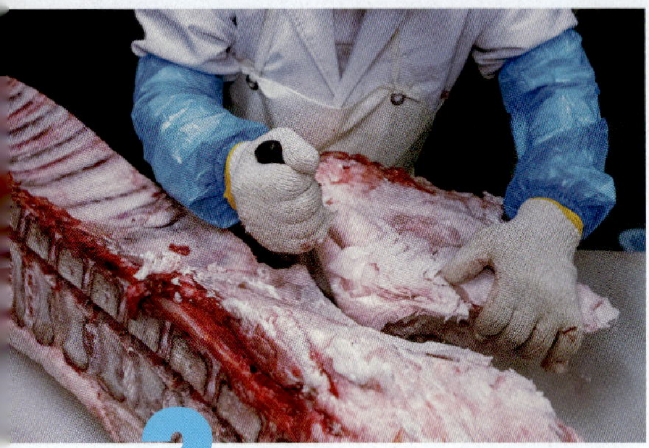

3 隠れているヒレに気をつけて、
ケンネン脂を外していく

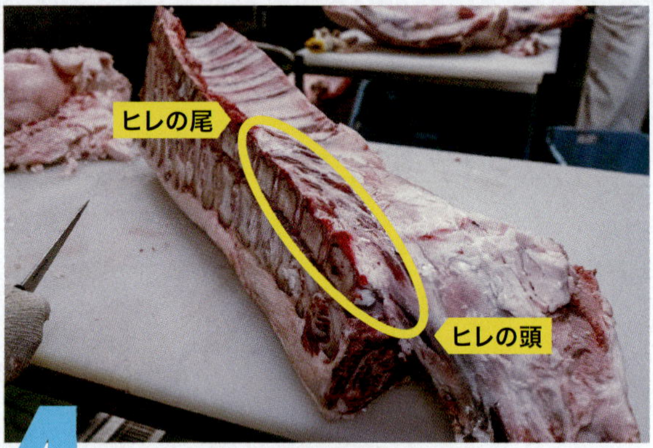

4 ヒレが姿をみせる

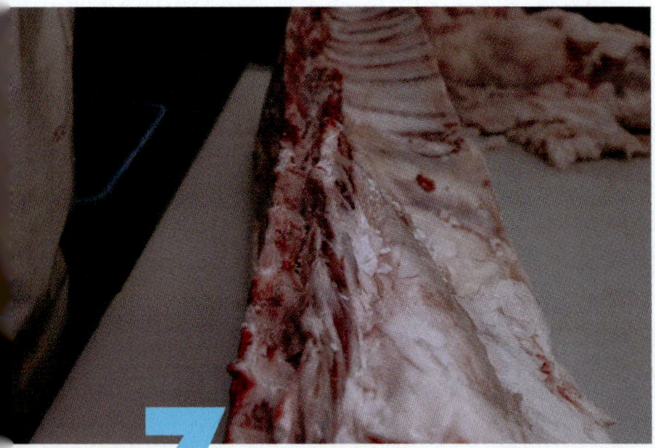

7 ロースの肋骨とヒレの間に
切れ目が入る

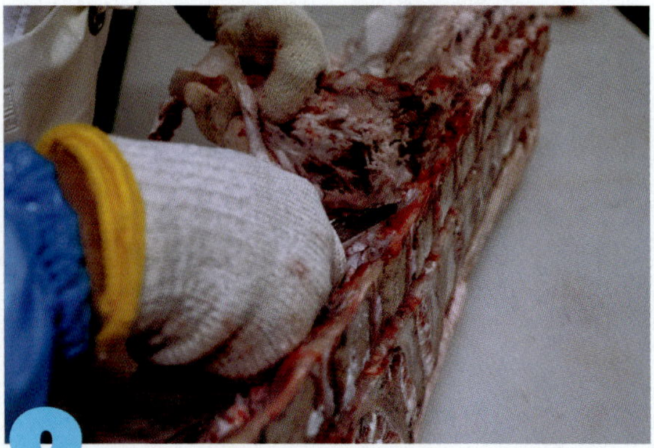

8 切れ目に沿って、肋骨とヒレを外していく

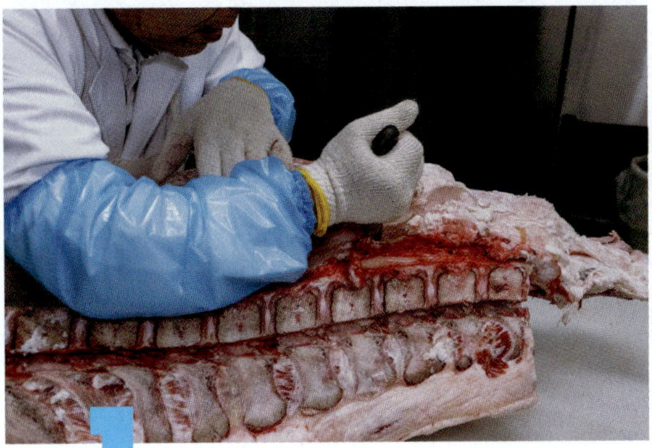

1 ケンネン脂を外す

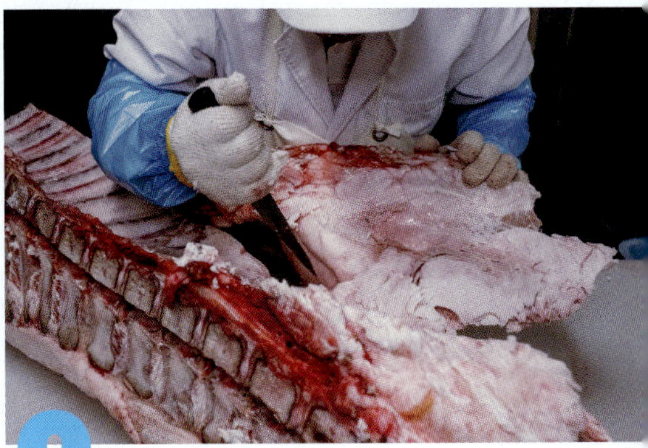

2 ケンネン脂を外す

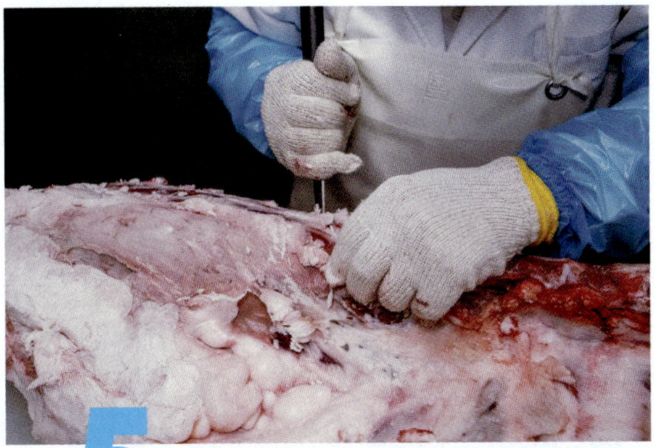

5 ヒレを傷つけないように、
ロースの肋骨から外していく

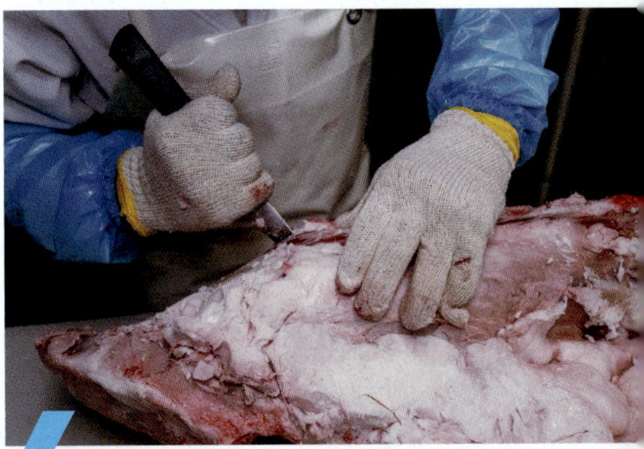

6 ヒレをロースから慎重に外す

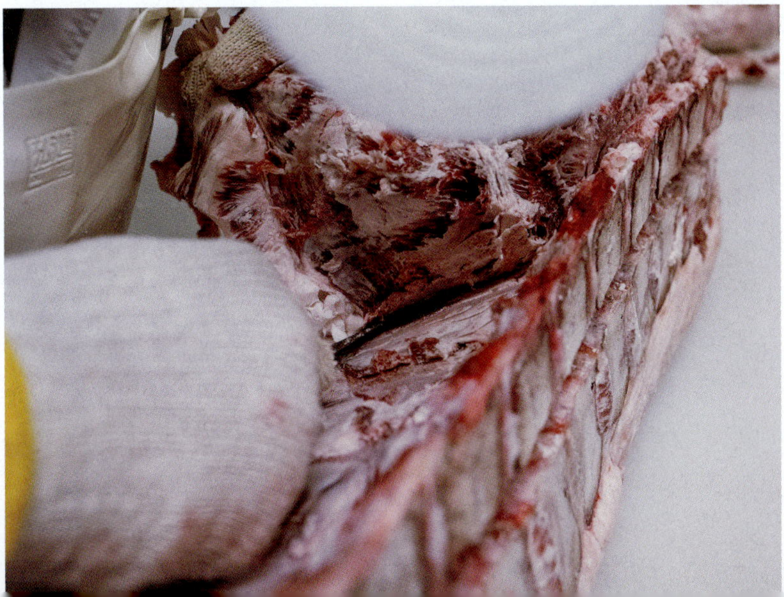

9 慎重にヒレと肋骨を外す

次ページに続く ▶

ロインの脱骨と分割

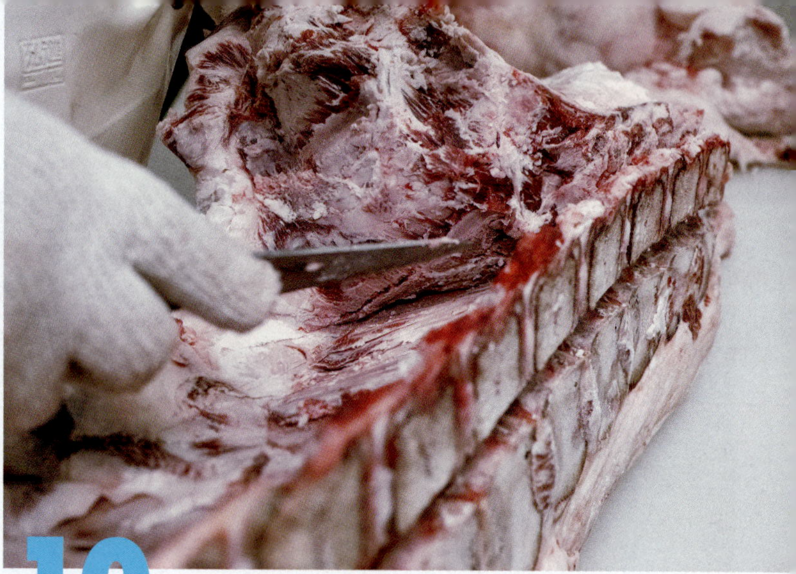

10 ヒレが外れていく

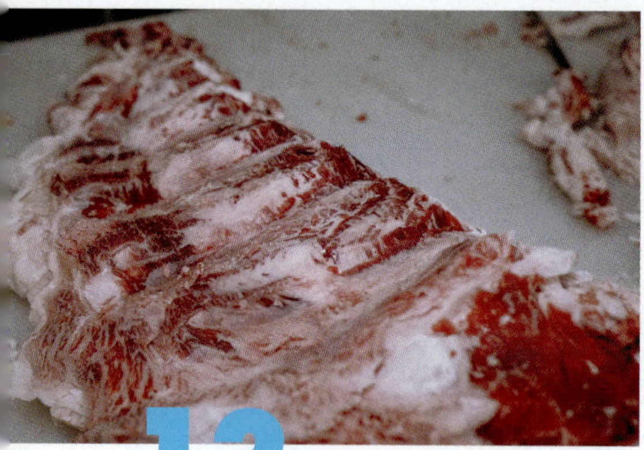

13 ヒレとロースの接合面にきれいな肋骨（腰椎）の跡がみえる

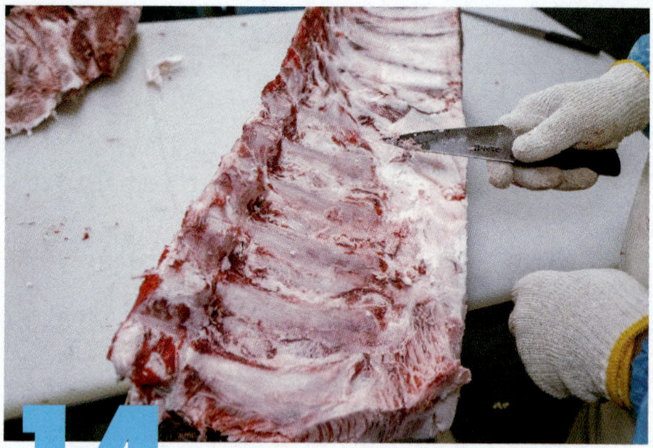

14 ヒレを取ったあとのロース

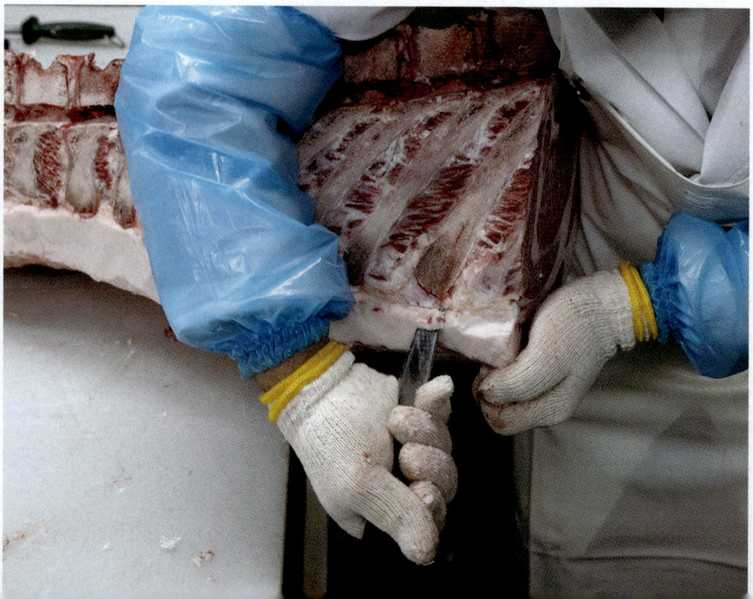

17 骨肌に沿って丁寧に外していく

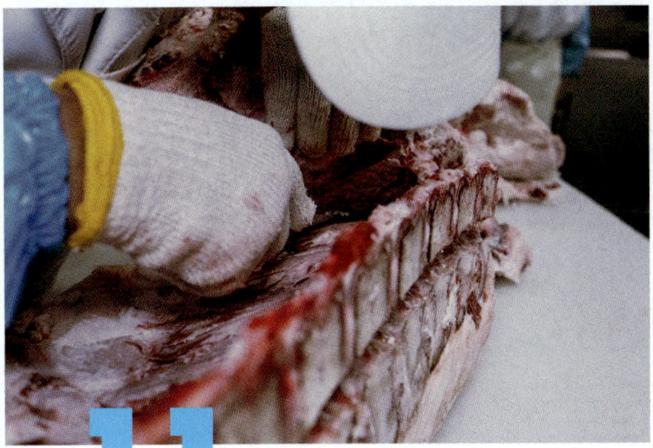

11 最後まで慎重に作業を進める

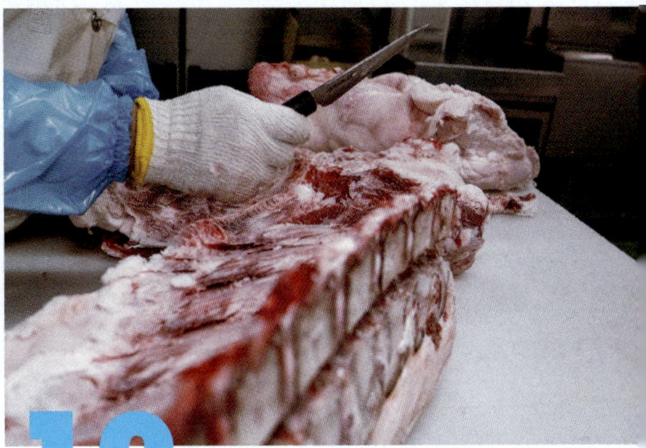

12 ヒレが外れる

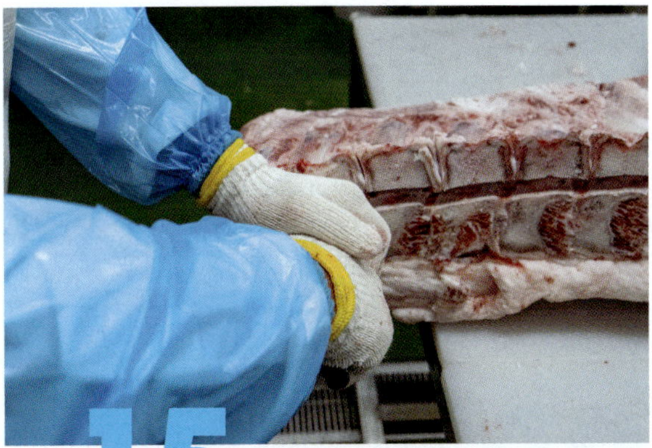

15 背骨の関節に包丁を入れる

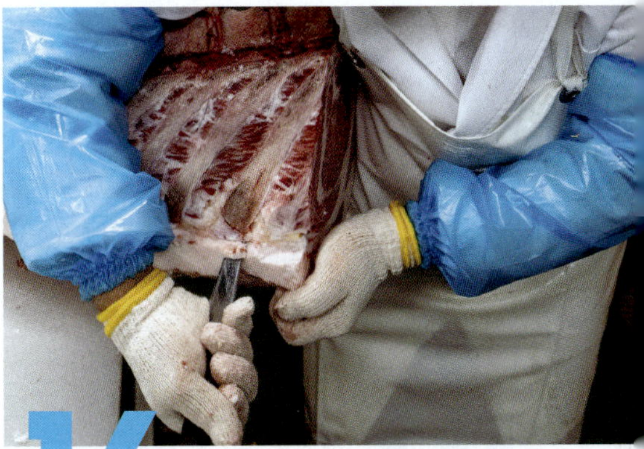

16 カタロース側の骨から脱骨する

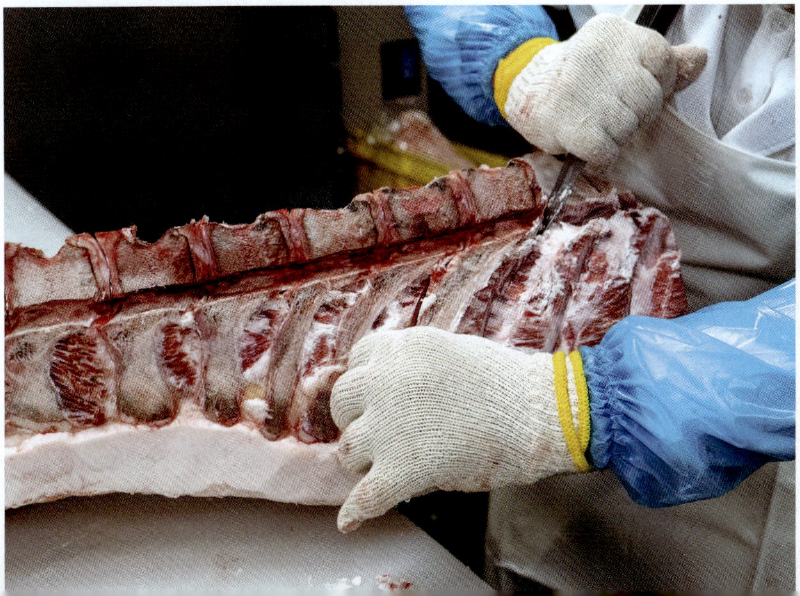

18 一本一本丁寧に外していく

次ページに続く ▶

ロインの脱骨と分割

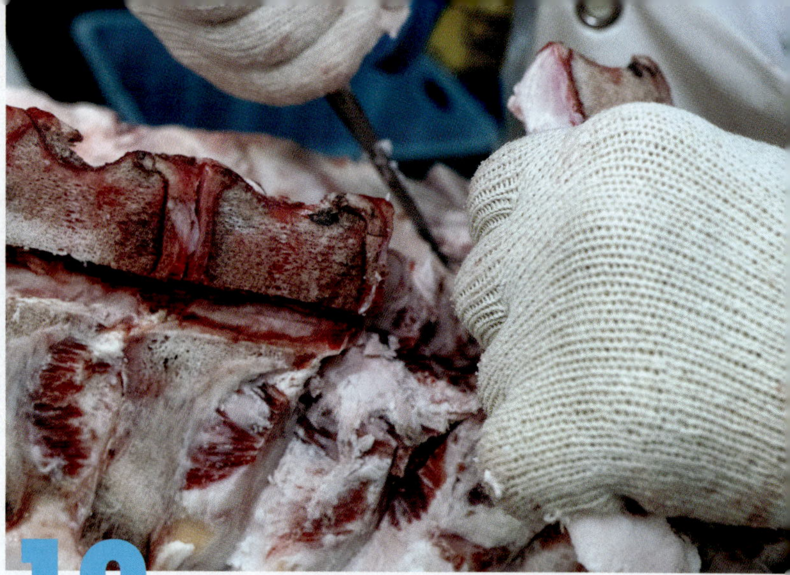

19 複雑な背骨の部分は慎重に作業する

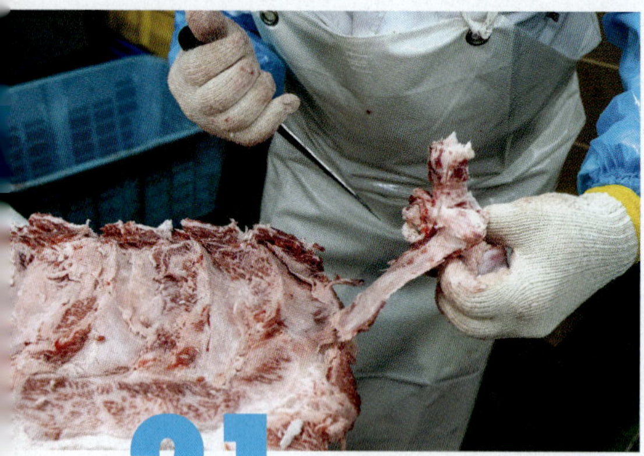

21 最初に浮かせたモモ側の腰椎の骨を外す

22 脱骨後のロースとヒレ

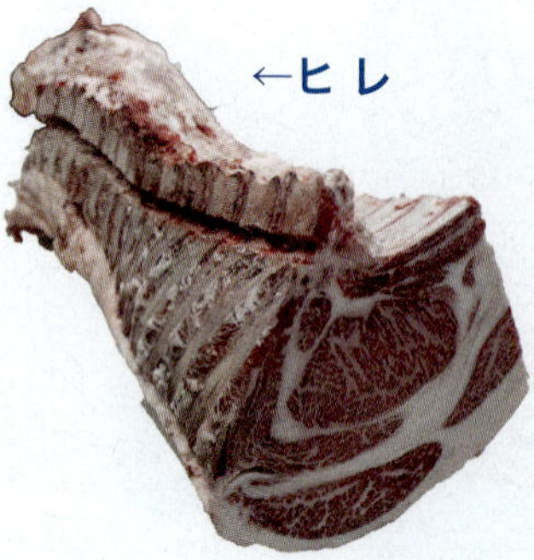

←ヒレ

↑ロース

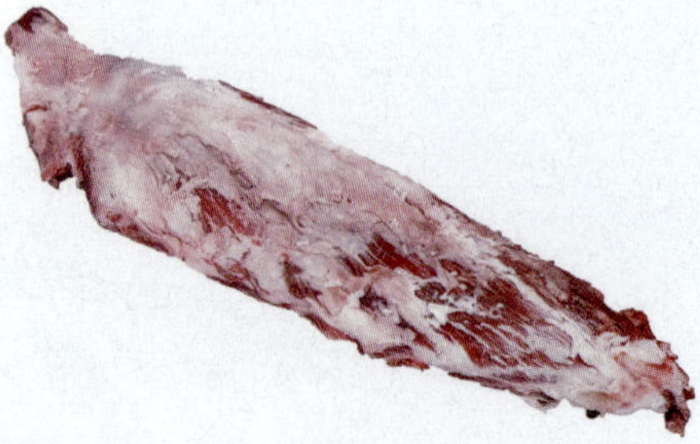

ヒレ

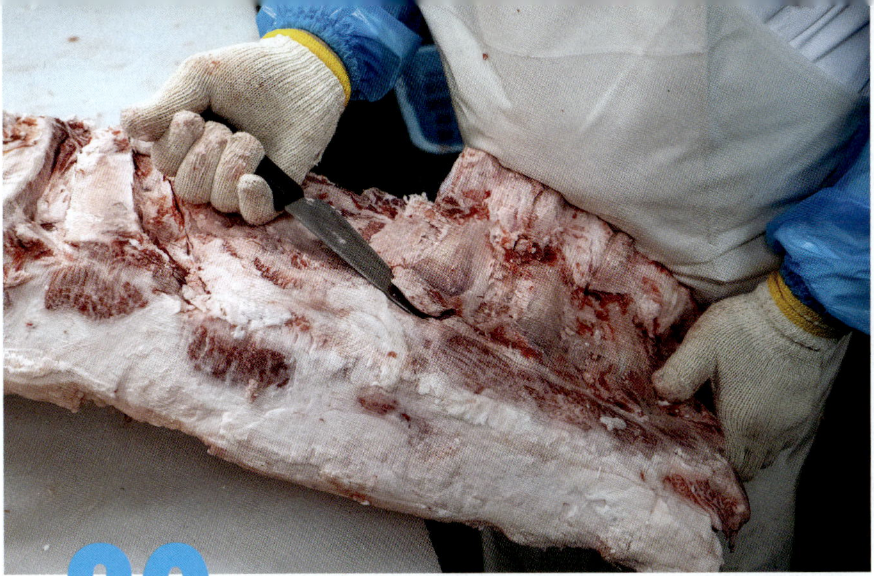

20 慣れないうちは、ロースに傷を付けないように慎重に作業する

23 リブロースとサーロインに分ける

24 ヒレ(前)、リブロース(中)、サーロイン(奥)

ロインの脱骨のポイント

ロインの骨抜きは胸椎・肋骨、腰椎と、それぞれ形の違った骨を取り除くので、かなりの技術を必要とする。

まず関節1つずつをナイフで切り離す作業から入る。次に肋骨と胸椎に沿ってナイフを入れたら、胸椎のほうから肋骨といっしょに1本ずつ骨を抜いていく。胸椎と肋骨を除去し終わったら、次に腰椎をやはり1本ずつ抜いていく。最後の腰椎を抜き終わったら、ロインの脱骨は終了するが、ポイントは脱骨した跡の「骨ヤマ」がきれいについているかどうか、また腰椎から脱骨した際、サーロインに傷が入っていないかどうか、の2点である。

ロインはヒレに次いで最も高い売価設定がされる部位なので、ていねいな脱骨をしていただきたい。とくにグレードの高い商品ほど神経を使ってほしいものである。

トモバラの脱骨と分割

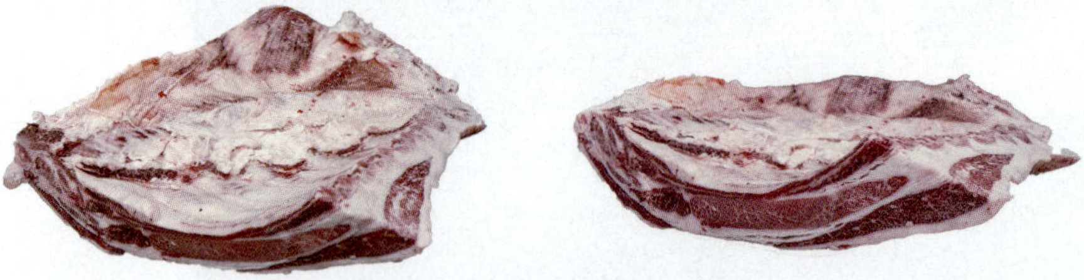

脱骨前のバラ

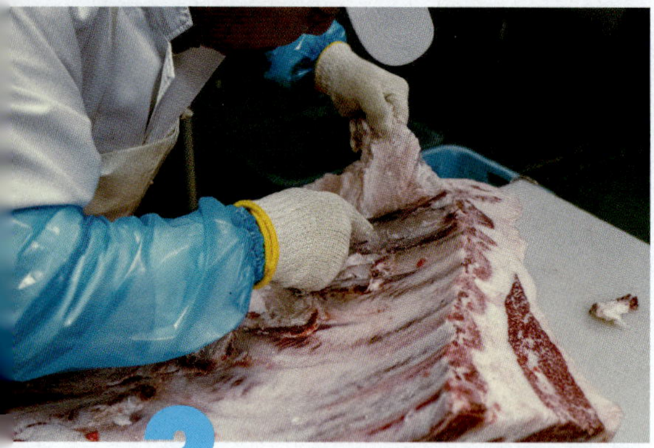

3 インサイドスカートの部分を剥がす

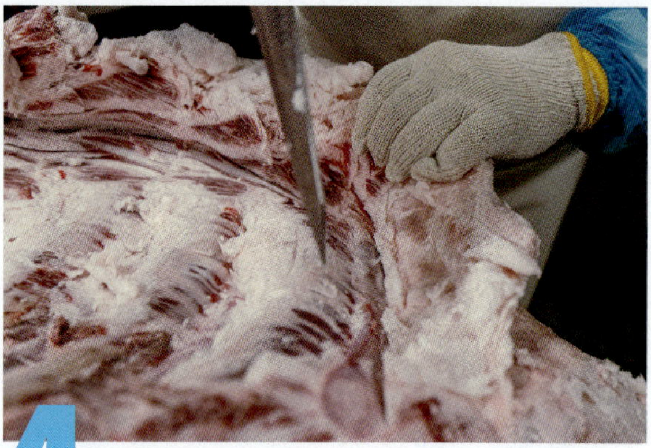

4 モモに近い骨を浮かす

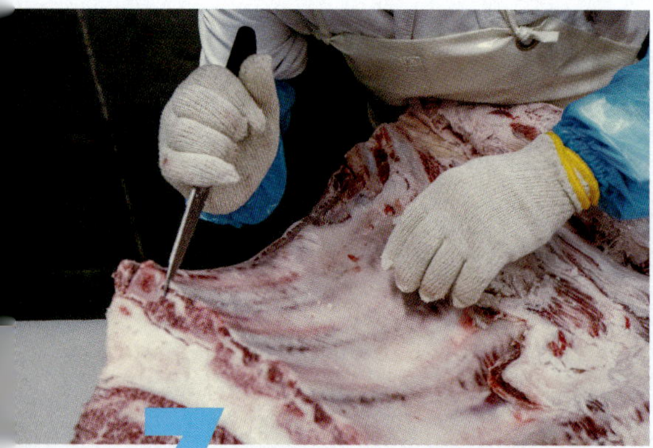

7 カタバラに近い側の肋骨を外す

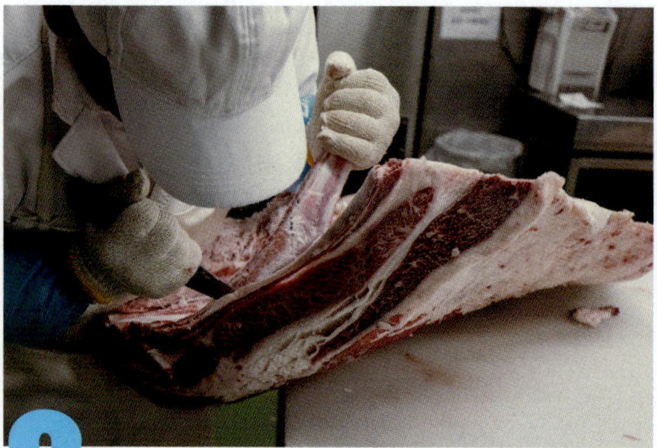

8 肉の重みを利用し骨を外していく

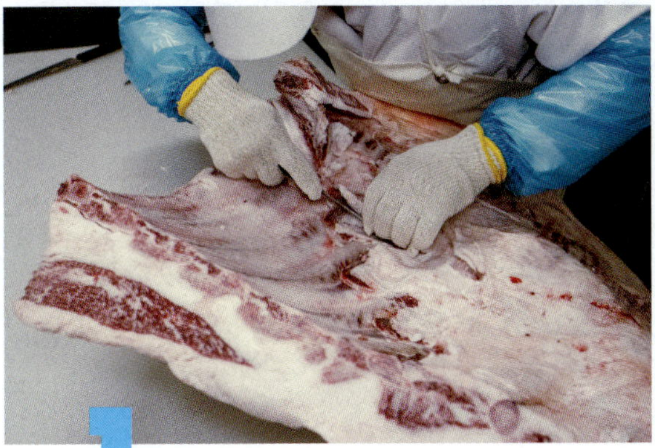

1 インサイドスカートの部分を剥がす

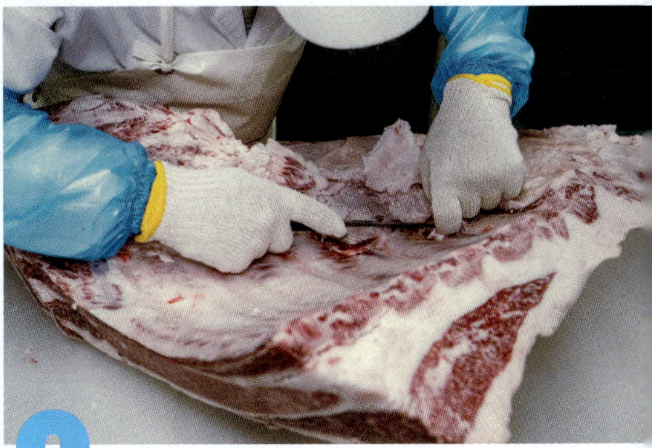

2 傷を付けないように慎重に進める

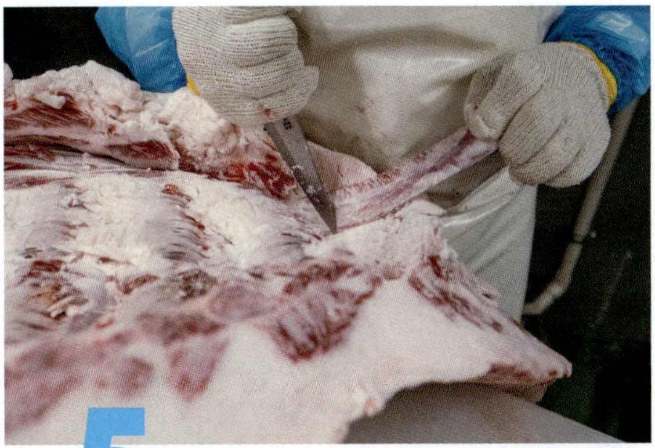

5 骨肌に沿って外していく

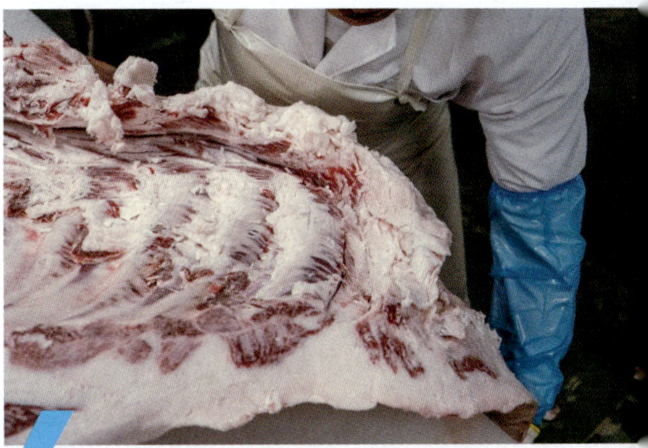

6 骨の厚み幅を把握し、下の肉を
削らないように骨を外していく

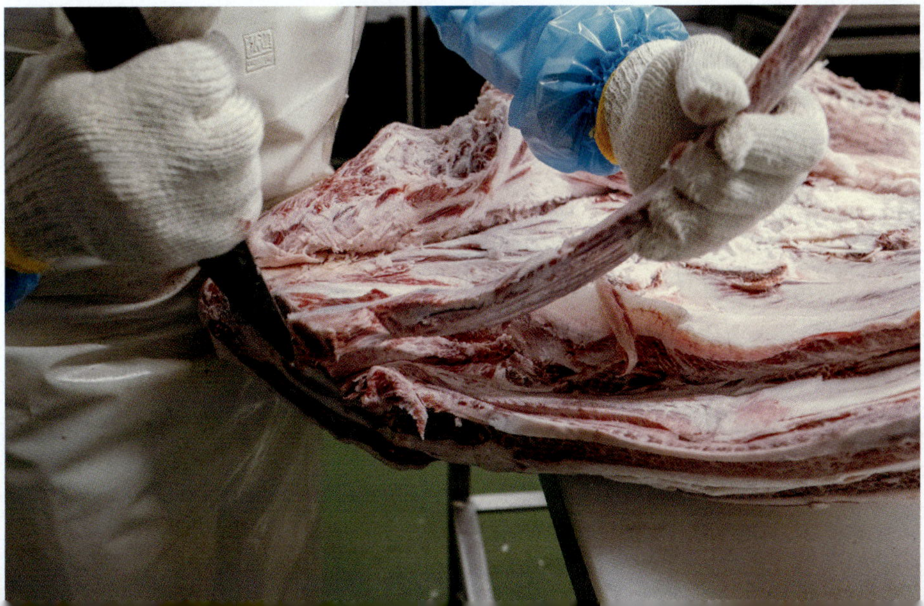

9 骨の形を把握し、
きれいに骨を
外す

次ページに続く ▶

トモバラの脱骨と分割

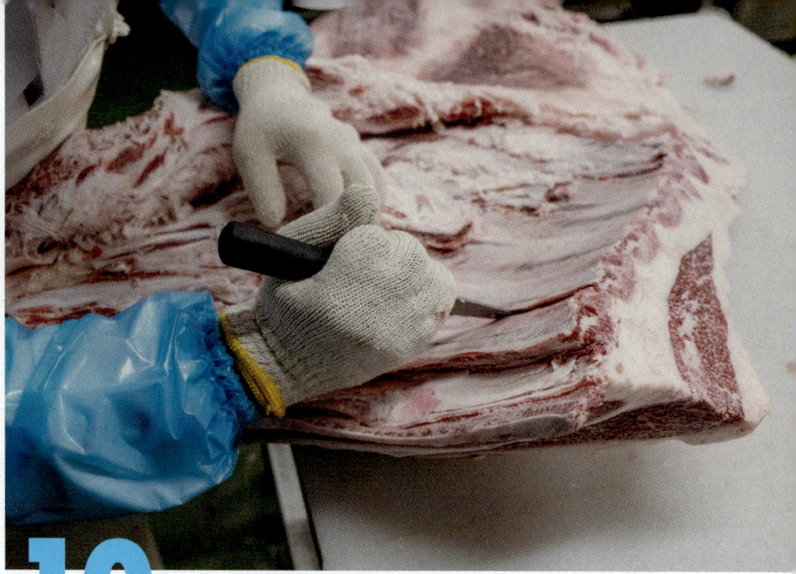

10 一本一本丁寧に外す

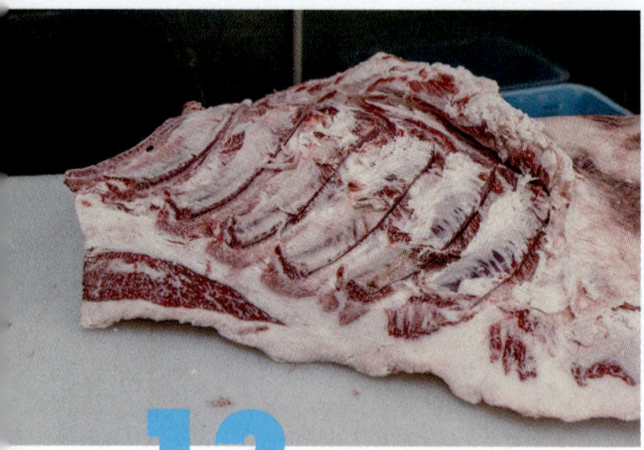

13 骨を外し終わった後の、
きれいなバラ山

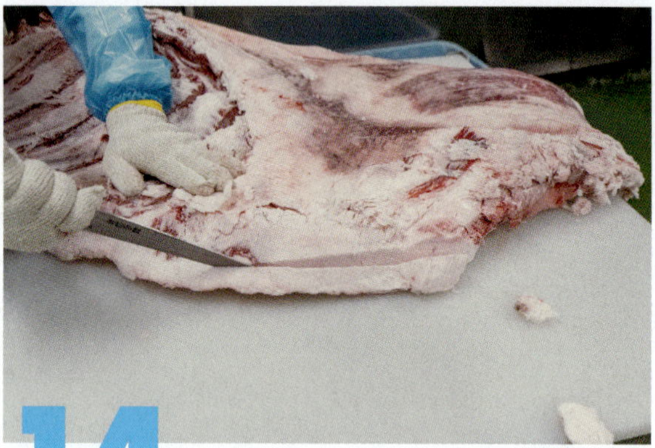

14 余分な脂をとり整形する

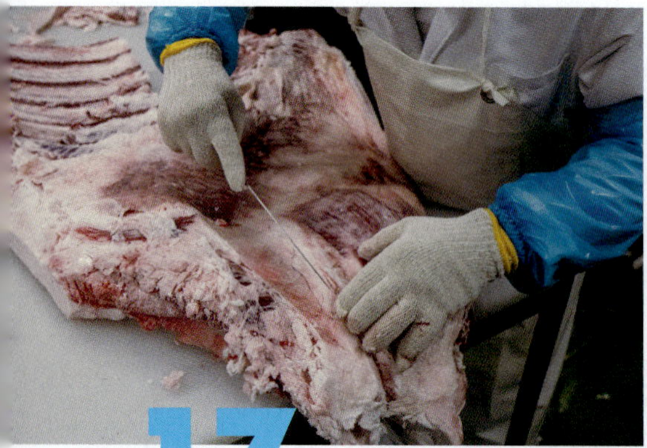

17 腹側のラインと平行になるよう、
モモ側の方から包丁を入れ、
カイノミとササミを分ける

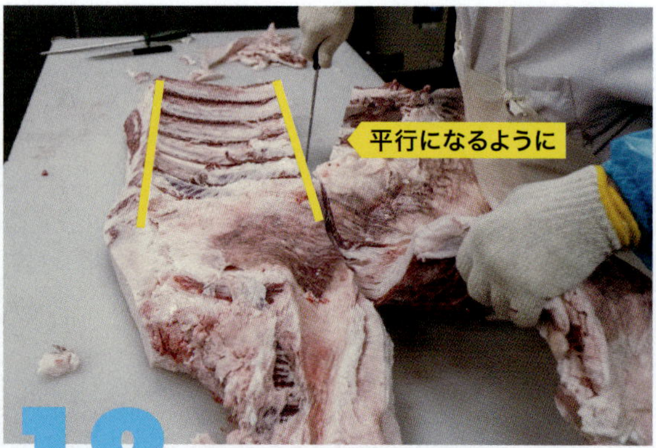

18 最初の切れ込みとつなげる

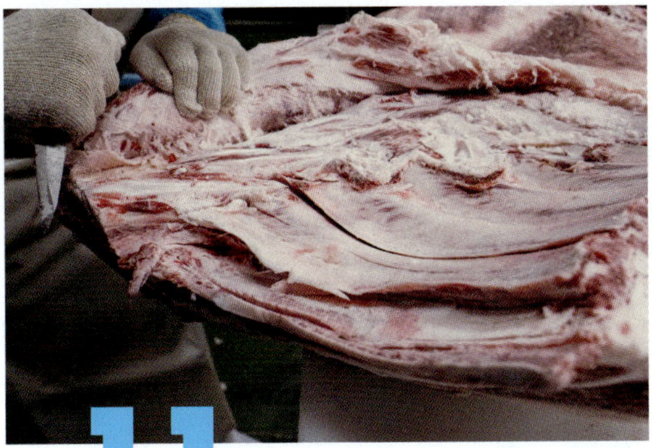

11 骨の形沿って包丁を入れていく

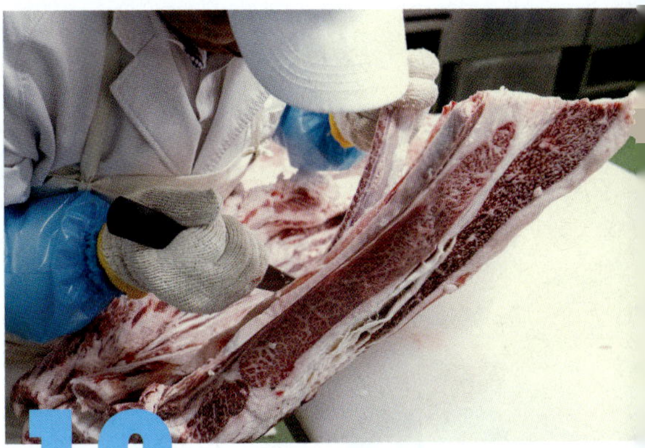

12 肉の重みを利用し、
骨を外していく

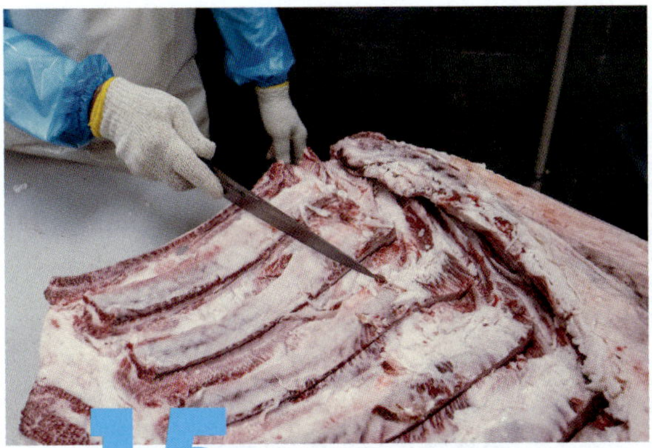

15 位置をしっかり見定めて、
ソトバラとウチバラに切り分ける

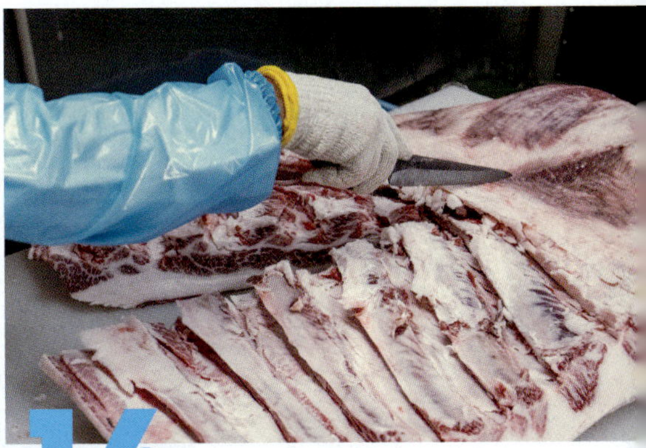

16 途中まで切る

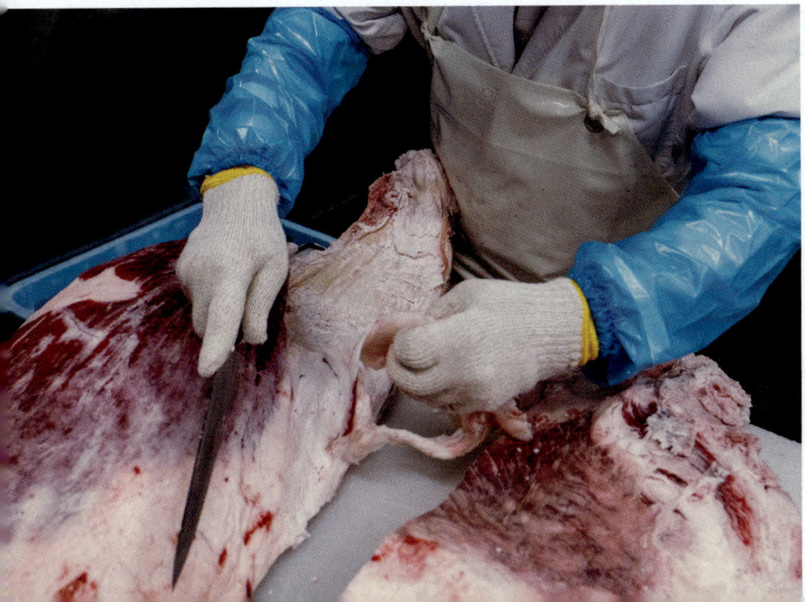

19 脂をとり形を整える

次ページに続く ▶

トモバラの分割と脱骨

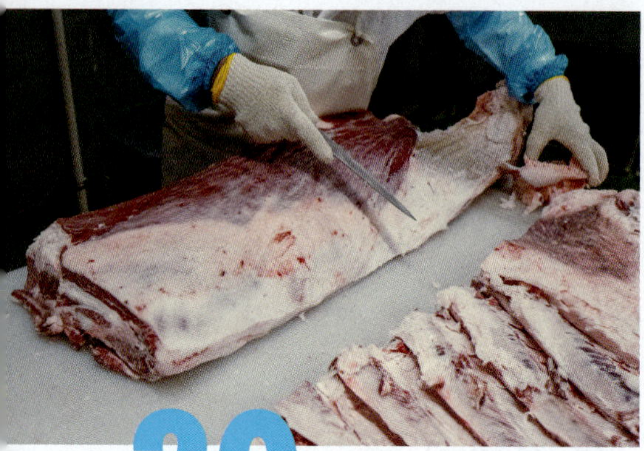

20 形を整える

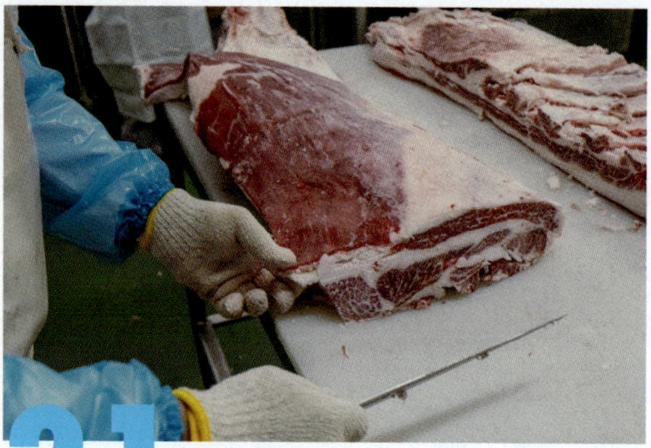

21 整形後のソトバラ

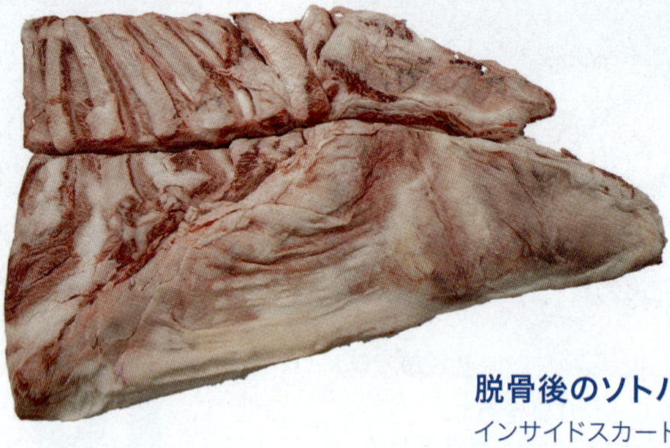

脱骨後のウチバラ（腹腔側）

脱骨後のソトバラ（同）
インサイドスカートをめくってある

バラの脱骨のポイント

バラ肉の脱骨で一番大切な点は、肋骨および肋軟骨を取り除く時に、ナイフを深く入れないことである。骨を除去する際も、あまり力を入れないこと。力を入れ過ぎたり、ナイフを深く入れ過ぎるとバラに傷が入り、焼肉用に使用できる部分（量）が減って歩留まりが落ちてしまう。

また、肉のほうに骨ハダをなるべく付けないようにする技術も学んでほしい。歩留まりをよくしようと、この部分の肉に骨ハダを付け過ぎると、あとあと商品化の時に手間がかかることになる。

よく、バラは脂肪が多いと敬遠されるが、この脂肪 を上手に活用し、商品化することが、利益に結び付くので、脱骨の段階からていねいな仕事をしなければならない。とくにソトバラは、その活用が大切であるため、肋軟骨を取り除く時、ナイフを深く入れ過ぎないよう十分注意することである。

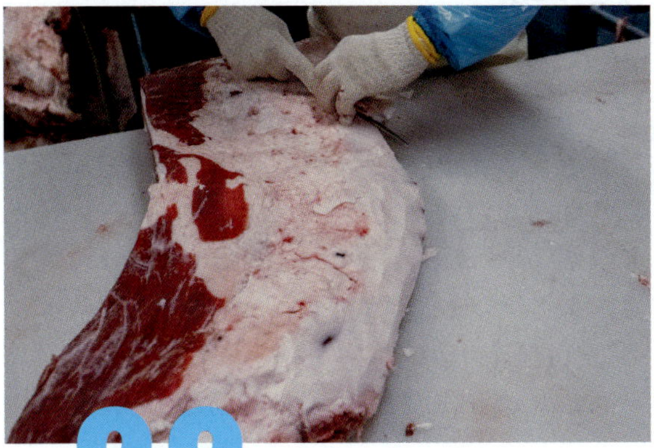

22 ウチバラを整形する

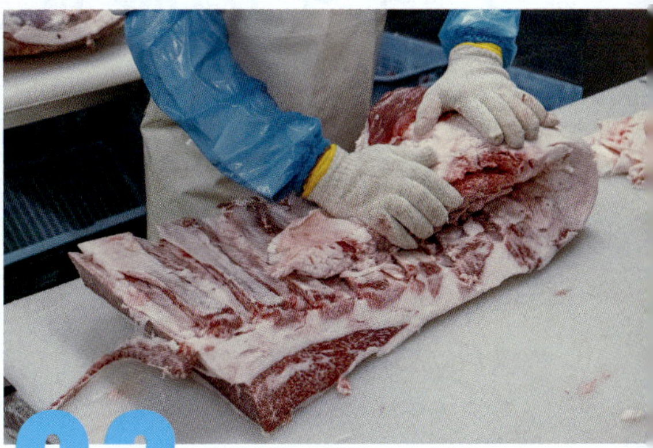

23 たたんで真空パックへ

日本式カットとUS式カットによる違い

日本式カットとUS式カットでは切り方が若干異なる。

日本式カット

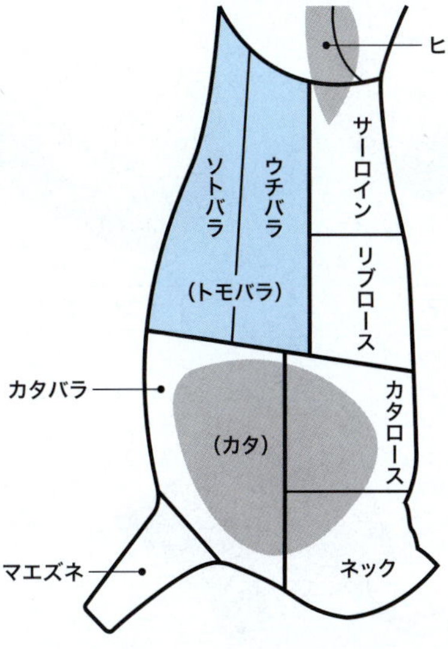

US式カット

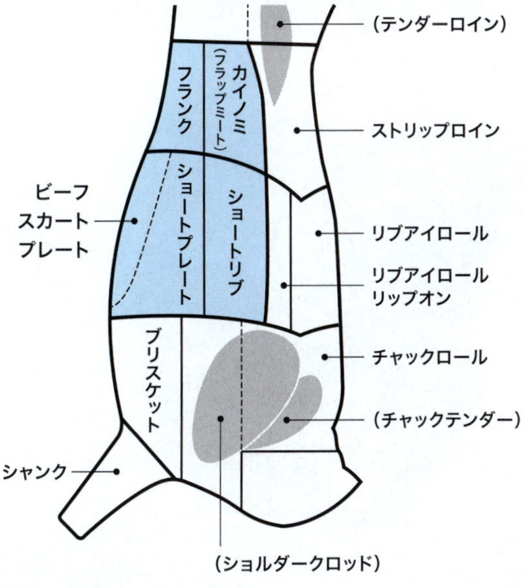

7. モモの脱骨と中分割

モモ肉の脱骨、分割の手順は、まずウチモモを分割する。ウチモモの分割は、大腿二頭筋（ソトモモ）。半腱様筋（シキンボ）および大腿四頭筋（シンタマ）と、半膜様筋（ウチモモ）、内転筋（コモモ）、大腿薄筋（ウチモモのカブリ）との境に沿ってナイフを入れ、「ウチモモ」を分離する。

モモ肉から寛骨と仙椎・第1尾椎を（つなげたまま）除去しておいてから、アキレス腱を切断し、下腿骨～大腿骨に沿ってナイフを入れ、肉を分離する。ここでは、シンタマ、ランイチ、ソトモモ（スネ付き）が、分離されないままの形で骨からはずされるわけである。この後、シンタマ部に残っている膝蓋骨を取り除く。

あとは、大腿二頭筋と大腿四頭筋との筋膜に

モモの中分割の概念図

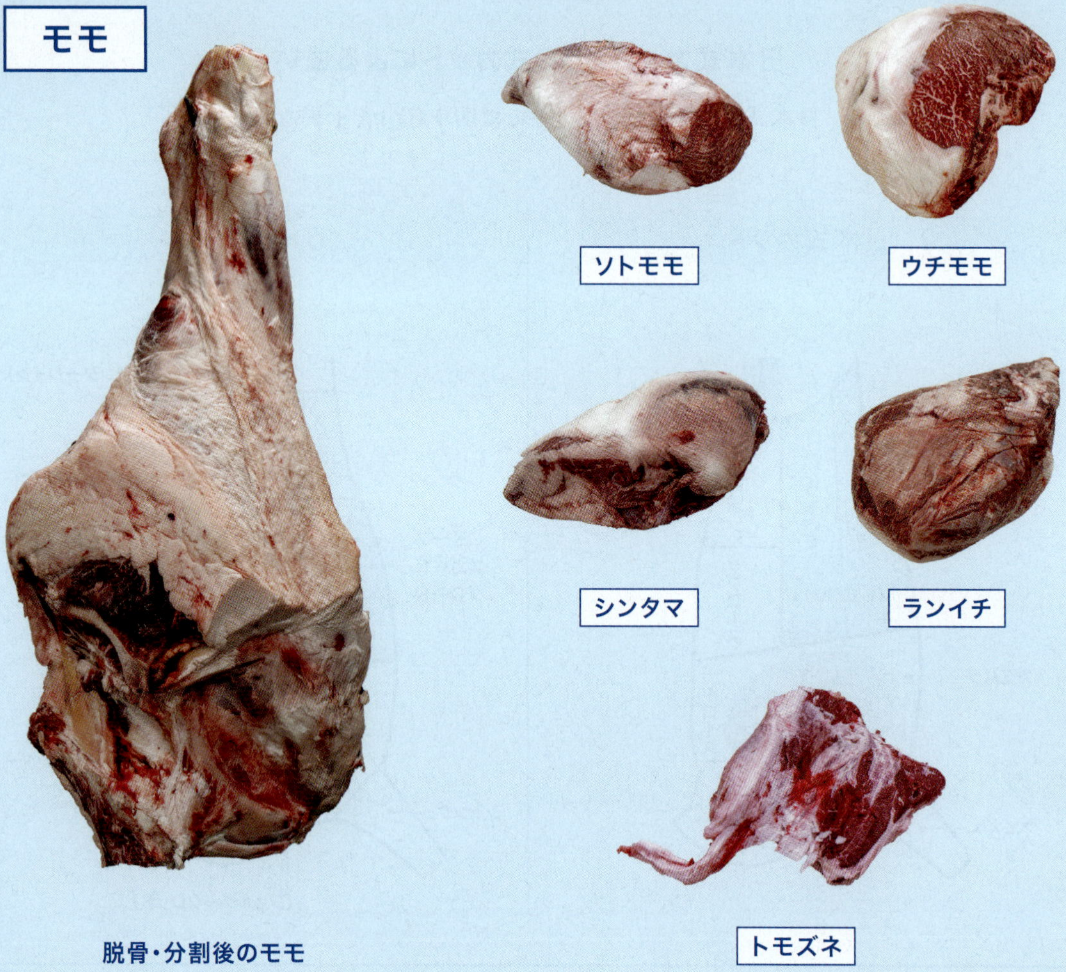

沿って「シンタマ」（大腿四頭筋）を分離。次いで大転子（大腿骨の寛骨との接合部）跡と半腱様筋の前端を結ぶ線で切断して「ランイチ」（中殿筋、副殿筋、深殿筋など）を分離し、さらに大腿二頭筋と腓腹筋（ハバキ）との筋膜に沿って「ソトモモ」と「トモズネ」を分離する。

モモの脱骨

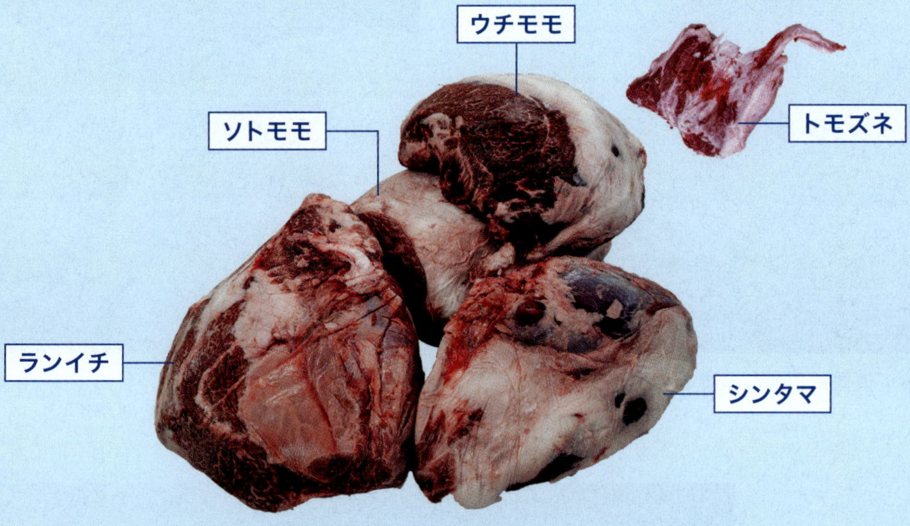

1. ウチモモ（半膜様筋、内転筋等）を分割する。
2. 寛骨に沿って仙椎、第1尾椎までナイフを入れ、寛骨、仙骨、第1尾椎をつなげて除去する。
3. アキレス腱を切断し、下腿骨から大腿骨に沿ってナイフを入れ、下腿骨をSカンに残したまま肉を分離する。
4. シンタマ部（大腿四頭筋）から膝蓋骨を除く。
5. ソトモモ部（大腿二頭筋）とスネ（腓腹筋）の境に沿ってスネを分離する。
6. ソトモモとシンタマの接合部を切断する。
7. シンタマとランイチ（殿筋）接合部を切り、シンタマを分割する。
8. ソトモモとランイチを分割する。

モモの
脱骨と中分割

脱骨前のモモ

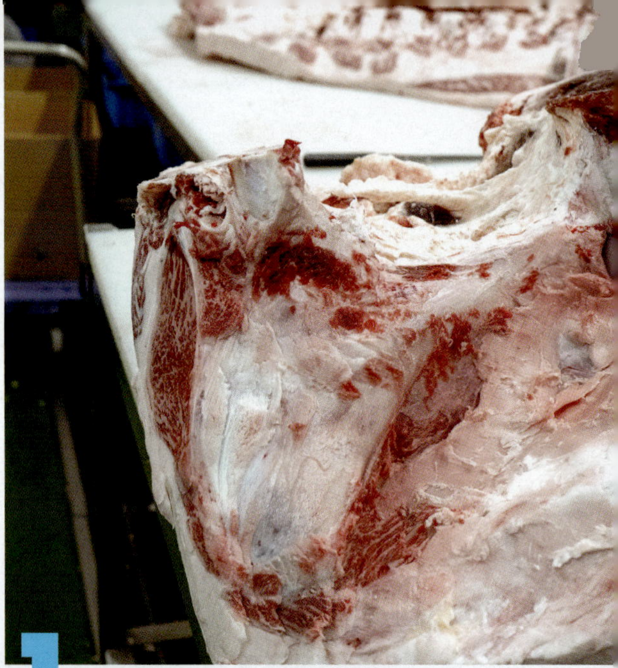

1 骨盤

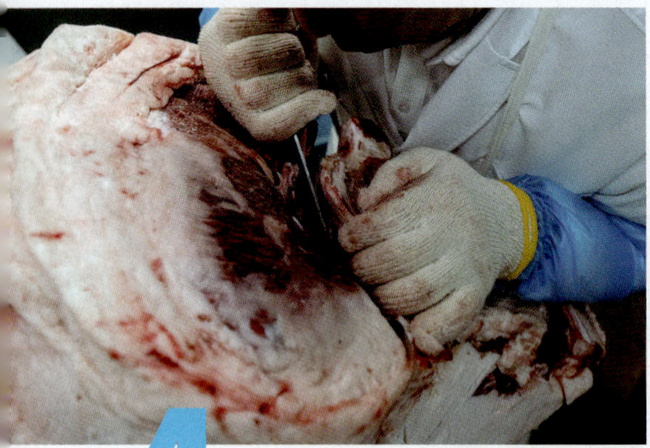

4 慎重に丁寧な作業を心がける

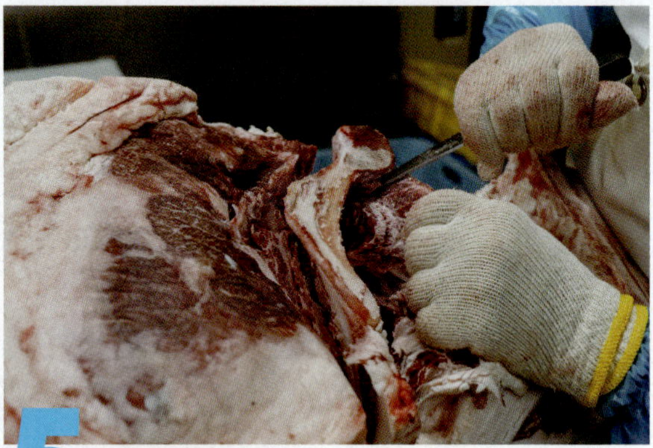

5 骨盤が出てくる。
メガネ、モモクズを剥がす

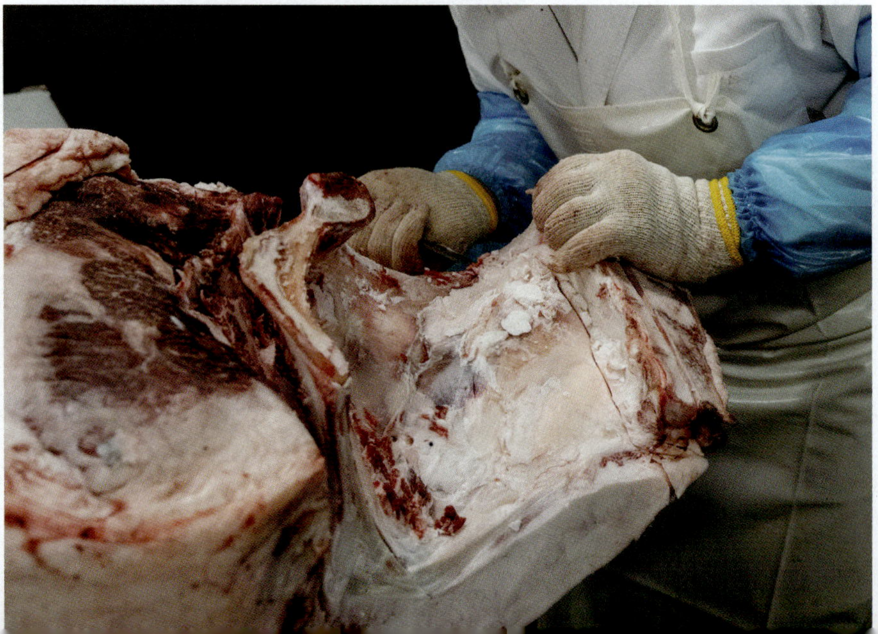

8 骨盤が
むき出しになる

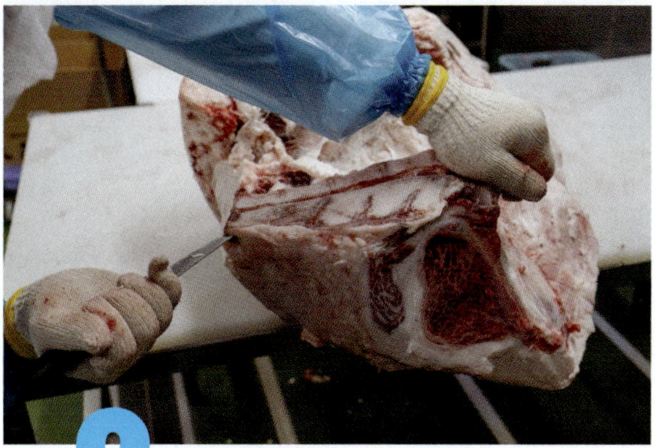

2
骨盤を外す。
骨に沿って包丁を入れていく

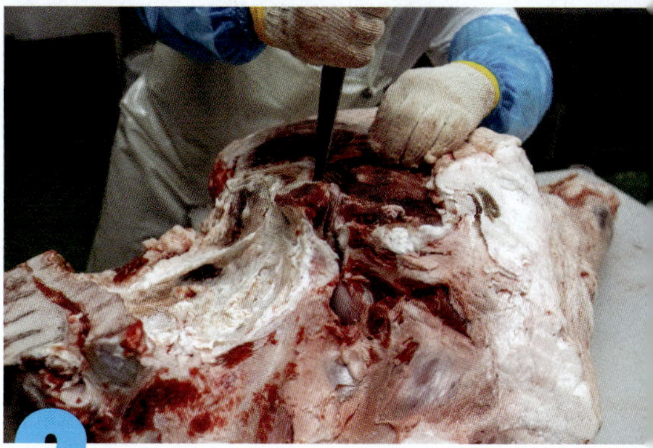

3
骨に沿って骨盤と肉を剥がしていく

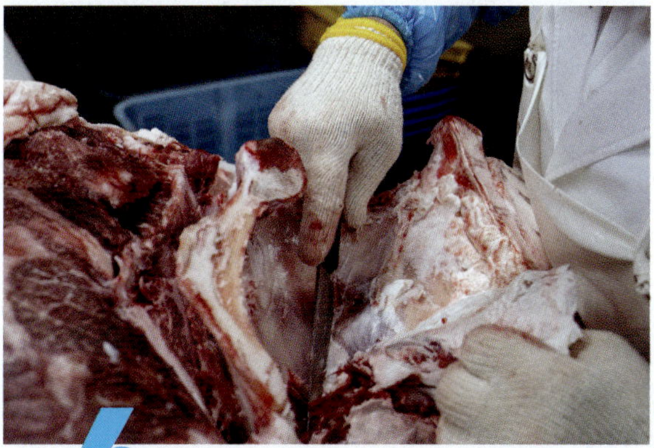

6
メガネ、モモクズを剥がしていく

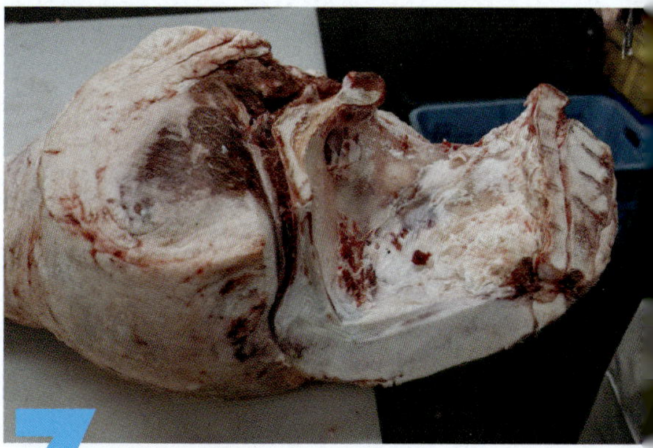

7
骨盤がむき出しになる

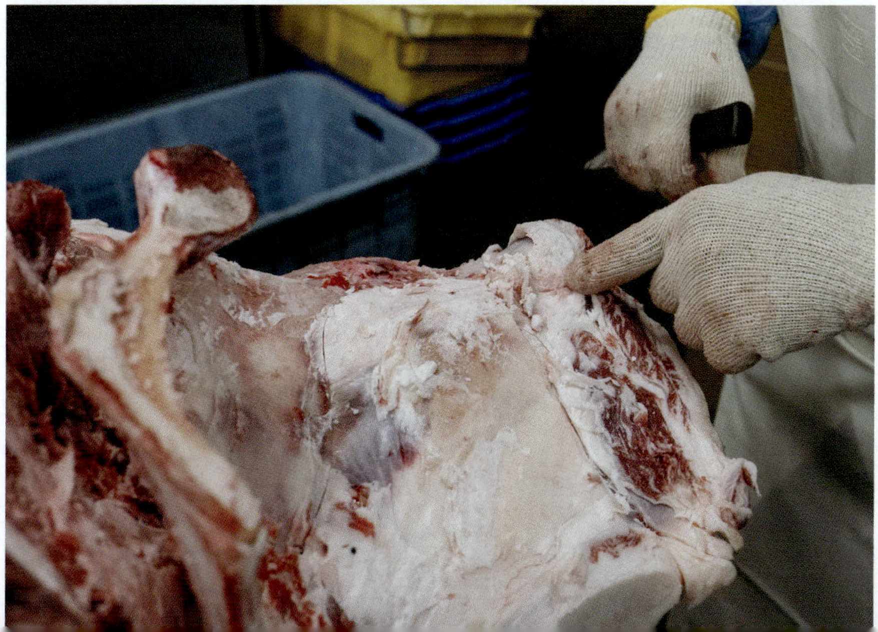

9
骨盤の位置を
確かめる

次ページに続く ▶

モモの脱骨と中分割

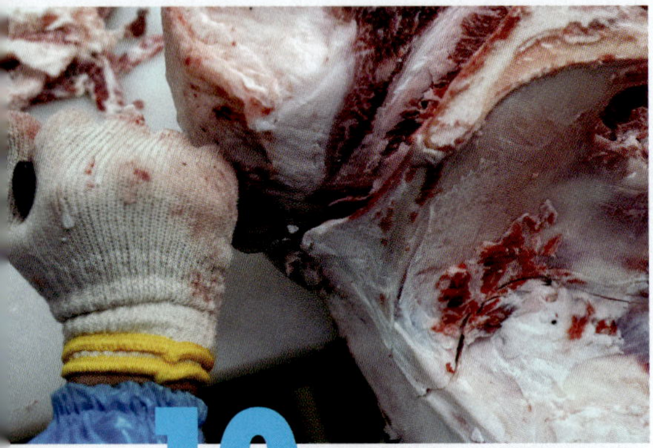

10 骨盤の位置を把握しつつ、
包丁を入れる

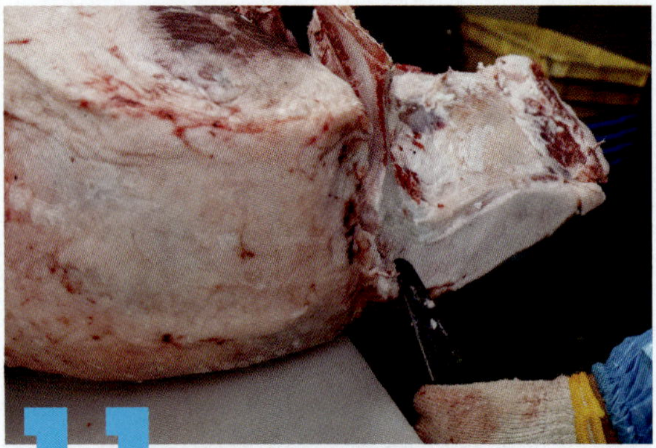

11 丁寧に作業を進め、
モモを傷つけないようにする

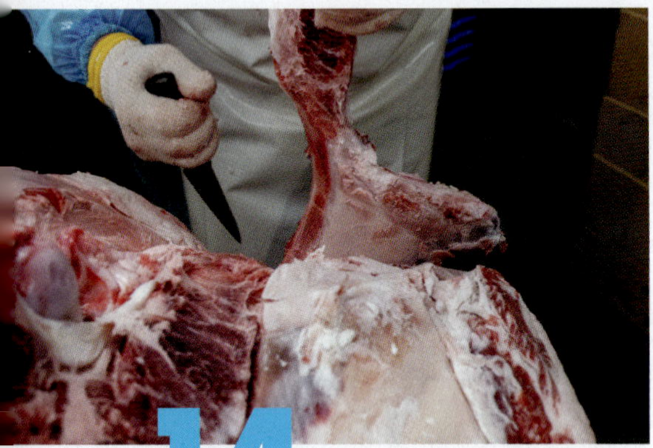

14 骨盤が外れる

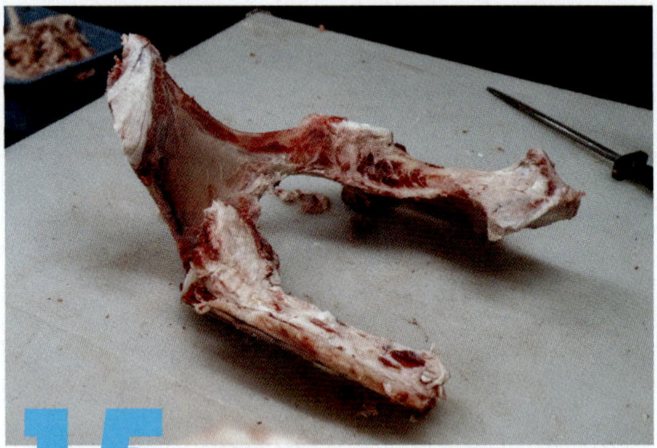

15 骨盤

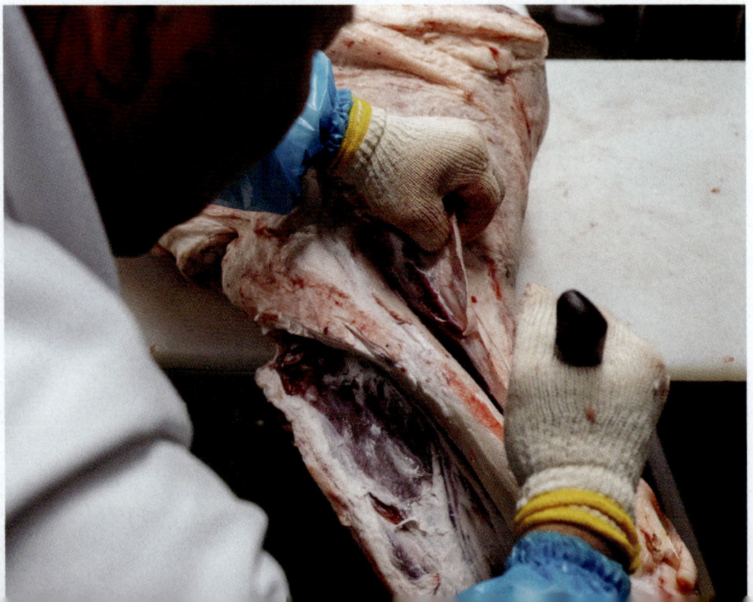

18 頸骨《けいこつ》が出てくる

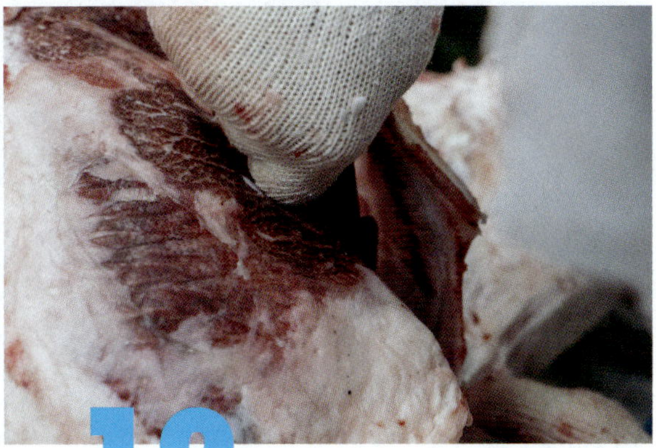

12 骨肌に沿って包丁を進める

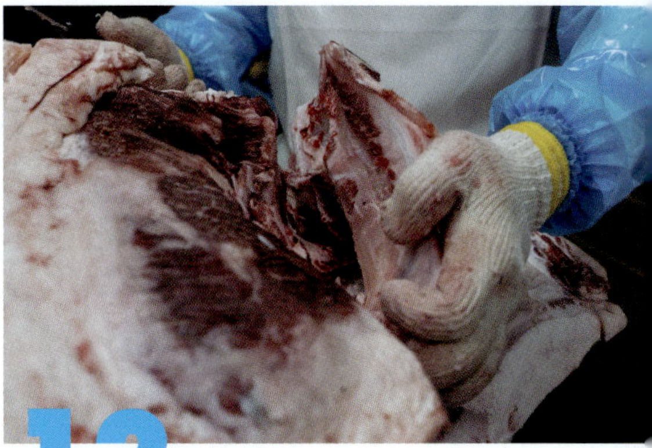

13 骨盤が浮いてくる

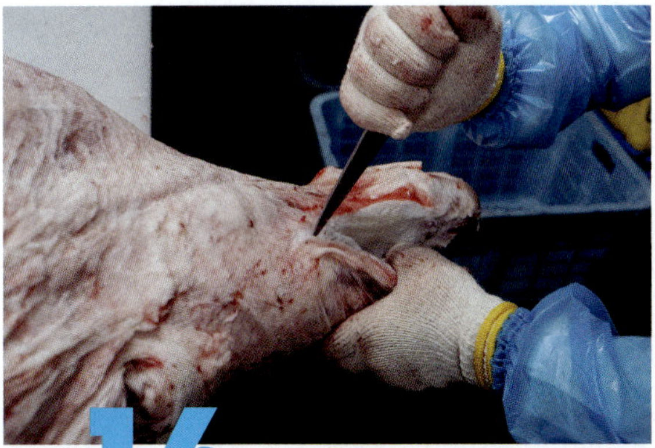

16 スネの脛骨《けいこつ》を外す

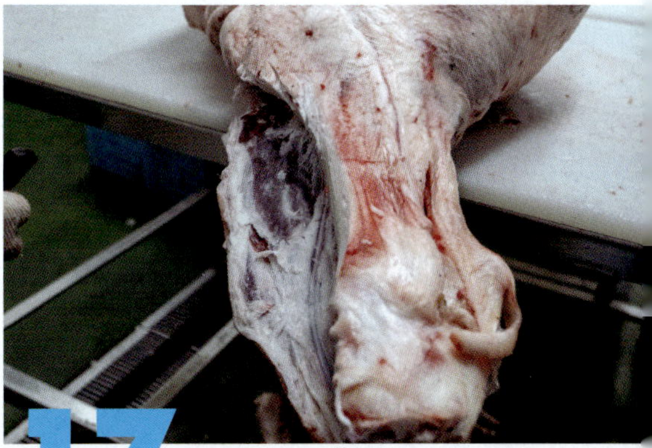

17 肉を切って頸骨《けいこつ》を出す

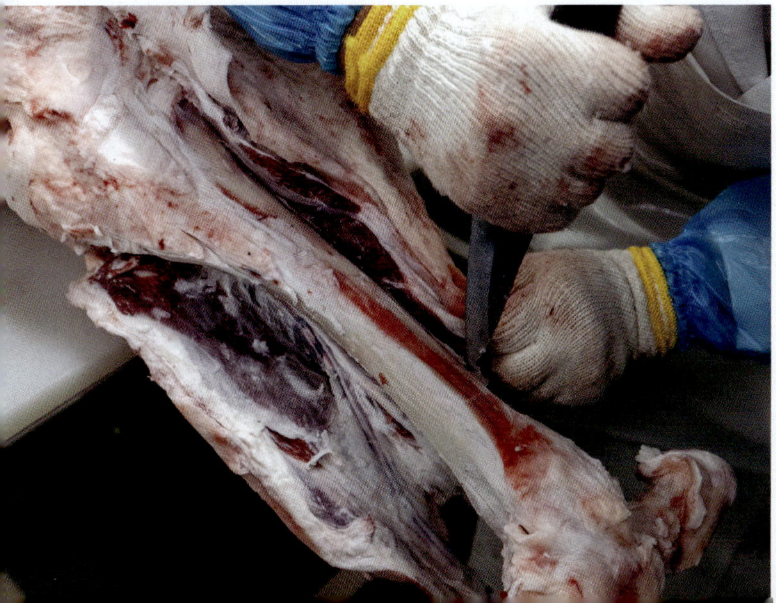

19 頸骨《けいこつ》がむき出しになる

次ページに続く ▶

モモの脱骨と中分割

20 むき出しになった頸骨《けいこつ》

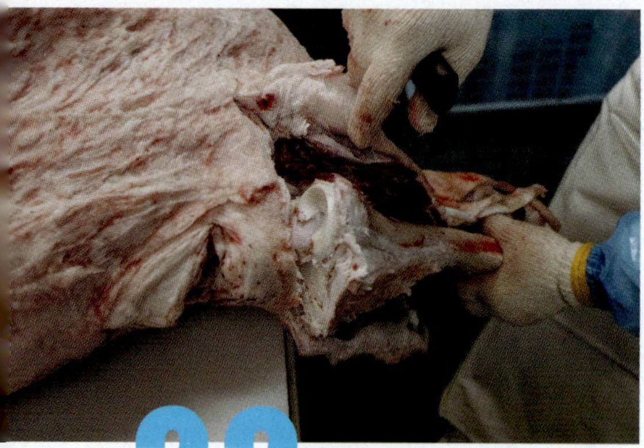

22 頸骨《けいこつ》の肉を剥がしていき、
むき出しにする

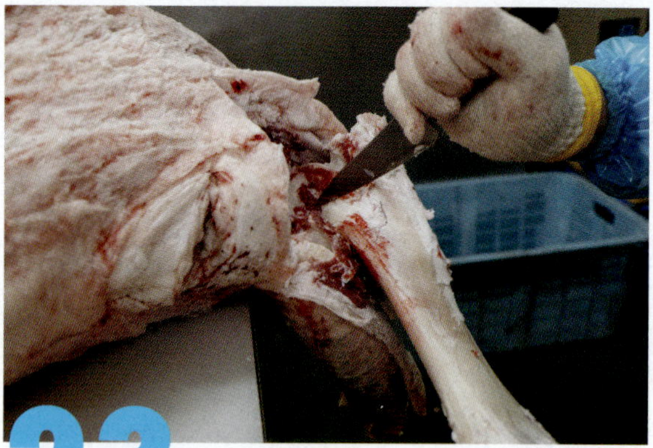

23 スネの骨を出す

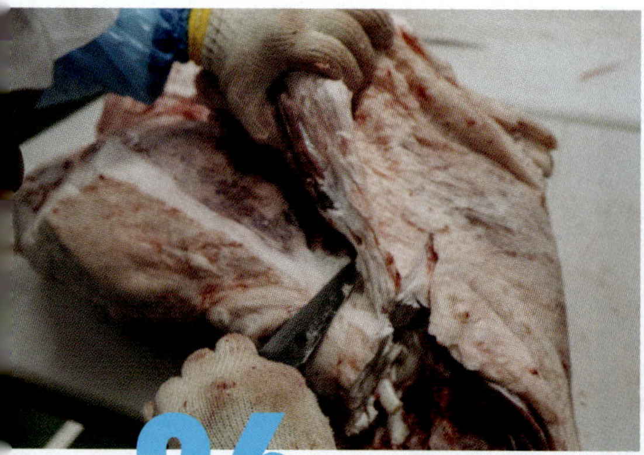

26 肉に傷を付けないように、
慎重に進める

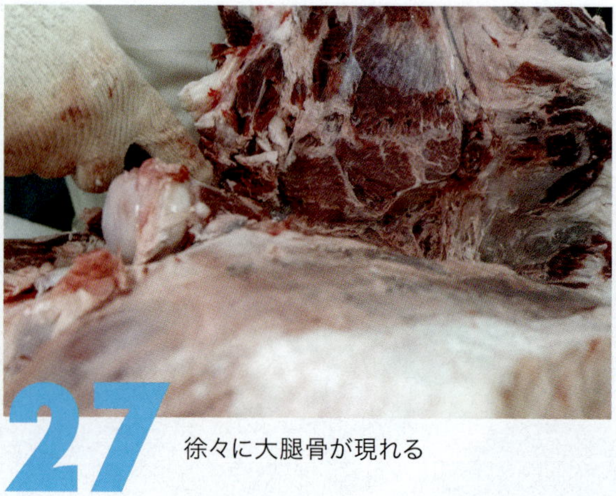

27 徐々に大腿骨が現れる

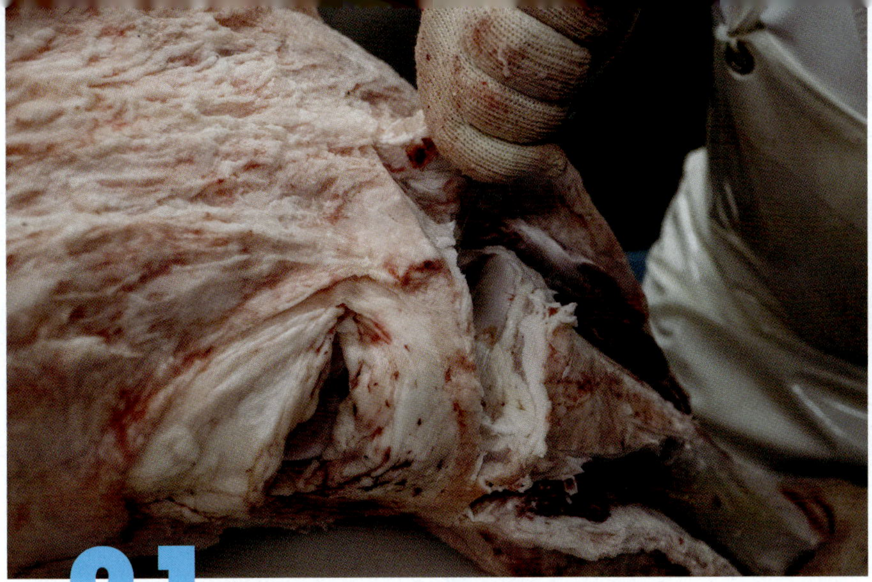

21 頸骨《けいこつ》と大腿骨の関節に包丁を入れ、分離する

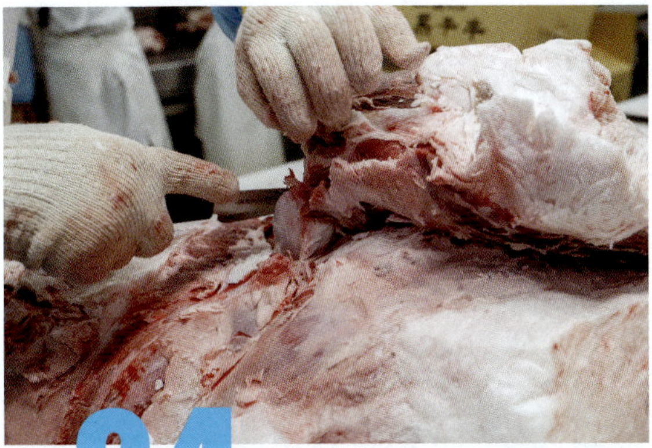

24 ウチモモをおこしていく

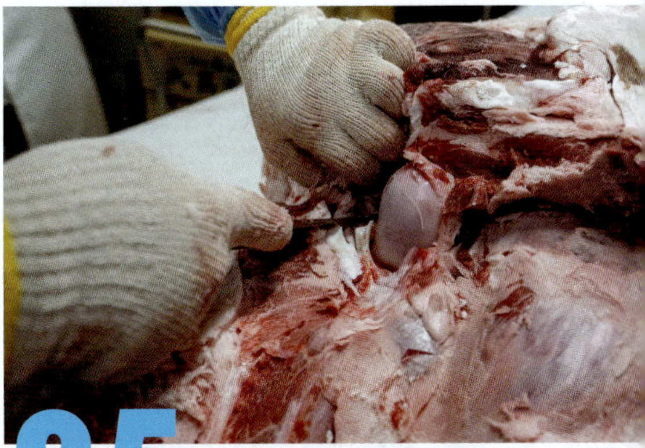

25 大腿骨の位置を理解し、
骨肌に沿って
ウチモモを剥がしていく

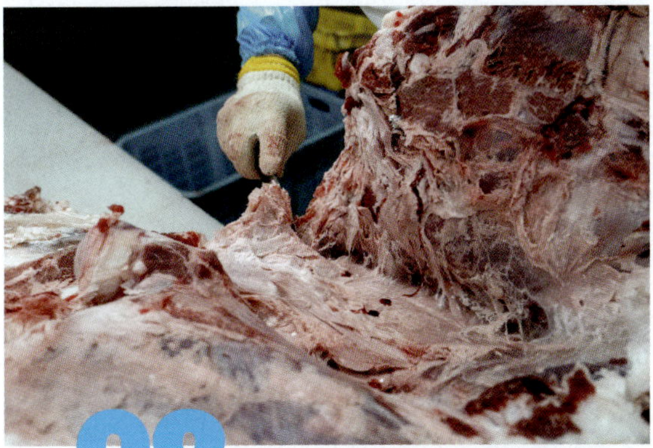

28 ウチモモを剥がすと
大腿骨が現れる

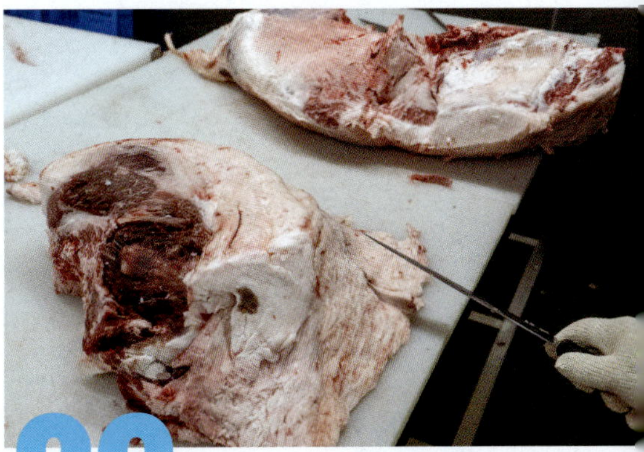

29 分割されたウチモモ

次ページに続く ▶

モモの脱骨と中分割

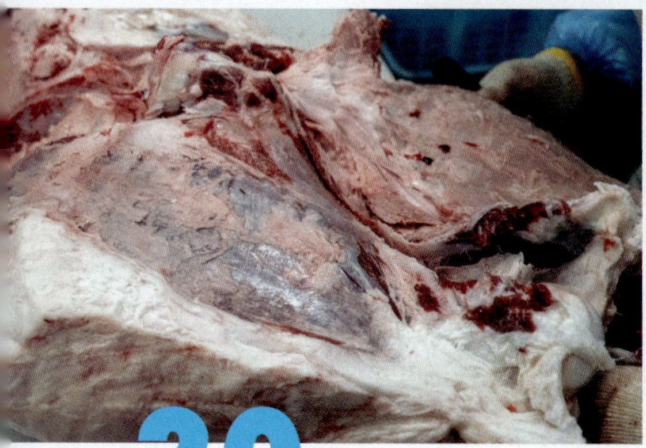

30 肉の中に埋もれている大腿骨

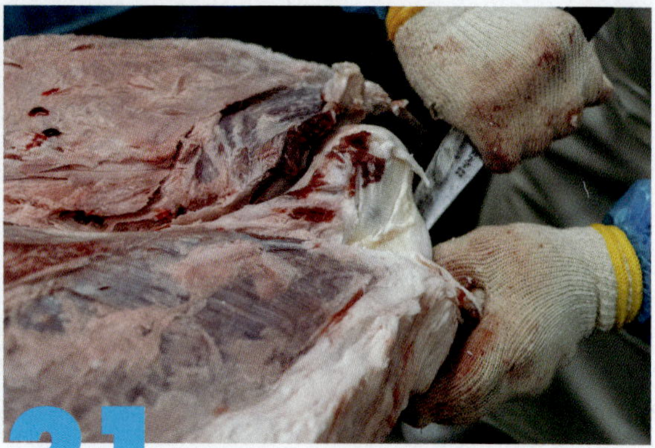

31 骨に沿って、
関節部分から包丁を入れる

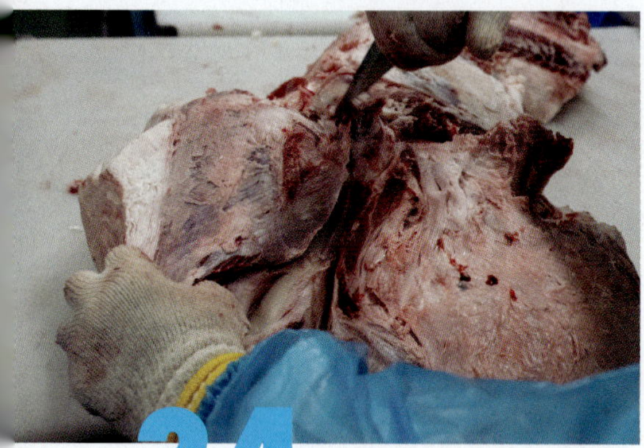

34 モモ肉を傷つけないように
注意する

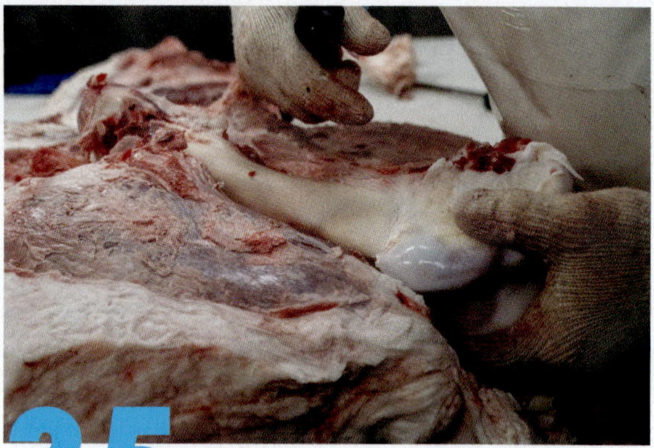

35 大腿骨が浮いてくる

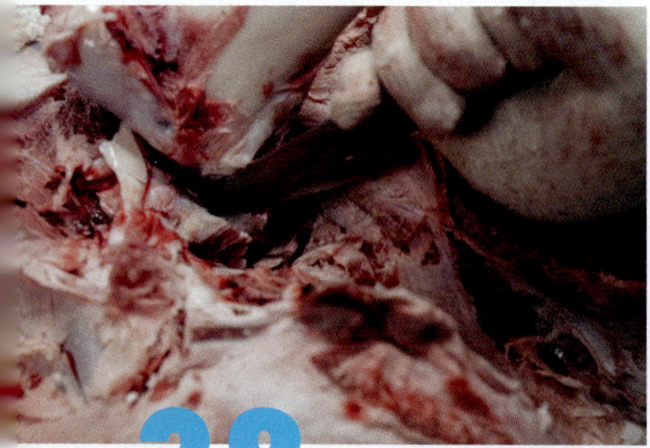

38 関節部分に包丁を入れ、
肉と分離させる

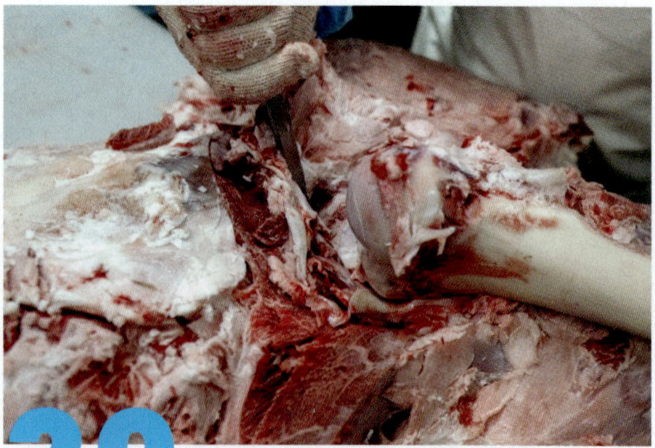

39 関節の形を把握し、
関節部分の肉と大腿骨を外す

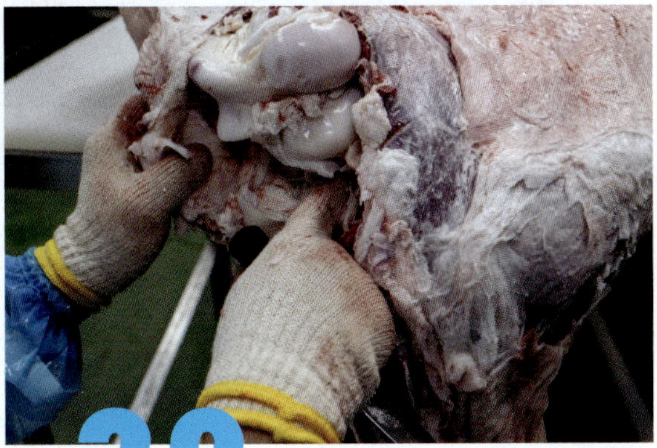

32 骨の形を理解し、包丁を進める

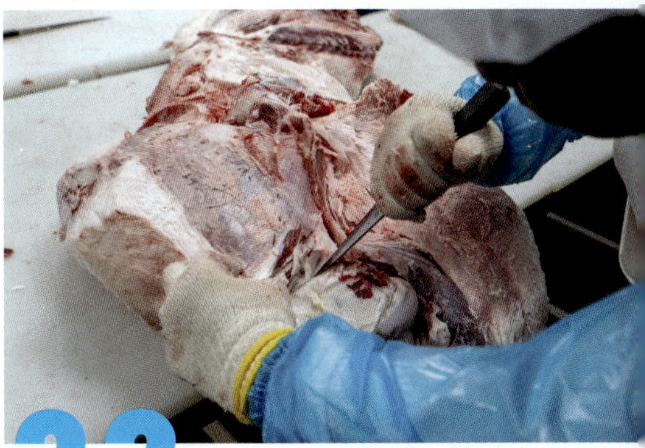

33 骨肌に沿って、
大腿骨と肉を剥がしていく

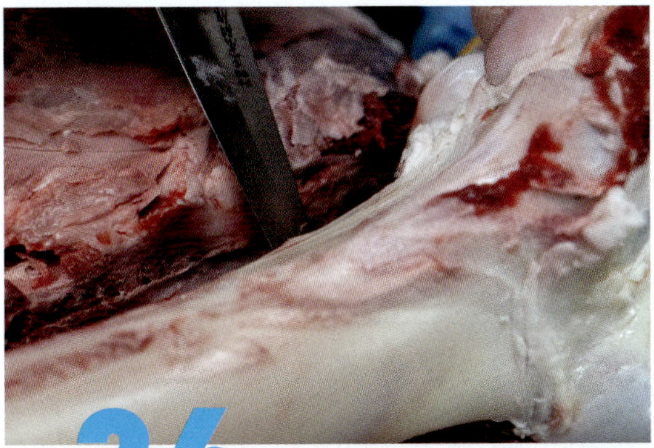

36 大腿骨と肉の隙間に
包丁を入れる

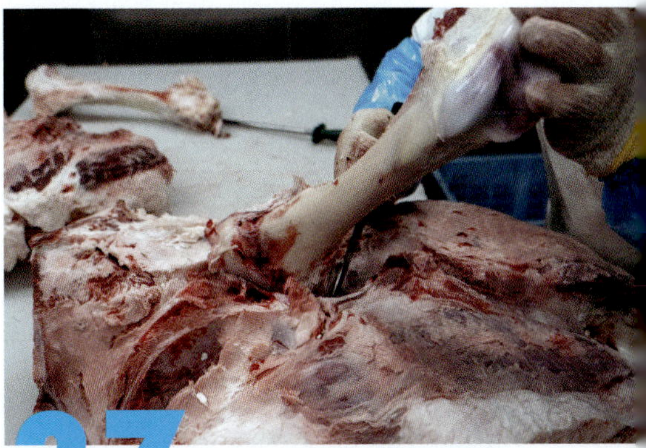

37 大腿骨を浮かせる

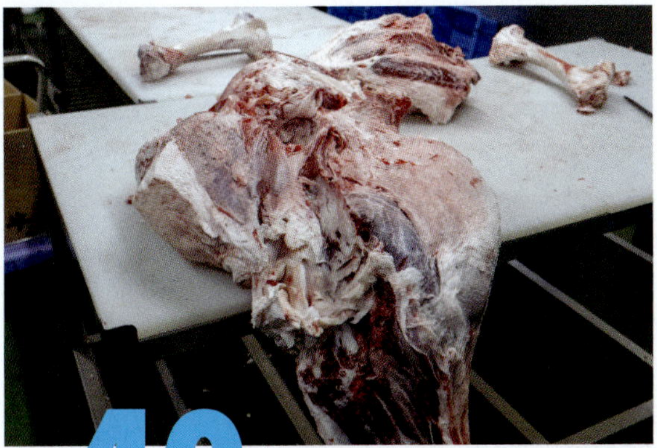

40 脱骨後のモモ

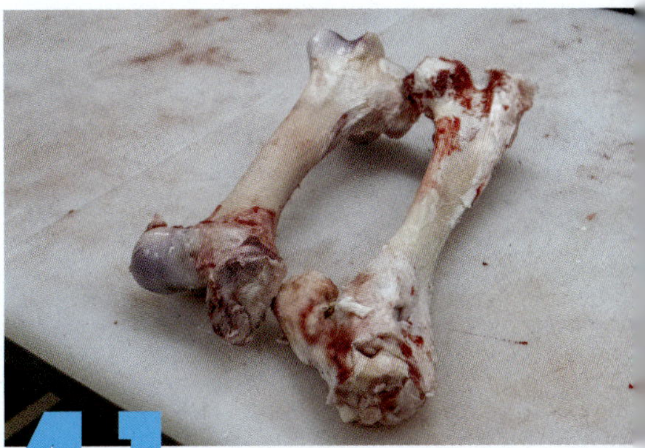

41 大腿骨と脛骨《けいこつ》

次ページに続く ▶

モモの脱骨と中分割

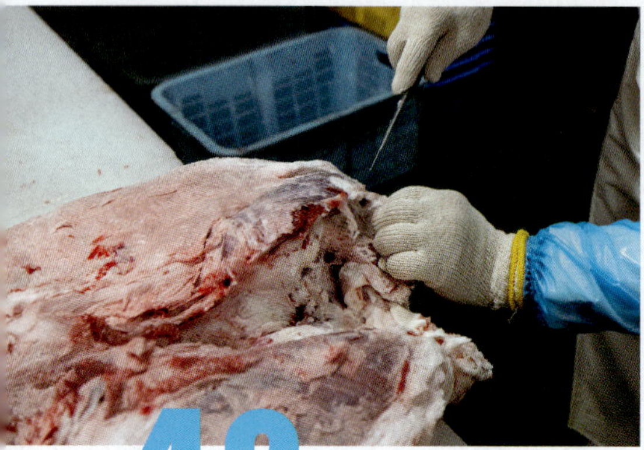

42 軟骨が無いか確認し、あれば除去

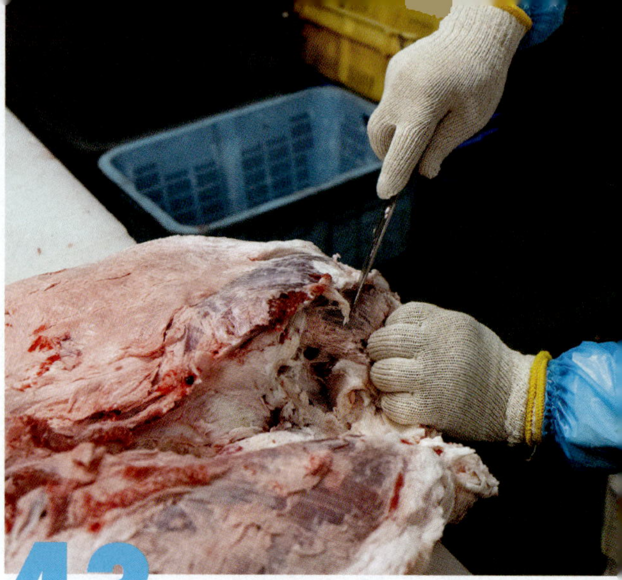

43 シンタマを外す

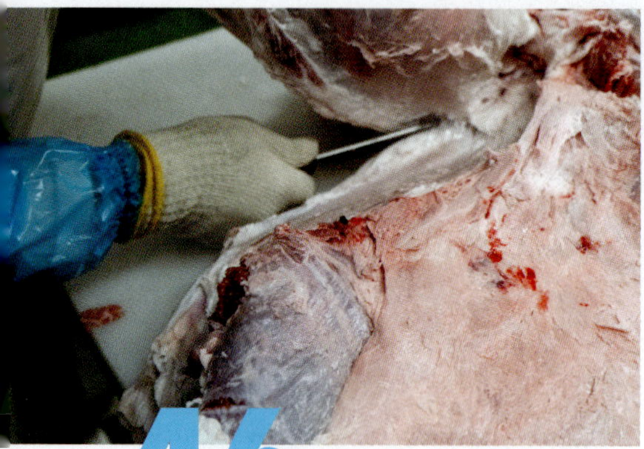

46 スジに沿ってシンタマを外していく

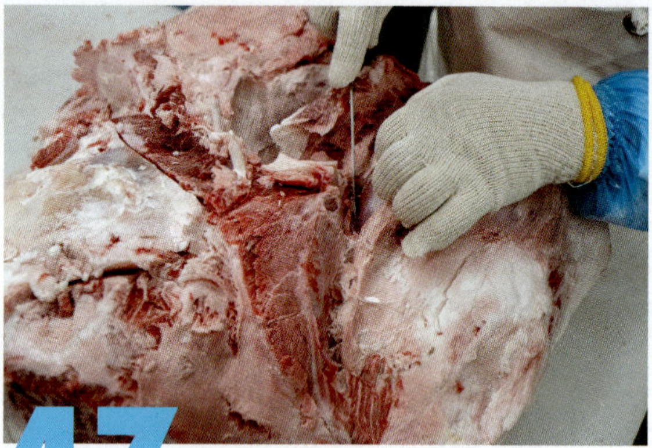

47 モモ肉の構造を理解し、各部位に分割する

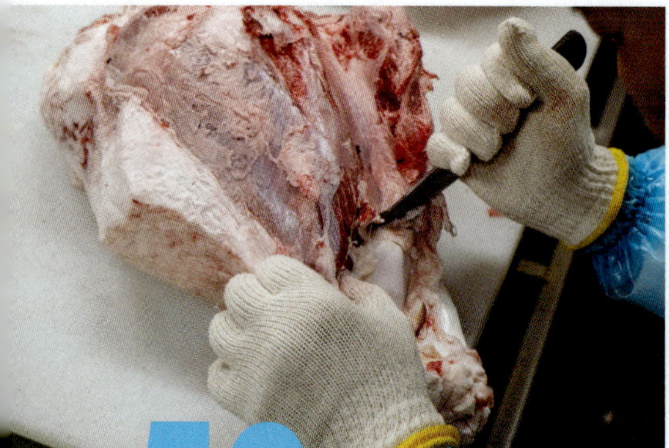

50 **シンタマの整形**

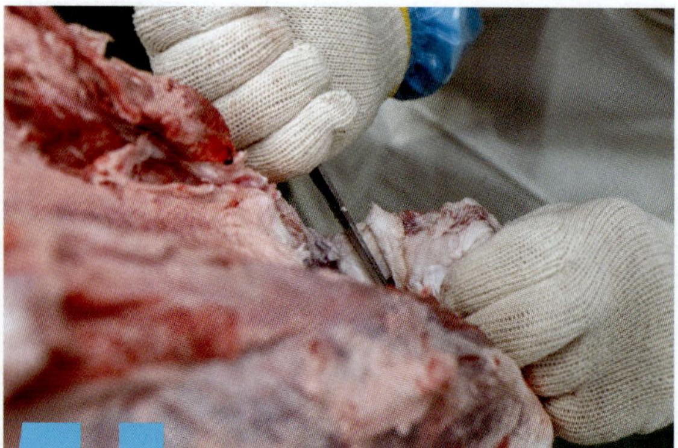

51 歩留まりなどを考え、整形を行う

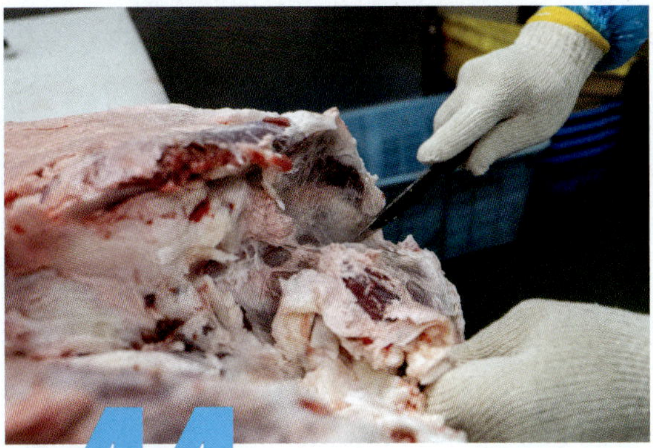

44 スジに沿って
シンタマを外していく

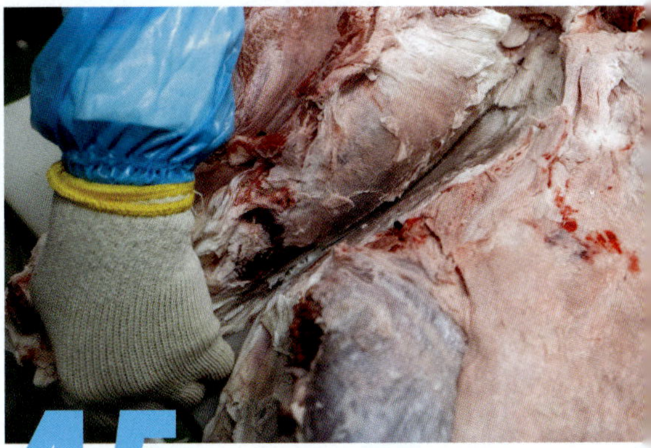

45 ソトモモのナカニクの筋に
沿ってシンタマを外していく

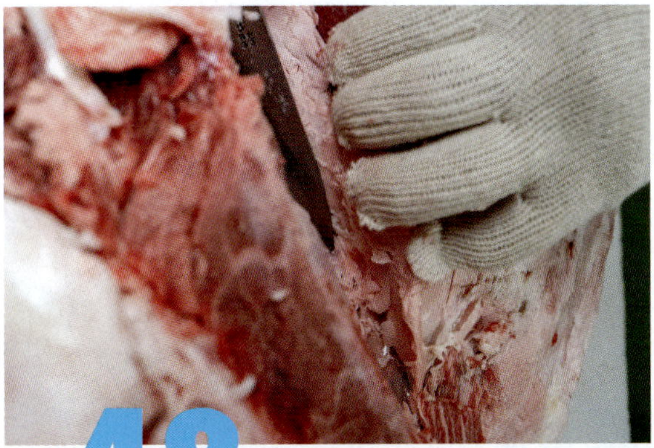

48 慣れないうちは
慎重に包丁を進める

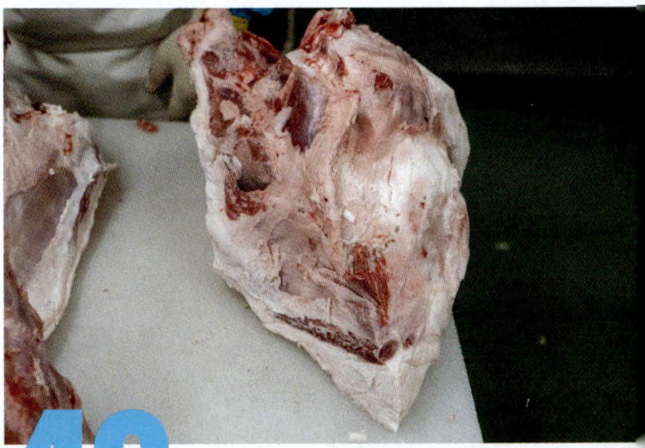

49 分割されたシンタマ

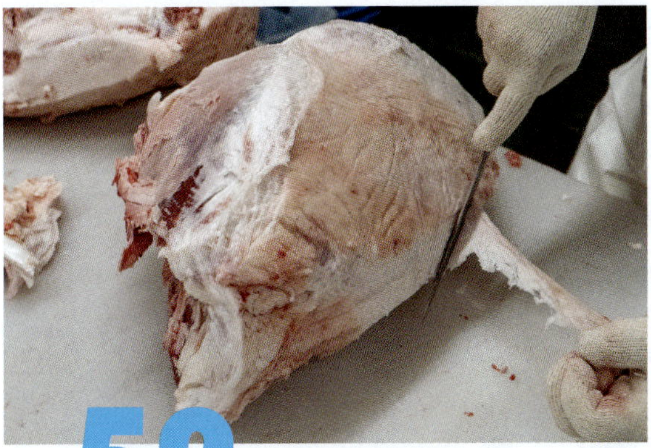

52 シンタマの整形

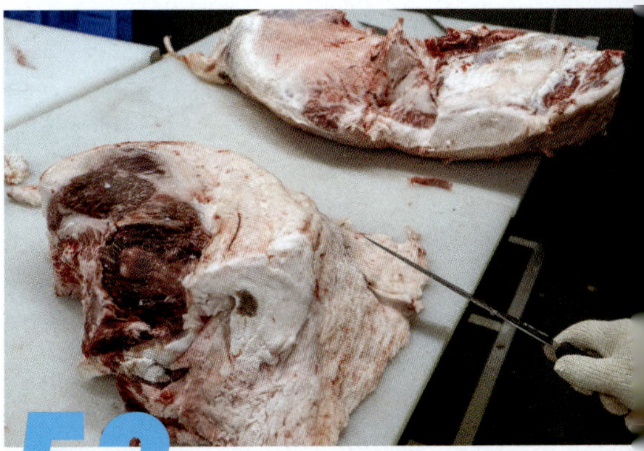

53 分割されたウチモモ

次ページに続く ▶

モモの脱骨と中分割

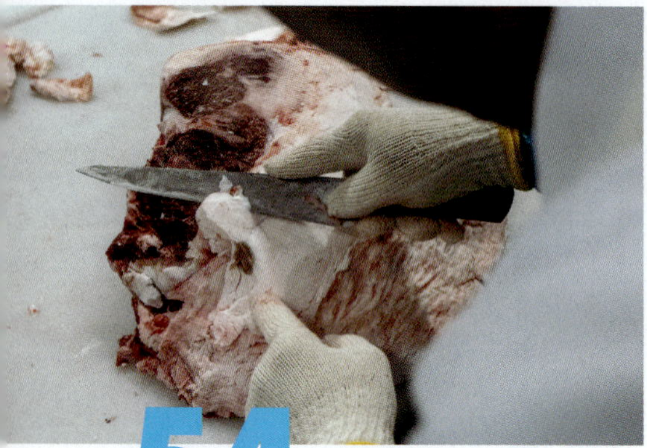

54 ウチモモの整形

55 歩留まりなどを考え、整形を行う

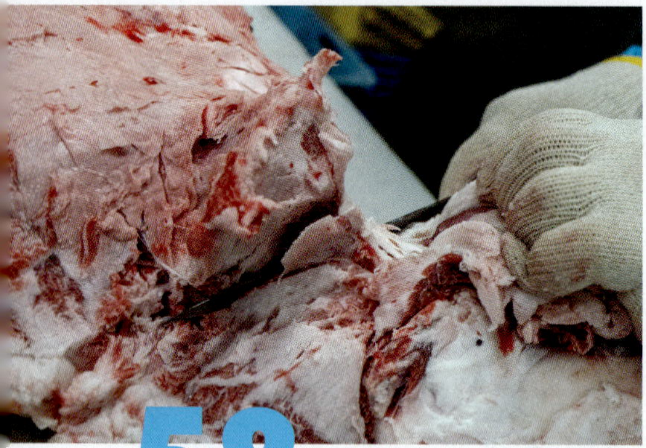

58 ソトモモのナカニクと、ランイチのイチボの、山のところで切りはなす

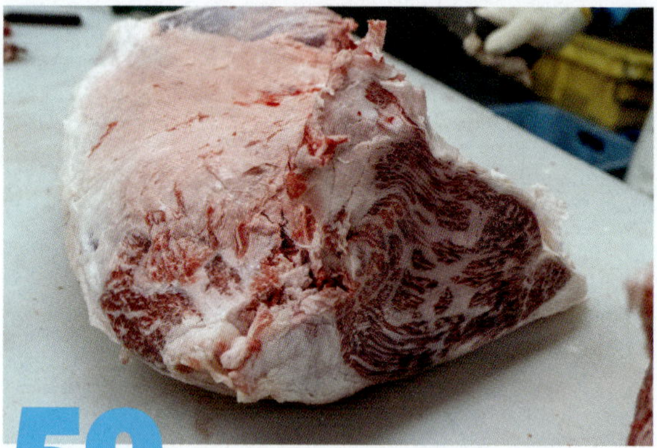

59 切りはなした後のソトモモ

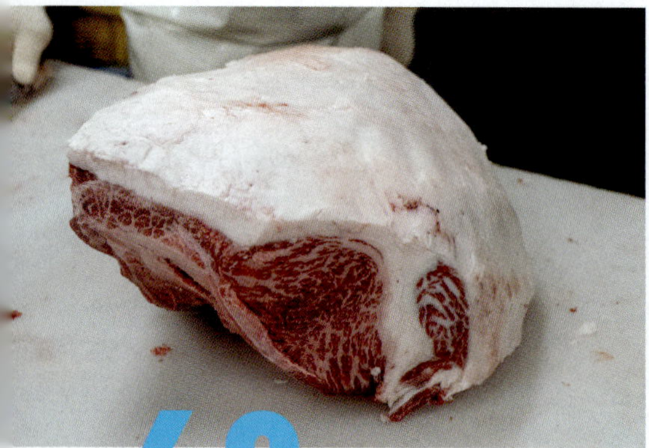

62 形を整える

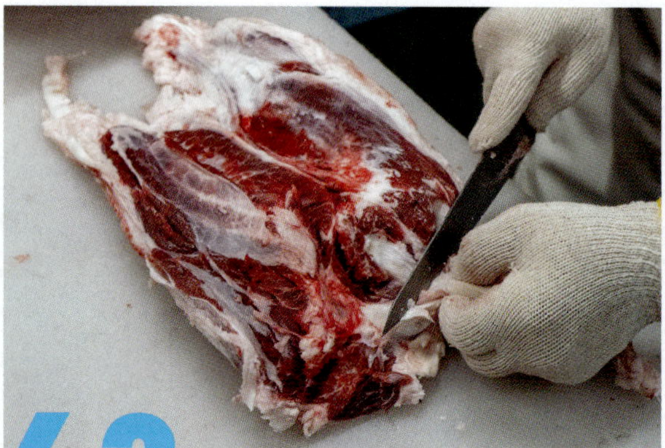

63 スネの整形

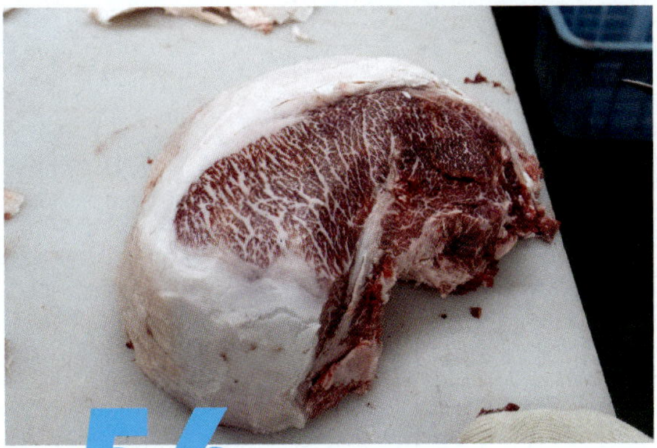

56 ウチモモの整形

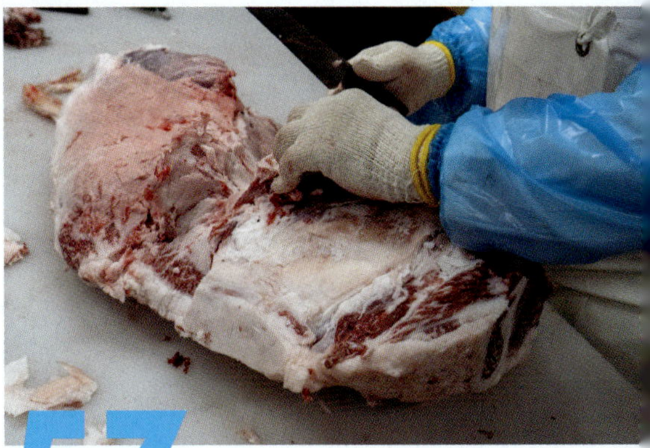

57 ソトモモとランイチを切りはなす

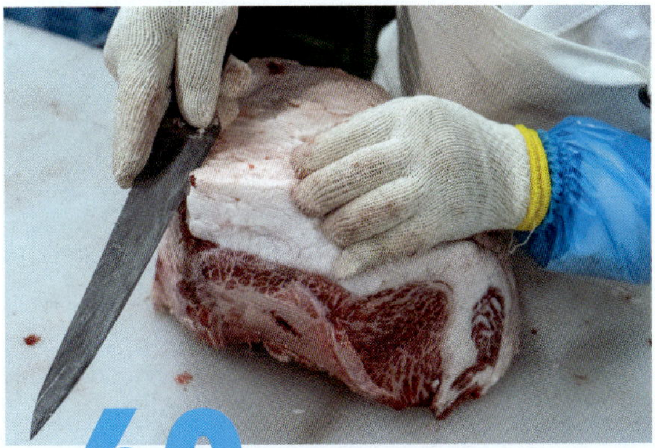

60 **ランイチの整形**

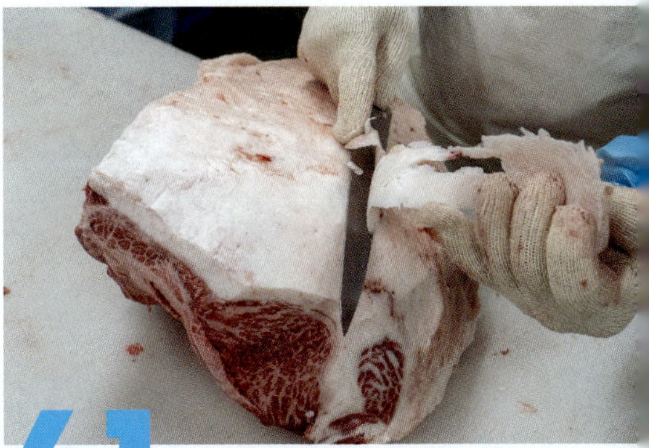

61 歩留まりなどを考え、整形を行う

モモの脱骨と中分割のポイント

　モモ肉の脱骨は吊ったまま行う場合と、まな板のうえに肉を寝かせて行う場合があるが、ここではまな板の上で行っている。

　このうち、ウチモモを取り除く作業が一番むずかしく、その時肉に傷が入りやすいので、ナイフの入れ方に気をつけることが大切である。また、寛骨を取りく時に、ランイチにキズを入れない技術を習得するとである。

　その他、シンタマ部分に骨ハダをつけること、ランイチに骨ハダをつけることが大切。骨ハダをつけるとによって、歩留まりもよくなる。また、商品づくりの際、スジ引きがしやすくなり、鮮度劣化の防止に役立つ。

第4章 部分肉の商品化

[実技・監修]
株式会社プラジュニアン 代表
得丸 哲士

第1節
まえの商品化

本書の撮影に使用した枝肉のデータ

大分割	部分肉規格	重量	構成比	筋引整形後	重量	構成比
まえ 枝肉重量 87.6kg 39.15%	ねっく	6.3kg	3.60%	ねっく	4.9kg	3.31%
	かたロース	20.5kg	11.71%	かたロース	18.3kg	12.36%
	かたばら	21.4kg	12.22%	ブリスケ	11.2kg	7.57%
				三角ばら	4.2kg	2.84%
	かた（うで）	15.7kg	8.97%	かた(うで)	12.0kg	8.11%
	とうがらし	3.4kg	1.94%	とうがらし	2.8kg	1.89%
	まえずね	5.2kg	2.97%	まえずね	5.1kg	3.45%
	まえセット	72.5kg	41.40%	まえセット	58.5kg	39.52%
	歩留り82.76%			歩留り66.78%		
ロイン 枝肉重量 32.7kg 14.61%	ヒレ	5.4kg	3.08%	ヒレ	4.4kg	2.97%
	リブロース	11.2kg	6.40%	リブロース	10.6kg	7.16%
	サーロイン	9.9kg	5.65%	サーロイン	8.9kg	6.01%
	ロインセット	26.5kg	15.13%	ロインセット	23.9kg	16.14%
	歩留り81.03%			歩留り73.08%		
ともばら 枝肉重量 40.10kg 17.92%	ともばら	31.8kg	18.16%	なかばら	12.0kg	8.11%
				そとばら	12.7kg	8.58%
	ばらセット	31.8kg	18.16%	バラセット	24.7kg	16.68%
	歩留り79.30%			歩留り61.59%		
もも 枝肉重量 56.6kg 25.30%	うちもも	11.3kg	6.45%	うちもも	10.5kg	7.09%
	しんたま	10.5kg	6.00%	しんたま	9.3kg	6.28%
	らんいち	9.4kg	5.37%	らんいち	9.0kg	6.08%
	そともも	10.7kg	6.11%	そともも	7.6kg	5.14%
				はばき	2.2kg	1.49%
	ともずね	2.4kg	1.37%	ともずね	2.3kg	1.55%
	ももセット	44.3kg	25.29%	ももセット	40.9kg	27.63%
	歩留り78.26%			歩留り72.26%		
半丸セット	フルセット	175.1kg100%		フルセット	148.0kg100%	
枝肉重量						
223.7kg	歩留り78.27%			歩留り66.16%		

1 ねっくの商品化

ネック（首肉）は7本の頚椎《けいつい》周辺に付着する肉である。胸椎《きょうつい》・棘突起《きょくとっき》との位置づけは第1胸椎・棘突起に続く、首側の関節が第7頚椎で順次、第6・第5……第1頚椎と7本の頚椎がつながっている。第7頚椎から第1頚椎へかけての頚骨《けいこつ》のつながり方（形状）は大きく上方に向けて曲がっている。背線と胸椎に対してほぼ45度の角度で上方に向いている。したがってネック肉の筋繊維（肉目）の流れは頚椎の向きに沿い、カタロースの肉目に対して斜めに流れているのが特徴である。

と畜後の枝肉懸垂で頚部《けいぶ》の先端に枝肉洗浄後の汚れがたまるため、解体後の二次汚染を防止する意味で第1頚椎～第3頚椎箇所より先端部は背線に対して直角に切断する。胸椎と肋骨《ろっこつ》の間に付着する細長い肉（ひも）は第3頚椎跡（切断箇所）でつながる。細長い肉（ひも）の肉質は軟らかいいが、肉表面に汚れがつきやすく、変色が速いので、速やかにトリミングして商品化することが大切である。

第4頚椎～第7頚椎箇所の咽喉《いんこう》部分（カタバラのブリスケ先端部と接する箇所）には胸腺の大きな脂肪塊がくい込んでいるため、えぐるように取り除く。ネック肉は生体時によく動かす筋肉であるため肉質は硬くなるが、肉そのものの風味は深い味わいがある。角切り肉や切り落とし肉にカッティングすると煮込み料理用に向く。スライスする場合は、肉目に直角に薄目に切り落として商品化する。

部分肉「ねっく」は第3頸椎～第4頸椎跡間で背線に対して直角に切断され「かたロース」から分割される。

トリミングの手順

内面の頸椎跡周辺に付着する血合い、汚れ、リンパ節を取り除く。

胸椎と肋骨の間および頸椎に付着する細長い肉（ひも）は第３頸椎跡で切断し表面の汚れを取り除く。

第１頸椎～第３頸椎跡に沿って刃先を進め頸部をおおう汚れた脂肪をえぐるように取り除く（写真❶）

表脂面をおおう硬いカブリ肉の表面スジを引く。煮込み料理用などの角切り肉に商品化する場合は表面スジを引かなくてもよい。

カブリ肉の下にくい込む厚い月形状の脂肪を取り除き、続けてスジも引き除く（写真❷）

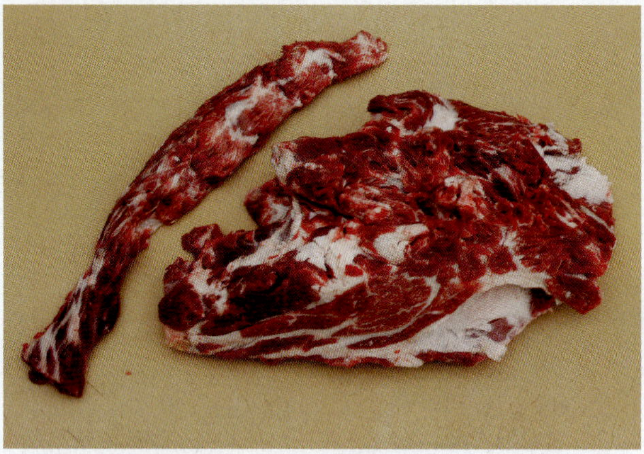

❶ネック内面のトリミング完了

❷ネック表面のトリミング完了

商品づくり

ネックはよく動く筋肉で硬さがあるので、薄くスライス（1.5〜1.8mmの厚さ）して、軟らかく商品化し、煮込み料理や炒め物用に向けた商品づくりをしたい。また小さな角切り（2cm角が目安）にしてもカレーやシチュー、おでん用などとして商品化できる。

スライサーの丸刃に対して肉目（肉繊維の流れ）が直角になるようにセッティングして切り落とし肉としてパイレスまたはトレイに直に切り取る（写真③、④）

こま肉にスライスする場合は、肉目（肉繊維の流れ）に沿って2〜3層に分割し、肉塊の間に脂肪の多いバラ肉またはトリミング肉や整形脂肪などを合わせて切り落とす。

細長い肉（ひも）は表面の変色（鮮度劣化）がなければカレー・シチュー用の角切り肉やサイコロ焼き肉などに商品化できる。表面の変色が進んでいる場合は汚れを削り、こま肉用に活用する。

③スライサーにセッティング

④スライサーから直に切り落とす

安全を確保しよう

写真では肉のセッティング状態を確認するために当て板をはずしているが、通常の作業中は事故予防のため絶対にはずしてはならない

薄切り肉の盛り付け

2 かたロースの商品化

カタロースは牛の品種やグレードにより肉質の違いが出やすい部位である。和牛のように前駆《ぜんく》が優れている血統の牛はカタロースやマエバラに厚みがあり、霜降り紋様（脂肪交雑）も入りやすく、商品化も手切り商品が多くつくられる。交雑牛や乳牛（乳雄去勢）では和牛よりは前駆が劣り、肉に厚みがなくなり手切り商品をつくることはむずかしくなり、スライサーで薄く切る商品化しかできない場合もある。

また、第6肋骨と第7肋骨との切断面（マエとトモの分割面）は品質グレードを格付する面でもある。ロース芯の大きさや形状、霜降り紋様（脂肪交雑）の状態、筋間脂肪のかみ込み状況、バラ肉の厚さ、肉色など、牛の価値である品質グレードと歩留まりを判断する大切な部分である。肉質の構成は大きく、ネックとザブトン（ハネシタ）とロース芯の三つに分かれる。この三つの肉質の価値を活用しながら季節に合った商品づくりをすることが大切になる。秋〜冬は鍋需要が高まるため、スライス肉が商品化の中心になり、春〜夏では焼き肉やステーキ需要が高まるため手切り商品が中心になる。

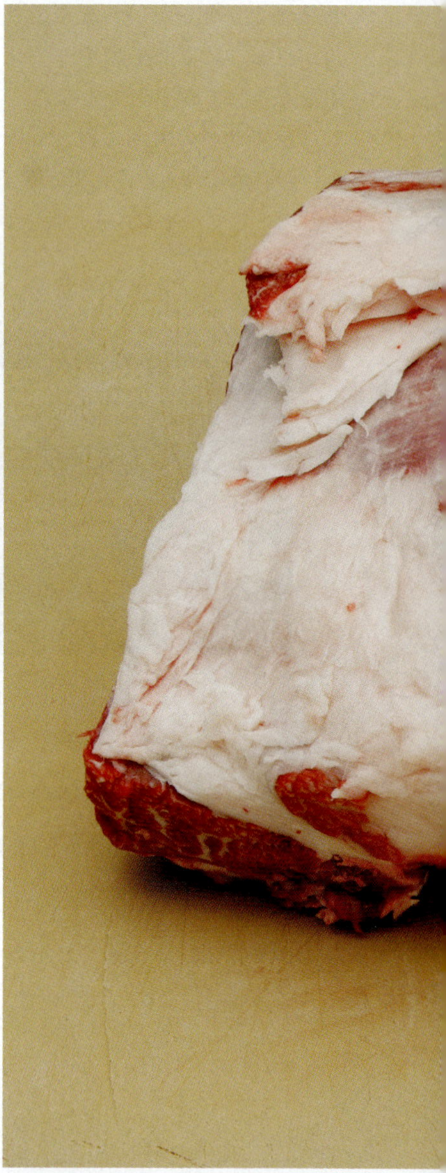

どのような季節のニーズにも対応ができる便利で価値の高い部位がカタロースでもある。小割り技術とスライサー技術との組み合わせで、ネックとザブトンとロース芯のそれぞれの部位がもつ特徴をいかした価値の高い商品化ができ、すき焼き、しゃぶしゃぶ、焼き肉、ステーキなど代表的な牛肉料理の商品づくりができる。カタロース肉を活用できる技術を習熟することは通年での利益の改善につながるのである。

部分肉「かたロース」は第3頸椎～第4頸椎跡間で背線に対して直角に「ねっく」を切断し分割される

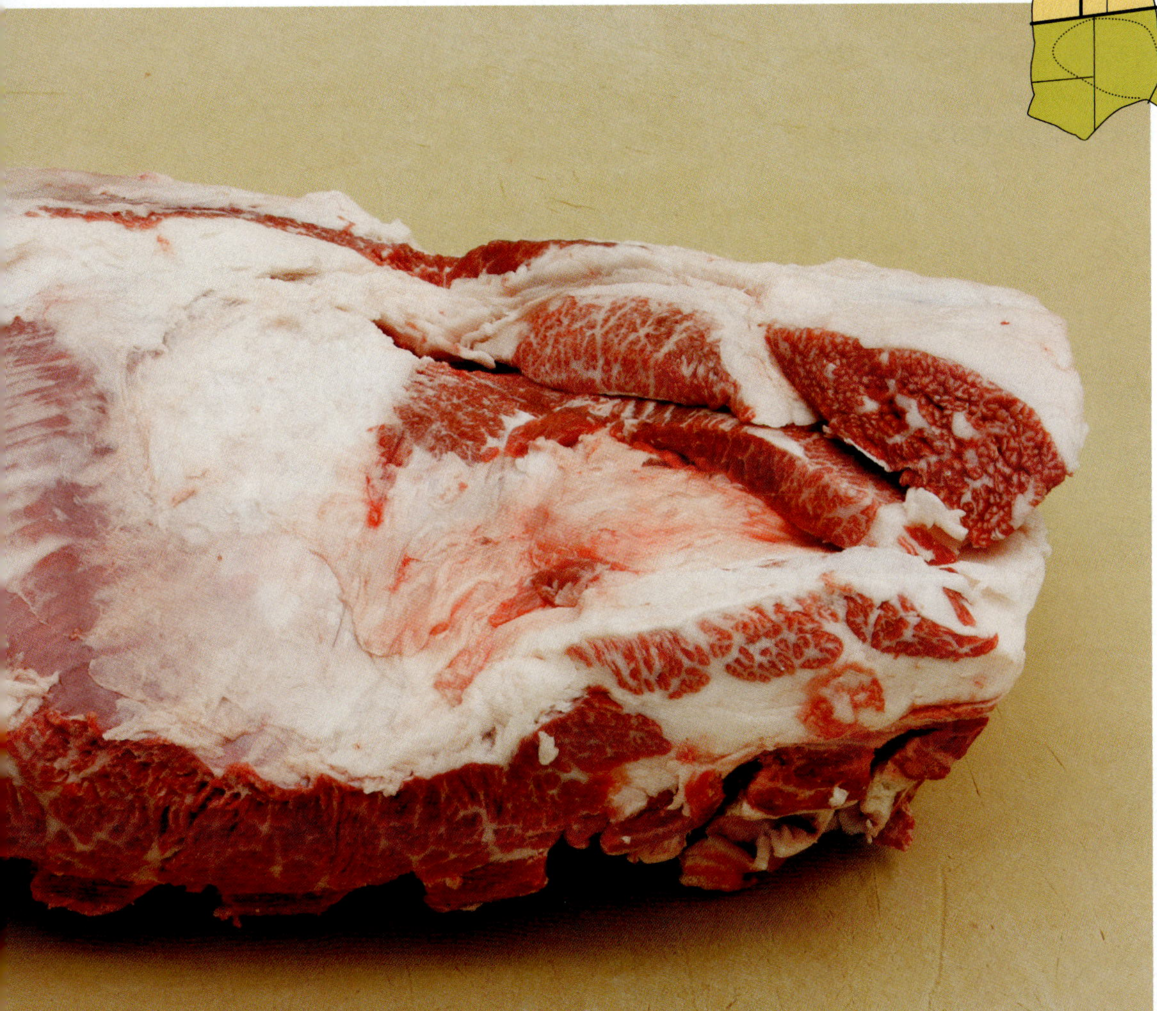

トリミングの手順

内面の棘突起跡の骨ハダや変色箇所などの汚れを取り除く。

棘突起に接する赤身肉とゴム様の太いスジ（黄《おう》靱帯《じんたい》）との間に刃先を進めて、太いスジの全体がみえるように赤身肉をめくり、続けて太いスジを引き除く（写真❶、❷）

肩コブの脂肪を整形する（写真❸）

表面は肩コブをおおう脂肪を整形し、続けてウデ・ミスジ先端部のサンカク表面の脂肪を整形し、さらにザブトン表面をおおう脂肪とスジを引き除く（写真❹）

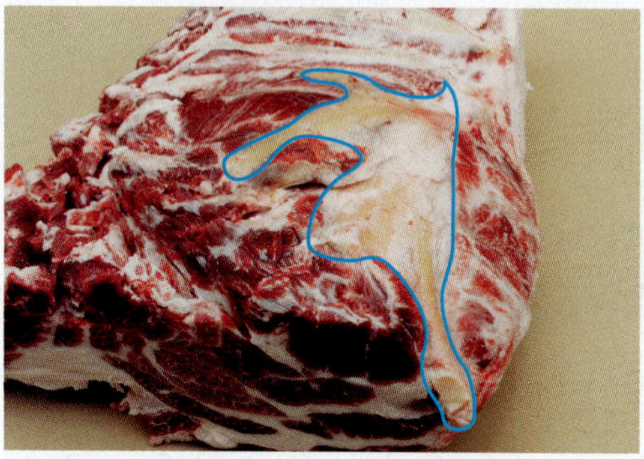

❶棘突起の下にくい込む黄靱帯

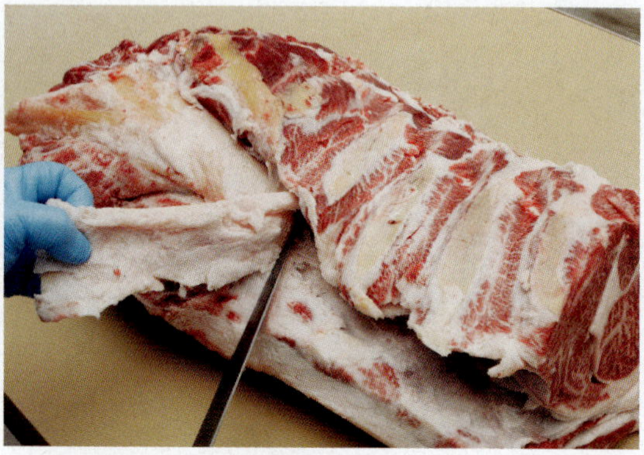

❷黄靱帯を引き除く

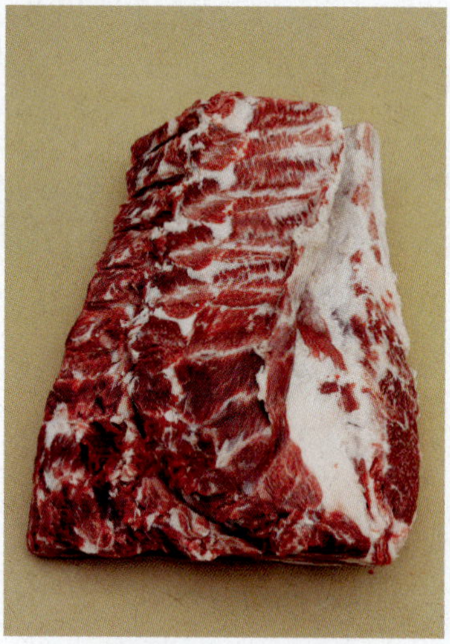

❸内面のトリミング完了

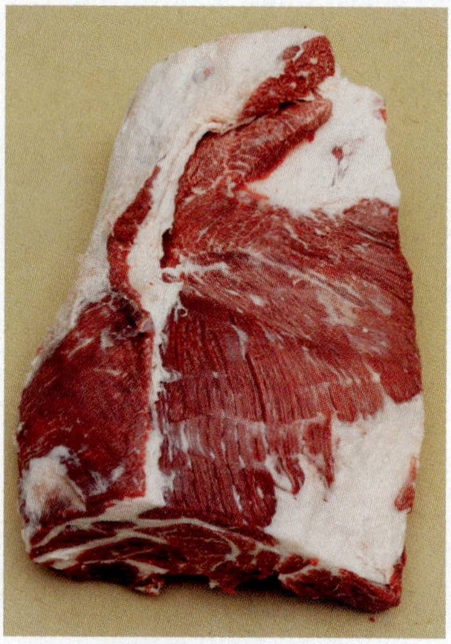

❹表面のトリミング完了

スライス肉の商品づくり

トリミングしたカタロース肉は第4頚椎から第1肋骨の間を薄切り肉に頚部の方からスライスする（写真❶）。これは売れ残りやすい第4頚椎〜第7頚椎の部分を速く販売することを意識することと、第1肋骨〜第6肋骨の部分を商品化するときにスライスだけでなく小割りして商品づくりすることも考慮するためである。

スライサーにカタロース肉をセッティングするときの基本はザブトン側を下に向けて、バラ先側を丸刃に向けて、ネックの方からスライスする（写真❷）。部位は右と左があるためセッティングの基本を守れない場合もあるが、その場合はバラ先側を丸刃に向ける方を優先する。

スライスした肉はザブトン箇所を少し折り曲げ、パイレスの奥から手前に向けて置く（写真❸）

第1肋骨〜第5肋骨の部分を商品化する場合は、第1肋骨の箇所までスライスを終えたらカタロース肉をスライサーから取り出して、同じ要領でリブロース側を丸刃に向けてセッティングし直し、第6肋骨〜第5肋骨の間を薄切り肉にスライスする。そして、残りの部分を手切り肉として商品化する。

❶スライスする前の第4頚椎部

❷スライサーにセッティング

安全を確保しよう

写真では肉のセッティング状態を確認するために当て板をはずしているが、通常の作業中は事故予防のため絶対にはずしてはならない

❸パイレスに並べた薄切り肉

薄切り肉の盛り付け

手切り肉の商品づくり

カタロース肉は霜降り紋様（脂肪交雑）が入りやすい「ザブトン（ハネシタ）」とリブロース芯につながる「カタロース芯」と第4頚椎～第7頚椎の「ネック肉」の三つに大きく区分される。

ザブトンとカタロース芯の肉目（肉繊維の流れ）は互いに交差するように構成されている。秋～冬に需要の高いすき焼き用の薄切り肉に商品化する基本は、カタロース芯の肉目に対して直角（ザブトンの肉目に対しては逆目）になるようにザブトン部を下に向けて、三角バラ側を丸刃に向けるセッティングをできるだけ優先して、リブロースの側からカタロース肉をそのままスライスする。カタロース肉はネック側よりもリブロース側のほうが肉の価値が高いため肉箱（ドラム）にセッティングするときはリブロース側を丸刃に向けて、スライスの切り残り肉ができるだけ評価損失しないようにする。薄切り肉から焼き肉・ステーキに需要が移行する春～夏は第1肋骨～第5肋骨の部分のみをザブトンとカタロース芯に小割り・分割して手切り肉に商品化する。この場合、第4頚椎～第1肋骨の部分は頚椎の側から約1.8mm厚を目安にスライスする。第1肋骨の箇所まできたらいったん止めて、肉箱（ドラム）の肉を逆に向けてリブロース側を丸刃に向けてセッティングして第5肋骨の箇所まで約2mm厚を目安にスライスする。第6肋骨～第5肋骨の部分はザブトン（ハネシタ）に厚みがないためスライス肉に切り取る方が商品価値が高い。このようにして第1肋骨～第5肋骨の部分を切り取る。そして残りの部分を手切り肉に商品化する。

カタロース肉は肉質が軟らかく、風味が豊かである。その特性を活かして、すき焼き、しゃぶしゃぶ、焼き肉、ステーキなど代表的な牛肉料理のすべてに商品化できる。

❶小割りはザブトン側を下に向けて置く

❷ザブトン㊧とカタロース芯㊨に分割する

❸ザブトンをさらに分割する

❹分割を終えたカタロース肉

焼き肉用に

❺ザブトン内面のトリミング完了

❻焼き肉用に柵取りしたザブトン

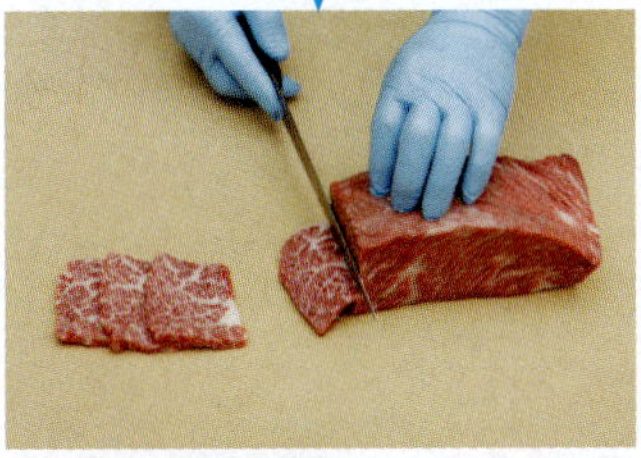

❼焼き肉用にカット

焼き肉用の盛り付け

ステーキ用に

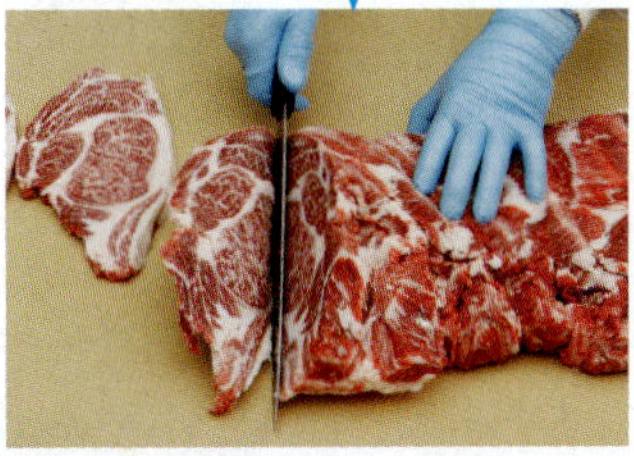

❽ステーキ用にカット

ステーキ用の盛り付け

3 かたばらの商品化

枝肉「かたばら」は肋骨の付け根から肋骨の長さ1／3の箇所で背線に並行に切断され枝肉「かたロース・ねっく」と分割される

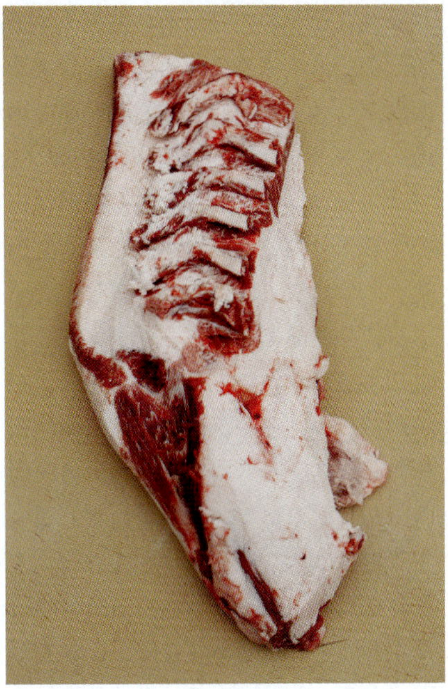

ブリスケ

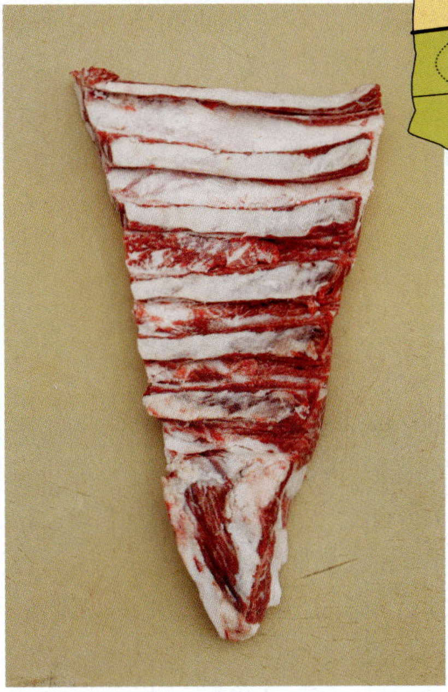

三角ばら

部分肉「かたばら」は、肉質が硬く脂肪が多い深胸《しんきょう》筋（胸腺《きょうせん》）を含む「ブリスケ」と霜降り紋様が入りやすく見栄えの良い「三角ばら」の二つに区分される。ブリスケと三角バラの肉目（肉繊維の流れ）は互いに交差するように構成されている。それぞれの部分がもつ肉質の特性を商品化にいかすため「ブリスケ」と「三角ばら」に分けて規格化されている。

ブリスケ芯の幅に合せて胸腺にほぼ並行になるように頚部に向けて刃先を進め三角バラの赤身肉部分のみを切断し、切り離した赤身肉の箇所から刃先をブリスケの脂肪面に沿って進め三角バラをはがすように分離した胸腺部分がブリスケの規格である。内面には剣状軟骨跡および胸骨跡、肋骨跡の一部である赤身肉が残っている。胸部の胸骨跡（深胸筋）周辺には軟骨が残りやすいためえぐるように取り除く。表面には硬い肉質の赤身肉であるブリスケコブ（かぶり）がブリスケ芯に付着し、内面には胸骨・肋骨跡の赤身肉と頚部の赤身肉がブリスケ芯に付着している。このように異なる三つの肉質で構成されているのがブリスケ規格の特徴。ただ内面の胸部と頚部と赤身肉に挟まれる箇所の脂肪が厚いため歩留まりを考慮しつつ、季節に合わせた商品づくりをしたい。

カタバラ（まえばら）の肋骨跡の周辺にあたる霜降り紋様が入りやすく、肉に厚みがある赤身肉をブリスケ規格から分割・分離した三角形状の部分肉が三角バラである。表面は薄い脂肪層でおおわれ、その脂肪層の下は薄いシルバースキン（銀色のスジ膜）で均一におおわれている。手切りで商品化する場合はこの脂肪層とシルバースキンを完全に引き除く。内面は肋骨の骨ハダ・残骨を確認し取り除き、商品づくりに応じてバラ山のトリミングを進める。バラ山をはずす場合はあらかじめバラ山表面のスジを引いておくほうが作業の工程としてはスムーズである。

ブリスケの商品化

部分肉「かたばら」は剣状軟骨跡および胸骨跡、肋骨跡の一部をブリスケ側に残す形でブリスケ芯の幅に合わせて三角バラのみを切断し、切り離した箇所から刃先をブリスケの脂肪面に沿って進め三角バラをはがすように分離する。

三角バラを分離したブリスケから頚部周辺および胸部・胸骨跡（深胸筋）周辺に付着する軟骨、小骨、血合い汚れ、汚れ脂肪をトリミングしたのがノーマル規格「ブリスケ」である。

トリミングの手順

内面の胸部・胸骨跡（深胸筋）周辺に残る軟骨および小骨を完全に取り除く。

胸部（胸腺の箇所）の厚い脂肪層は頚部周辺も含めて10mm以内に整形する。

バラ山表面のスジ、肋骨跡の周辺スジ・脂肪を引き除く。

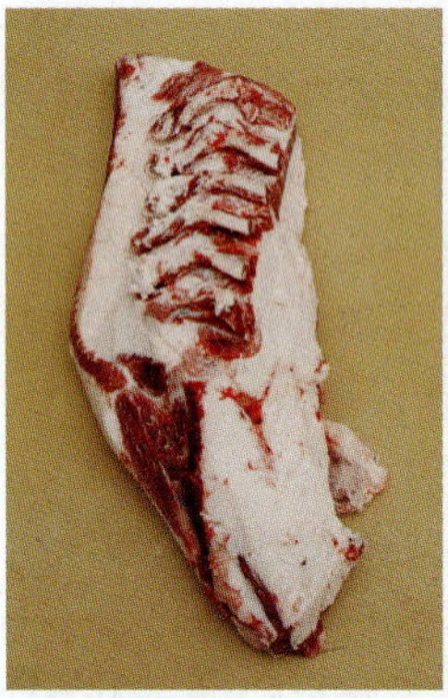

ブリスケ（内面）

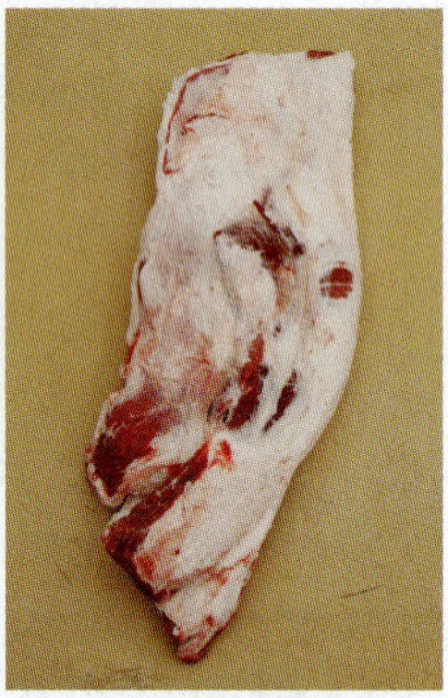

ブリスケ（外面）

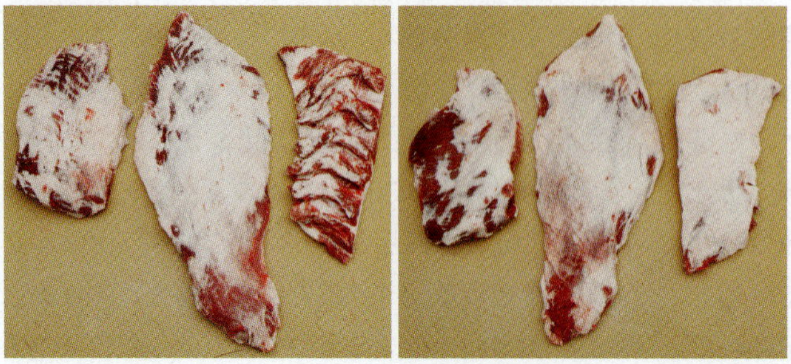

ブリスケを商品化するときは、基本的に事前に分割しておく（内面と外面）

商品づくり

ブリスケは内面に付着する「赤身肉」と「ブリスケ芯（プレート）」と表側に付着する「ブリスケコブ（天下一）」の三つに区分される。

ブリスケ芯の内面に沿って刃先を進めて肋骨跡の一部である赤身肉と頚部の赤身肉を分割し、表面はブリスケコブが接する脂肪面との境に刃先を進めてブリスケ芯からブリスケコブを分割する。ブリスケコブはブリスケ芯と逆目に付着しているので必ず分割してから商品化する。肉質は非常に硬いので、ごく薄くスライスして商品化する。

手切り商品はカレー・シチューなど煮込み料理にしか適さないだろう。赤身トリミング肉は変色が速いため、速やかにこま肉に商品化する。ブリスケ芯をスライス肉にする場合は両面ともに適度の脂肪が付着していてもよいが、手切りに商品化する場合はスジを引き除き赤身面にする。ブリスケ芯は頚部（ペクトラル）箇所は軟らかいが、肋骨4本目～6本目あたりになると少しずつ肉質が硬くなる。商品づくりは手切り商品にこだわらずにスライサーで2mm厚に薄く切り7cm幅でナイフカットする鉄板焼き用にすると作業性も高くなる。

汚染部分を分離する

赤身肉およびブリスケコブの頚部周辺箇所は汚れが付着しやすいので、丁寧にトリミングして分割・分離する

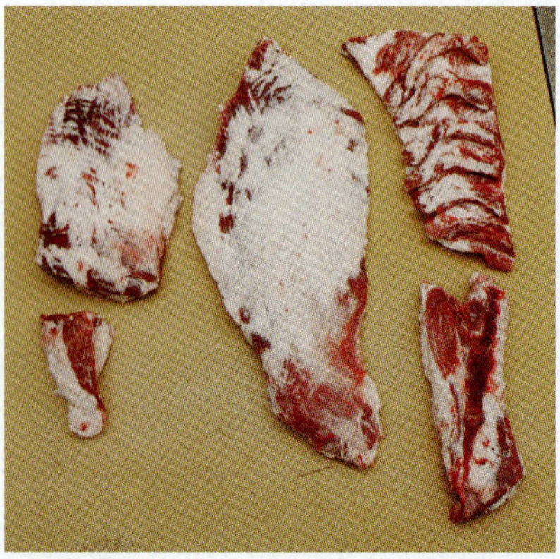

左からブリスケコブ、ブリスケ芯、赤身肉

手切り肉の商品づくり

ブリスケから焼き肉を商品化するには、ブリスケ芯を活用する。ブリスケ芯の両面をおおう脂肪およびスジを引き除く（写真❶）

さらに、焼き肉用の短冊《たんざく》に切り分ける（写真❷）ブリスケ芯は頚部の方（ペクトラル）が肉質は軟らかいが、全体的に肉質がやや硬いため焼き肉は少しだけ薄目（2.0～2.5mm厚を目安）にカッティングする（写真❸）

スライス肉の商品づくり

①ブリスケ芯は両面の脂肪およびスジを取り除かず、そのまま薄くスライス（すき焼き用で1.8～2.0mm厚を目安）する。丁寧にスライス盛りするよりはトレイに直盛りした切り落としタイプの方が肉色が明るくなる。

②ブリスケコブ（天下一）は霜降りが赤身に散らばるが、見かけと違い肉質は硬いため、できるだけ薄く、肉目に沿って直角にスライス（煮込み・炒め用は1.2～1.5mm厚を目安）する。肉質的には硬い箇所であるが風味が深いためカレー・シチューなどじっくりと煮込む料理に適している

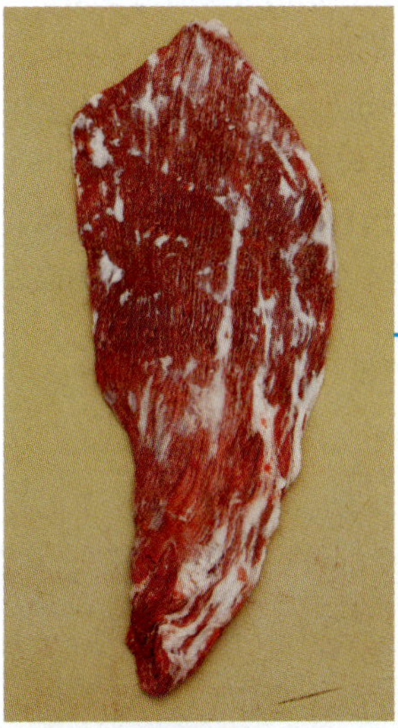

❶ブリスケ芯のトリミング完了

❷短冊に切り分ける

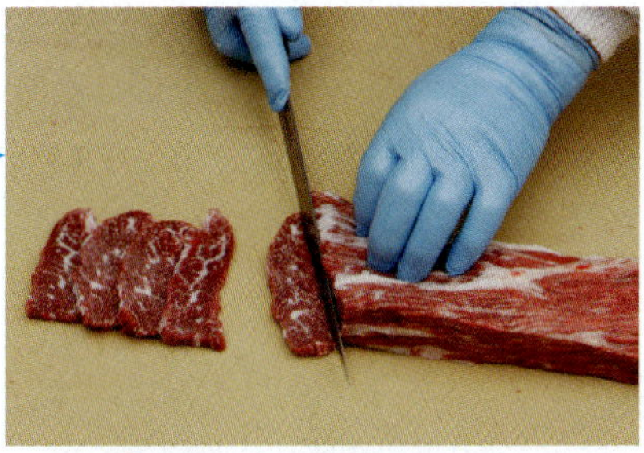

❸短冊を焼き肉用にカットする

焼き肉用の盛り付け

三角ばらの商品化

三角ばらは、部分肉「かたばら」から肋骨跡周辺の赤身肉部分をブリスケ規格から分割・分離した三角形状の部分肉（写真❷）で、肉質は軟らかく、風味が豊かで霜降り紋様（脂肪交雑）が入りやすいのが特徴である。

トリミングの手順

内面バラ山（リブフィンガー）の表面をおおう脂肪・スジを取り除く。バラ山を外す前にトリミングしておくと、後工程の手間がはぶける（写真❸）

続けて、バラ山（リブフィンガー）を取り除き、肋骨跡の脂肪・骨ハダをトリミングする（写真❹）

ブリスケ芯に接していた脂肪面は脂肪・スジのすべてを引き除き赤身面にする（写真❺、❻）

商品づくり

第２肋骨～第４肋骨の箇所は肉厚のためミニステーキにも商品化できるが、全体的には焼き肉に商品化するほうが適している。歩留まりを高めるためにバラ山をつけたまま焼き肉に商品化する場合もあるが、バラ山は肉質が硬いので、バラ山をはずしてから焼き肉に商品化する。はずしたバラ山は別途、中落ちカルビまたはゲタカルビなどとして商品化する。

表脂面の脂肪厚は5mm以内で商品化してもよいが、脂肪と赤身肉の間にあるスジ（シルバースキン）はやや硬いので脂肪とスジはすべて引き除くほうが望ましい。焼き肉用の柵《さく》は6分割が目安。頚部に近い2本の柵は肉目は交差して均一でないため肉質が少しだけ硬くなる。できるだけ肉目に直角になるように留意してカッティングする。

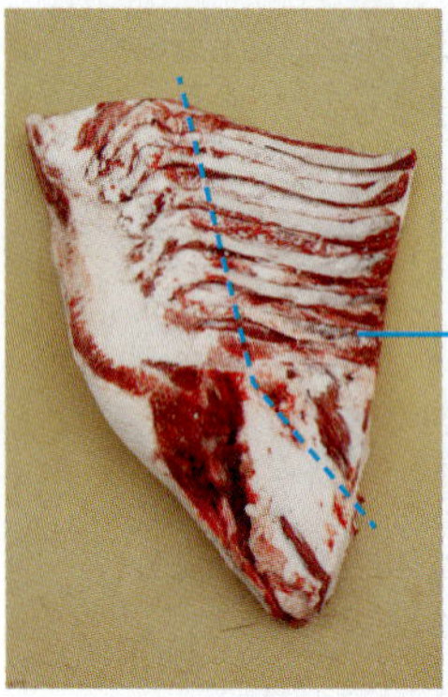

❶かたばら

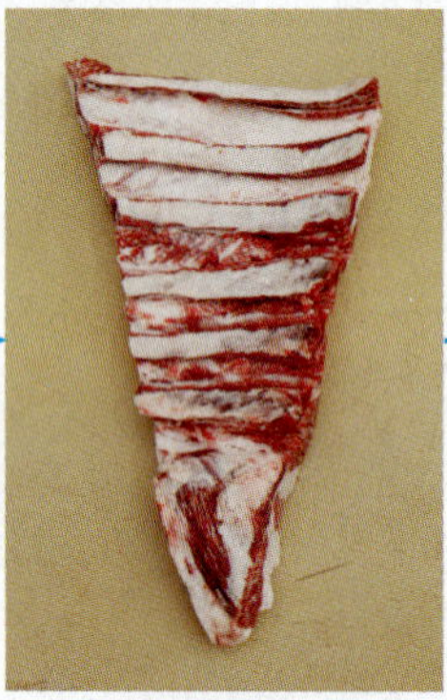

❷三角ばら

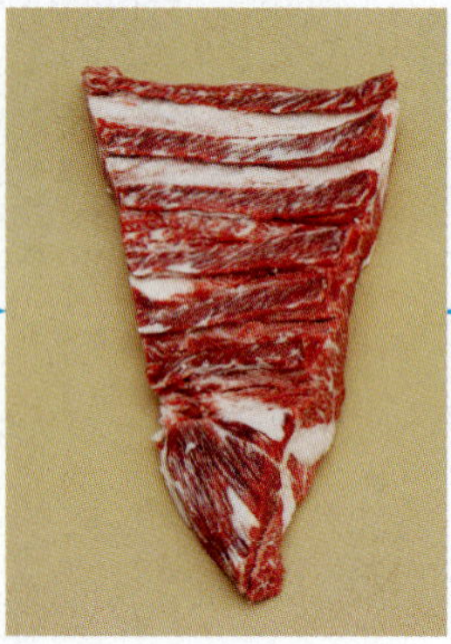

❸バラ山のトリミング

❹内面のトリミング完了

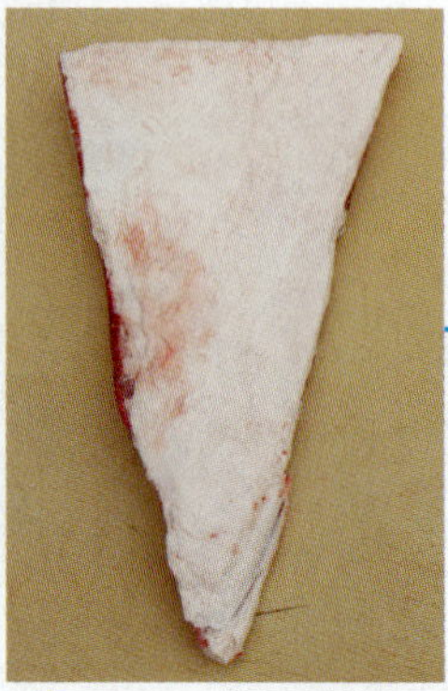

❺トリミング前の脂肪面

❻トリミング完了の赤身面

手切りの商品づくり

両面のトリミングが終わった三角バラは肋骨6本目の側から7cm幅を目安に肉目に沿って焼き肉用の短冊に切り分ける。

三角バラの短冊を焼き肉にカッティングする場合、肉質が軟らかく、霜降り紋様が豊富なため、刃先を少しだけ斜めに入れてカッティングすることで切断面を広くみせて霜降り紋様を目立たせる。さらにやや厚め（5mm～8mm厚を目安）にカッティングすることで肉汁の風味をおいしく伝える。〝厚切りなのに軟らかい肉〟がセールスポイントになる。

盛り付けは霜降り紋様（脂肪交雑）が映えるように、切断面をできるだけ広くみせて盛り付けることがポイント。

トリミング完了

焼き肉用に柵取る
6分割が目安

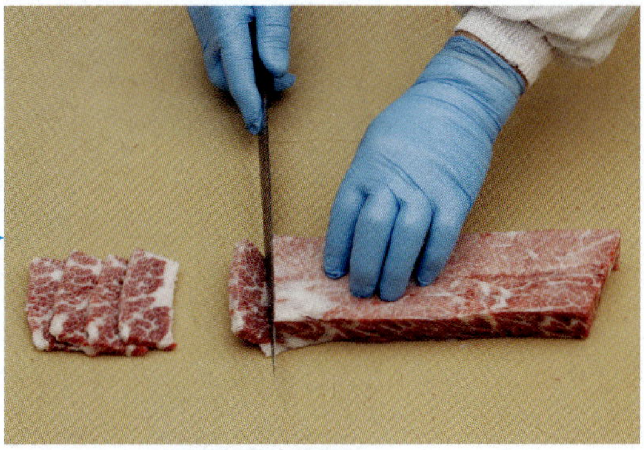

短冊を焼き肉用にカットする

焼き肉用の盛り付け

4 かた(うで)の商品化

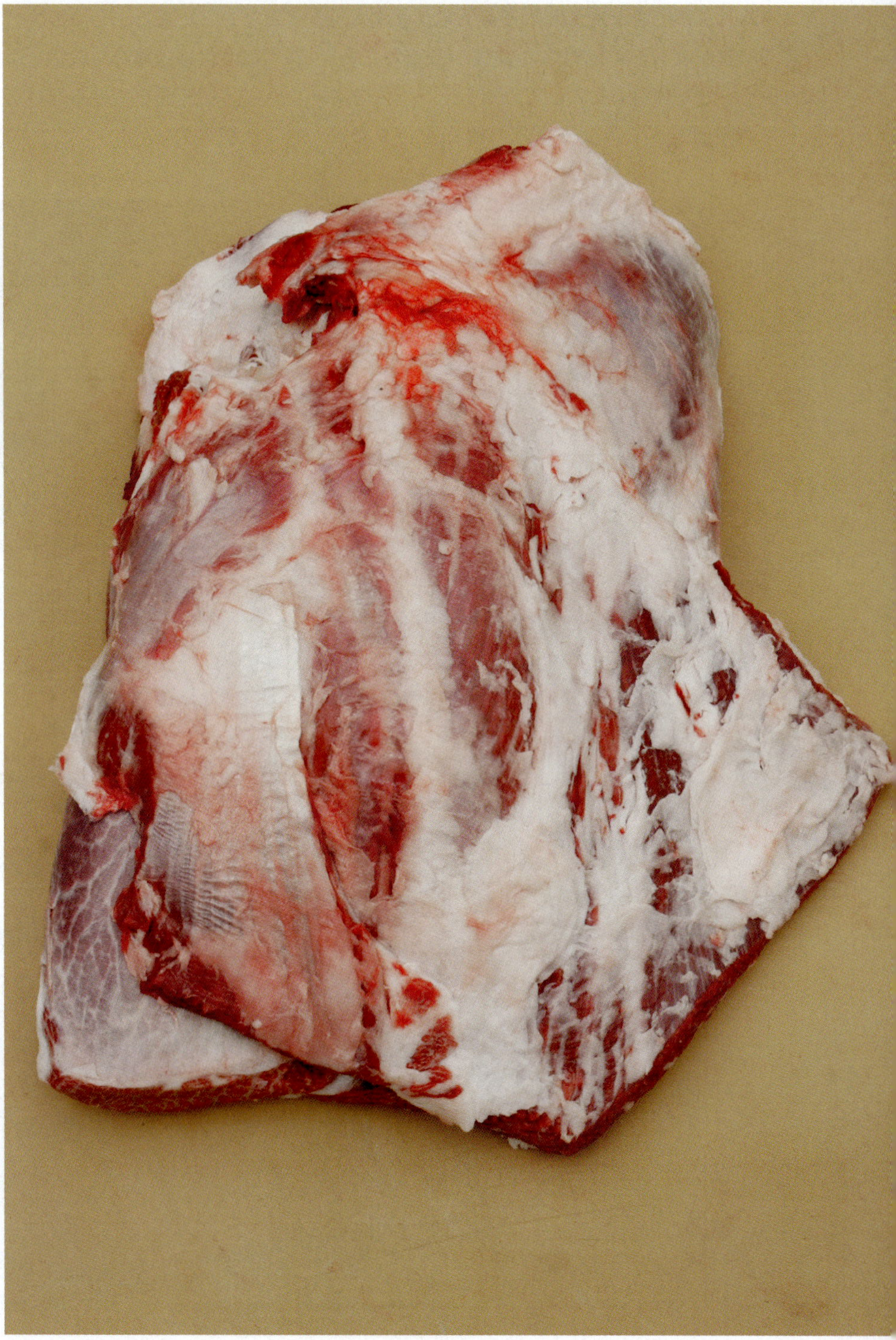

枝肉「前肢」は、その付着部において枝肉「胸部」から引き離すように分離する。

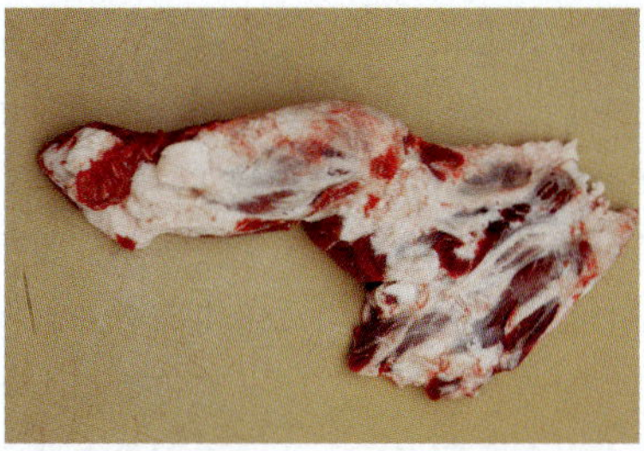

まえすね

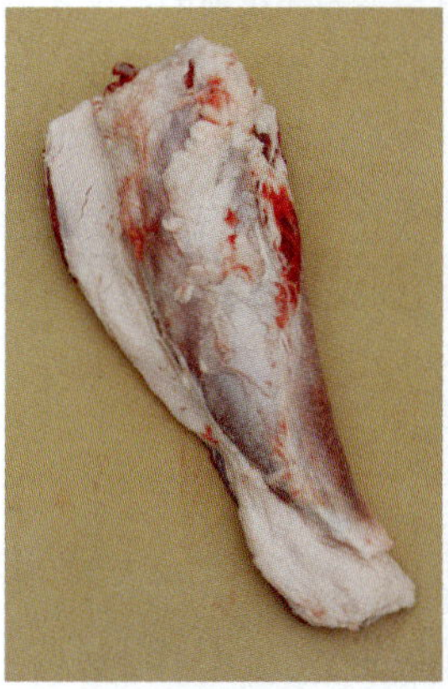

とうがらし

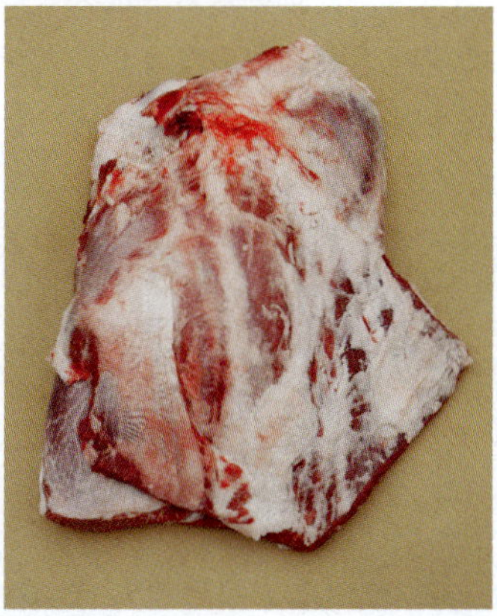

かた

枝肉「前肢」は、その付着部において枝肉「胸部」から引き離すように分離する。

枝肉「前肢」の除骨は、マクラ箇所に刃先を入れて切り開き、上腕骨に沿って刃先を進め前腕骨との境まで切り進め上腕二頭筋（ニノウデ）をはずし、続いて肘関節部から前腕骨（橈骨《とうこつ》）に沿って刃先を進め上腕骨と前腕骨をつなぐ肘関節（滑車部＝肘頭）を出してから関節を切り離し、肘頭をもって前腕骨を除去する。

次に上腕骨の先端部（滑車部）から刃先を進めて上腕骨上部の肉を開くように肩甲骨《けんこうこつ》につながる関節（肩甲骨頚部）まで切り進め、続いてウワミスジとトウガラシの境から刃先を入れて切り開き、ナイフの背で肩甲骨を傷つけるようにして骨ハダをウワミスジに付けるようにはがしていき肩甲骨の端縁でスジを切り、続いてトウガラシと肩甲骨の境に刃先を入れて切り開き、肩甲骨を傷つけるようにしてトウガラシを切り離す。

次に裏返して表面側から肩甲棘《けんこうきょく》に沿ってトウガラシを切り離し、続いて肩甲棘の骨縁に沿ってミスジ側も切り開く。さらにもう一度裏返して、肩甲骨と上腕骨がつながる関節（肩甲頚）を切り離し、肩甲骨頚部をもって骨ハダがミスジに残るように肩甲骨を引きはがし除去する。

次に上腕骨の頭（滑車部）をもって肘関節側の裏面に刃先を進めて切り離し上腕骨を除去する。これで枝肉「前肢」に含まれる骨はすべて取り除かれる。続いて除骨後の「かた」から、ニノウデ・マクラ先端部でつながるトウガラシを切り離し、続いてニノウデとマエスネをまとめてカタサンカク先端部に沿って分割する。このようにして、前肢は除骨後に①かた（うで）、②とうがらし、③まえすね（ニノウデ付き）の3部位の部分肉に分割・分離される。

かた（うで）の商品化

カタ（ウデ）肉はよく動かす筋肉で構成されているため、スジや筋膜が多く、肉質も軟らかい部分と硬い部分とが複雑に入り組んでいる。そのため表面のみをトリミングして薄切り肉に商品化することが多い。

薄切り肉用のトリミングは、内面をおおうスジを引き除く。手順は、まずウワミスジをめくり肩甲骨と接していた箇所のウワミスジの骨ハダとシタミスジの骨ハダを取り除く。続いて、ウワミスジを元に戻してからウワミスジ表面をおおう銀スジを引き除く。さらにカタサンカクおよびコサンカク、ニノウデへと刃先を進めてカタ内面の全体をおおうスジをすべて引き除く。赤身肉の内面から先にトリミングするのは表面側の脂肪を白く保つため。

次に表の脂肪面をトリミングする。まず表脂面をおおうカッパをはがすように取り除く。続いてカタサンカクにくい込む太い腱スジ15cmあたりまでをおおう箇所の脂肪を扇状にはぎ取り、さらに赤身肉をおおうスジを同じように扇状に引き除く。最後にカタサンカクにくい込む太い腱スジに沿って刃先を進めて15cmほど切り開き腱スジの太い箇所のみを引き除く。これで薄切り肉用のトリミングが完了する。

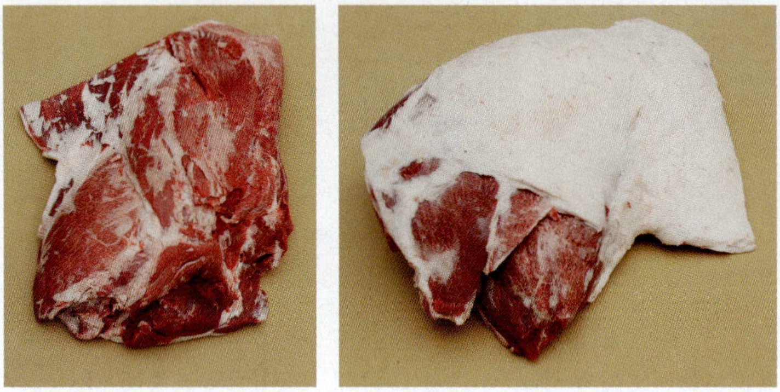

トリミングを終えた
カタの内面㊧と表脂面㊨

小割りの手順

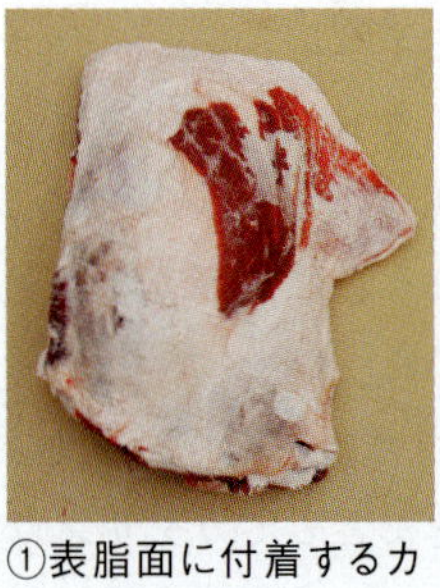

①表脂面に付着するカッパを取り除く

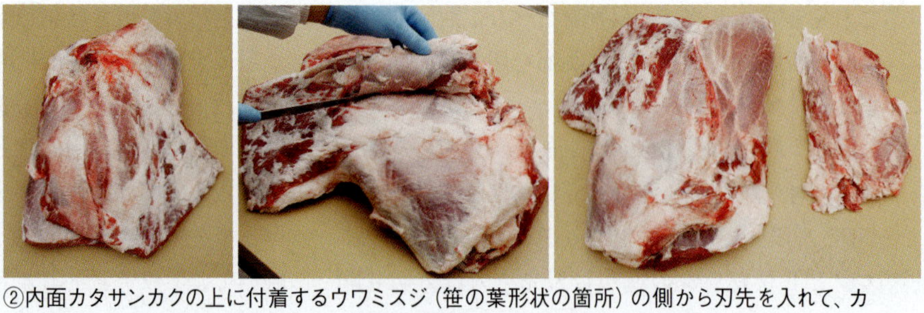

②内面カタサンカクの上に付着するウワミスジ（笹の葉形状の箇所）の側から刃先を入れて、カタサンカク表面のスジに沿ってウワミスジをめくるように刃先を進め、ミスジとカタサンカクの接点（肩甲骨の縁側跡）でウワミスジを切り離す

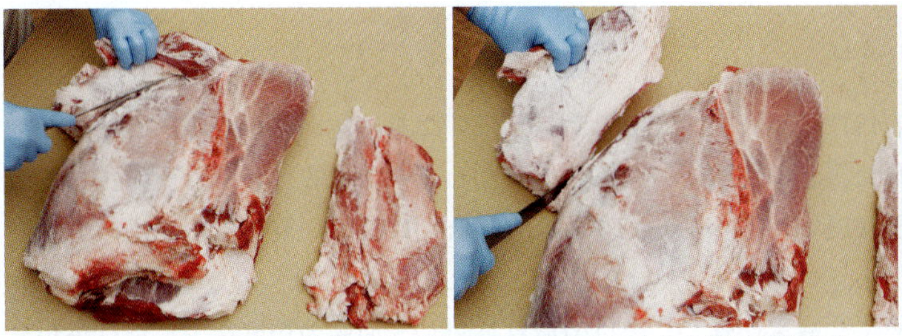

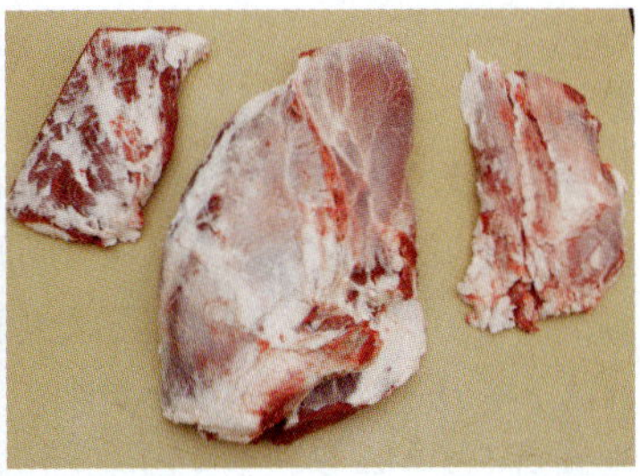

③内面カタサンカクの上に付着するコサンカクとカタサンカクの間に刃先を入れ、カタサンカク表面のスジに沿いコサンカクをめくるように刃先を進め、表脂肪の箇所まできたらカタサンカク縁側に沿ってコサンカクを切り離す

④分割したコサンカク㊧とウワミスジ㊨

まえ

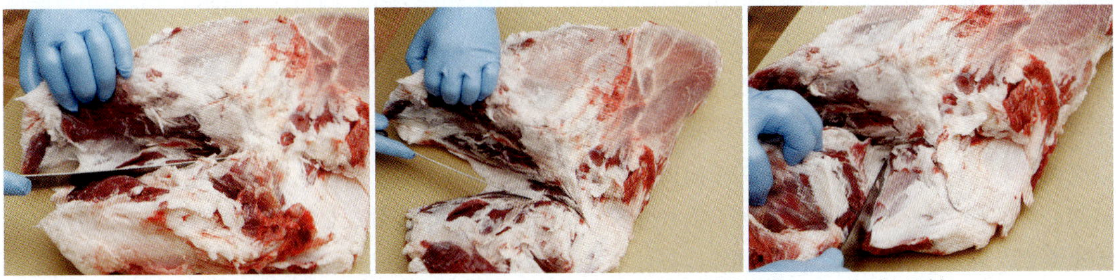

⑤内面カタサンカクとニノウデの間に刃先を入れて、カタサンカクの面に沿って刃先を進めニノウデを分割し、さらにミスジ頭部の太い腱の箇所でニノウデを分離する

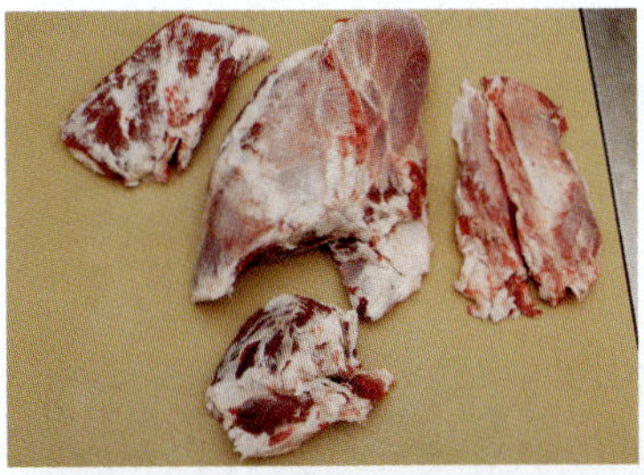

⑥分割したコサンカク㊧とニノウデ（手前）とウワミスジ㊨

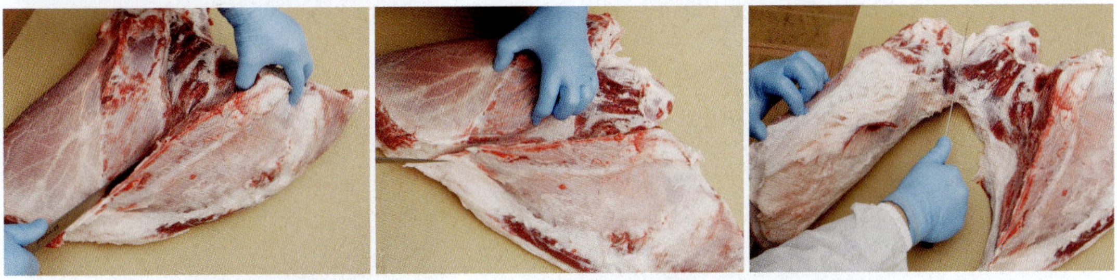

⑦ニノウデをはずした箇所のカタサンカクとミスジの接点（肩甲骨頸部跡）から刃先を入れて、ミスジ側の硬いスジ表面に沿って刃先を進めて切り開き、表脂肪の箇所まできたらミスジ縁側に沿ってカタサンカクを切り離す

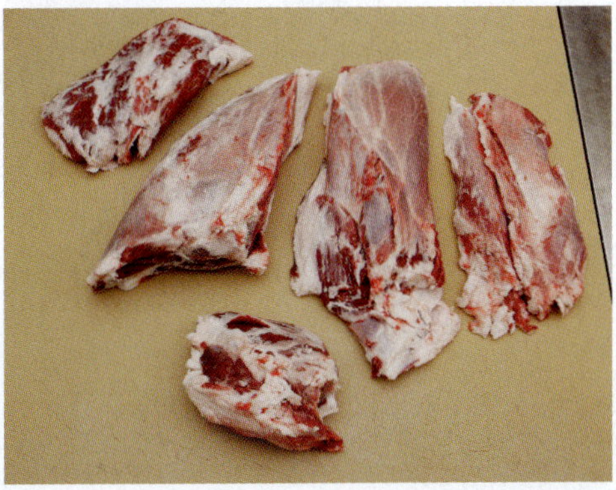

⑧左から
分割したコサンカク、
カタサンカク、ミスジ、
ウワミスジ、ニノウデ（手前）

ウワミスジとコサンカクの商品づくり

小割りしたそれぞれの肉は、その特性によって肉質の軟らかさ、霜降り紋様（脂肪交雑）の豊富さ、肉色の明るさ、風味などに大きな違いがみられる。それぞれの肉がもつ個性を上手くいかして焼き肉、ステーキ、すき焼き、しゃぶしゃぶ、煮込み用など代表的な肉料理として商品化する。

ウワミスジは「笹の葉形状の小肉」と「平べったい形状の小肉」の二つに分割してから表面スジを両面ともに引き除く。笹の葉形状の小肉は肉色が浅いが、肉質は軟らかく、肉厚なため焼き肉やミニステーキに商品化できる。ステーキカッティングのポイントは肉幅が若干狭いので肉目の流れに対して包丁の角度を少しだけ斜めに入れてステーキ幅を広くすることと、肉目の流れに対して刃先の角度を少しだけ寝かせて入れてステーキ切断面を広くみせること。

平べったい形状の小肉は肉色が濃く変色が速いが、肉質は軟らかく、縦に二分割してから焼き肉に商品化できる。この平べったい小肉は片面が肩甲骨と接していたため骨ハダ箇所の汚れが進んでいるので分割したらできるだけ早く商品化して販売するように心がけたい。焼き肉用商品のカッティングのときのポイントは肉の厚さが薄いので、肉目の流れに対して刃先の角度を少しだけ寝かせて焼き肉の切断面を広くみせることである。

コサンカクは表脂肪を5mm以内に整形して商品化もできるが、両面とも脂肪とスジを引き除いて赤身肉にトリミングするほうが商品化に適している。肉のキメはみた目にはブリスケのように粗いため硬そうに感じるが､実際の肉質は軟らかく、肉色は明るいため焼き肉に商品化できる。焼き肉の柵どりは四分割を目安に肉目に沿って切り分ける。コサンカクそのものの原型が扇状になっているため焼き肉の柵も小さな扇状に切り分ける。ウワミスジと同じように肉の厚さが薄いので、肉目の流れに対して刃先の角度を少しだけ寝かせて入れて焼き肉の切断面を広くみせることがポイントである。

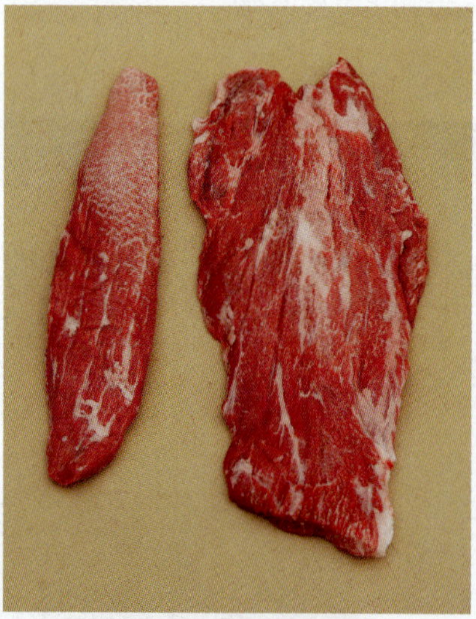

二分割しスジを引き後のウワミスジ

コサンカク

ミスジの商品づくり

まず、先端から15cmくらいが目安の中スジが軟らかい部分（骨ハダ側の血管が喰い込むV字箇所）はとくに霜降り紋様が多く、肉色も明るく、肉質が軟らかいためステーキに商品化する。

ニノウデと接する頭部にくい込む太い腱を左右からおおう二つの小肉をスジ目に沿ってはずし、太い腱を大きく出してから骨ハダ面を上にして、腱に沿って刃先を進め上下に分割する。中スジの表面は波板のように凹凸があるため刃先の先端を繰り返し引き抜きながら少しずつ切り開く。

この二つの小肉塊を分割・分離すると中から太い腱スジが現れる。大きい方の肉塊はミニステーキ・焼き肉・煮込み角切りに、小さい方の肉塊は焼き肉・煮込み角切りに商品化する。

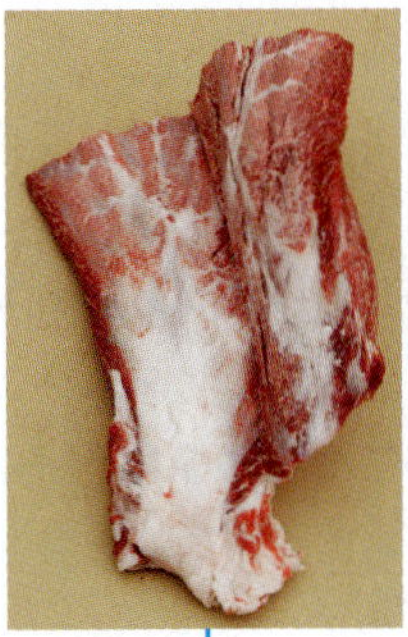

骨ハダ側の赤身肉部分を分割してめくると、腱スジから広がる中スジの全体がみえる

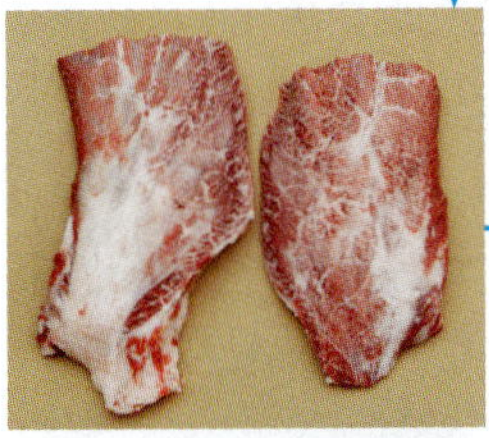

中スジが付着した表脂面側の赤身肉㊧と骨ハダ側の赤身肉に分割

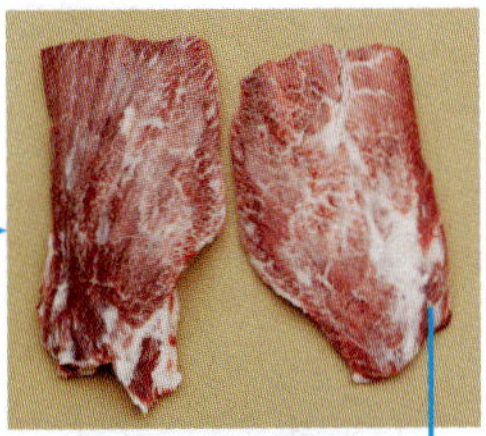

中スジを引き除いた後のトリミング

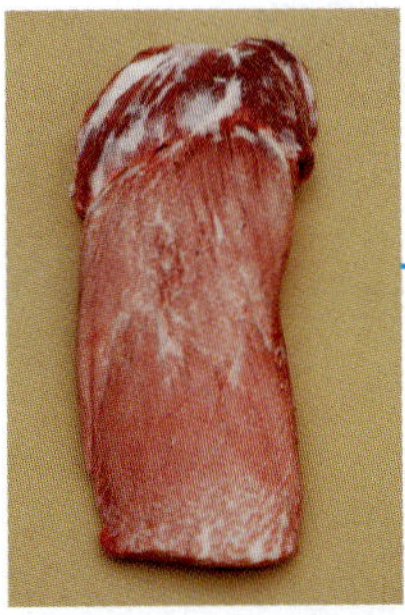

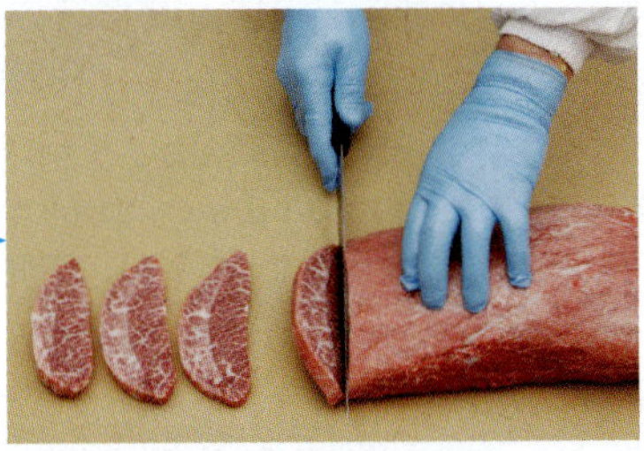

中スジつきで表脂面側を上にしてステーキにカッティング

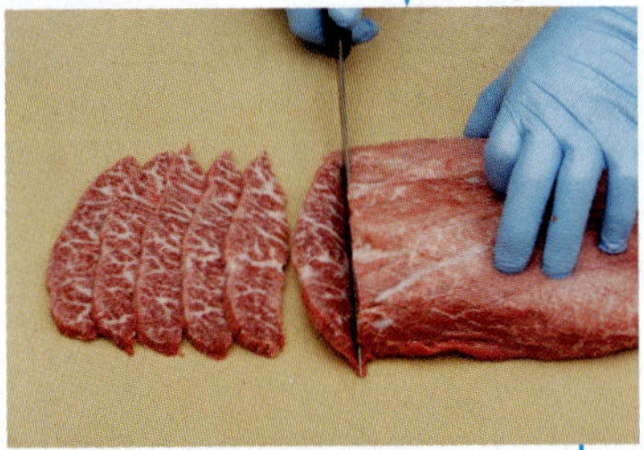

やや厚めでロングサイズの大盤サイズの切り身にカッティング

ステーキ用の盛り付け

焼き肉用の盛り付け

カタサンカクの商品づくり

カタサンカクのトリミングではまず、表脂面・ウワミスジに接していた面・ミスジに接していた面・ニノウデに接していた面の四面すべての脂肪およびスジを引き除く。コサンカクと接していたカタサンカク縁側に付着する丸く細長い小肉はウワミスジと接していた面のスジを引き除くときに一緒にはずす。

表面のトリミングを終えたカタサンカクはさらに肉芯にくい込む中スジを引く。

中スジは太い腱スジに刃先を当てながら上側の肉を切り開くように刃先を進め、中スジの全体が薄くなり消える箇所まできたらスジ面に沿って上下の肉塊を切り離す。

小割りとトリミングを終えたカタサンカクの肉塊は、肉色はやや濃いが、霜降り紋様も少し入る赤身肉で肉質も軟らかく、味も深みがあるためステーキ・焼き肉・すき焼き・煮込みなどの肉料理ができる。

表脂面側の脂肪およびスジをトリミングした赤身面とニノウデ㊤

中スジの全体が現れる箇所まで上下を分割する

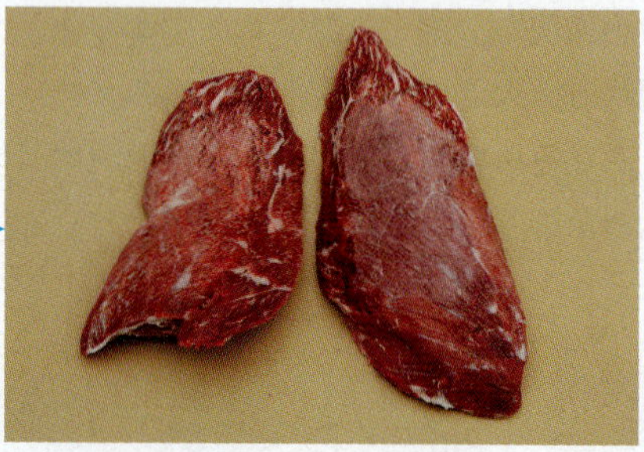

分割され、中スジがトリミングされた二つの赤身肉塊。二つの小山がくっついたようにみえる上側の肉塊㊧と太い丸みをもつ下側の肉塊㊨

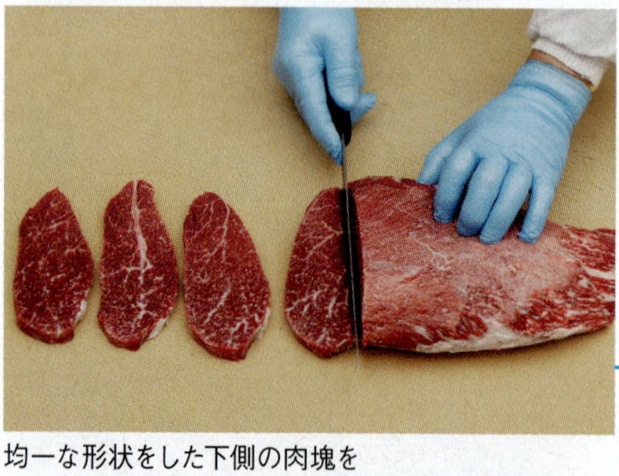

均一な形状をした下側の肉塊をステーキにカッティングする

ステーキ用の盛り付け

トウガラシの商品づくり

　トウガラシは肩甲骨を境にしてウワミスジの裏側に付着する、肩甲棘を境にしてミスジと反対側に付着するトウガラシ形状の赤身肉。肩甲骨で固定されてあまり動かしていない筋肉であるにも関わらず、隣り合わせに付着する軟らかいミスジとは異なり、やや硬い赤身のモモ肉に似た肉質をしている。ニノウデ・マクラ肉とつながる太い腱が肉芯に向けて硬いスジとして先端までくい込んでいる。

　トウガラシの片面をおおう表脂面のカブリをはがすように取り除き、続いて表面の全体をおおうスジをすべて引き除く。さらに太い腱に沿って刃先を入れ、肉芯にくい込む中スジに沿って刃先を進めてスジ面を切り開く。先端7cmくらいの箇所まで切り開くと中スジは薄くなり消えてくるので刃先を止めて先端部分を切り離す。

　トウガラシの肉質はやや硬く、淡白であるが噛めば甘味があり、肉目（肉繊維の流れ）は均一な形状をしている赤身肉である。

　焼き肉よりもローストビーフやタタキなどの低温調理またはシチュー・カレーなどの煮込み用に商品化するほうが特性をいかせる。先端部分は煮込み用に商品化し、肉厚の部分は短冊にとってタタキ用に商品化する。

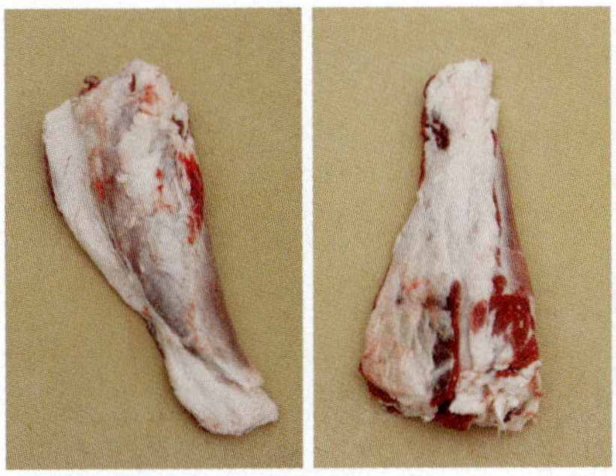

ウデ・ミスジの表脂面とつながる
脂肪の多いカブリが付着する

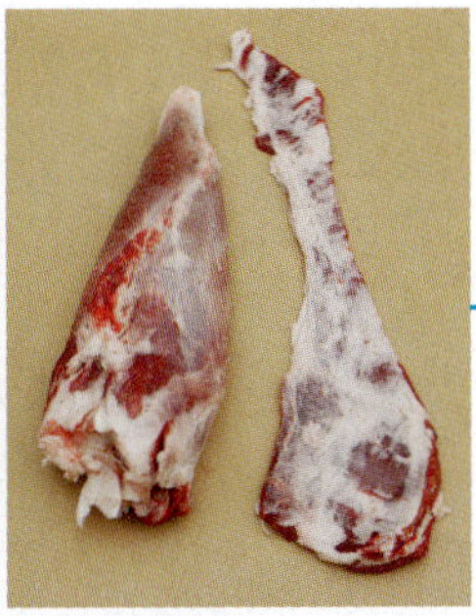

カブリを分割

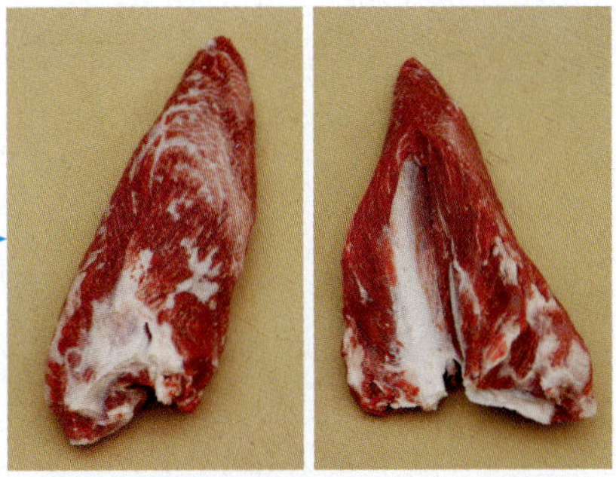

トウガラシの表面をおおうスジを引き除き赤身肉にトリミングする㊧中スジを太い肉塊の側につけるように切り開く㊨

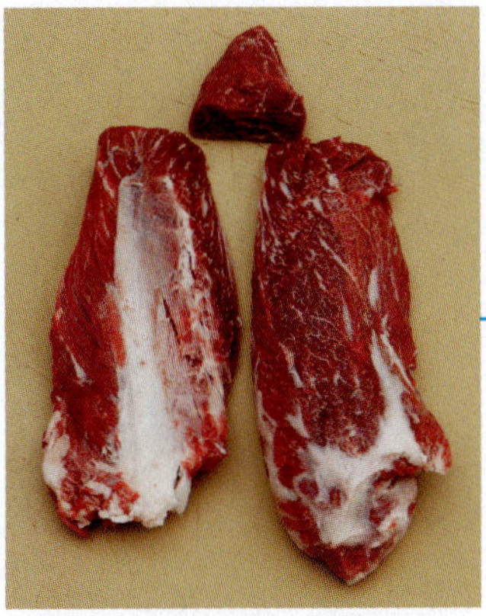

先端7cmくらいの部分を切断し、
二つの肉塊に分割する

スジ面に沿って分割し、トリミングを終えた赤身肉塊はタタキ用に適したサイズの柵に切り分ける

第2節
ロインの商品化

本書の撮影に使用した枝肉のデータ

大分割	部分肉規格	重量	構成比	筋引整形後	重量	構成比
まえ 枝肉重量 87.6kg 39.15%	ねっく	6.3kg	3.60%	ねっく	4.9kg	3.31%
	かたロース	20.5kg	11.71%	かたロース	18.3kg	12.36%
	かたばら	21.4kg	12.22%	ブリスケ	11.2kg	7.57%
				三角ばら	4.2kg	2.84%
	かた（うで）	15.7kg	8.97%	かた(うで)	12.0kg	8.11%
	とうがらし	3.4kg	1.94%	とうがらし	2.8kg	1.89%
	まえずね	5.2kg	2.97%	まえずね	5.1kg	3.45%
	まえセット	72.5kg	41.40%	まえセット	58.5kg	39.52%
	歩留り82.76%			歩留り66.78%		
ロイン 枝肉重量 32.7kg 14.61%	ヒレ	5.4kg	3.08%	ヒレ	4.4kg	2.97%
	リブロース	11.2kg	6.40%	リブロース	10.6kg	7.16%
	サーロイン	9.9kg	5.65%	サーロイン	8.9kg	6.01%
	ロインセット	26.5kg	15.13%	ロインセット	23.9kg	16.14%
	歩留り81.03%			歩留り73.08%		
ともばら 枝肉重量 40.10kg 17.92%	ともばら	31.8kg	18.16%	なかばら	12.0kg	8.11%
				そとばら	12.7kg	8.58%
	ばらセット	31.8kg	18.16%	バラセット	24.7kg	16.68%
	歩留り79.30%			歩留り61.59%		
もも 枝肉重量 56.6kg 25.30%	うちもも	11.3kg	6.45%	うちもも	10.5kg	7.09%
	しんたま	10.5kg	6.00%	しんたま	9.3kg	6.28%
	らんいち	9.4kg	5.37%	らんいち	9.0kg	6.08%
	そともも	10.7kg	6.11%	そともも	7.6kg	5.14%
				はばき	2.2kg	1.49%
	ともずね	2.4kg	1.37%	ともずね	2.3kg	1.55%
	ももセット	44.3kg	25.29%	ももセット	40.9kg	27.63%
	歩留り78.26%			歩留り72.26%		
半丸セット	フルセット	175.1kg100%		フルセット	148.0kg100%	
枝肉重量						
223.7kg	歩留り78.27%			歩留り66.16%		

1 ヒレの商品化

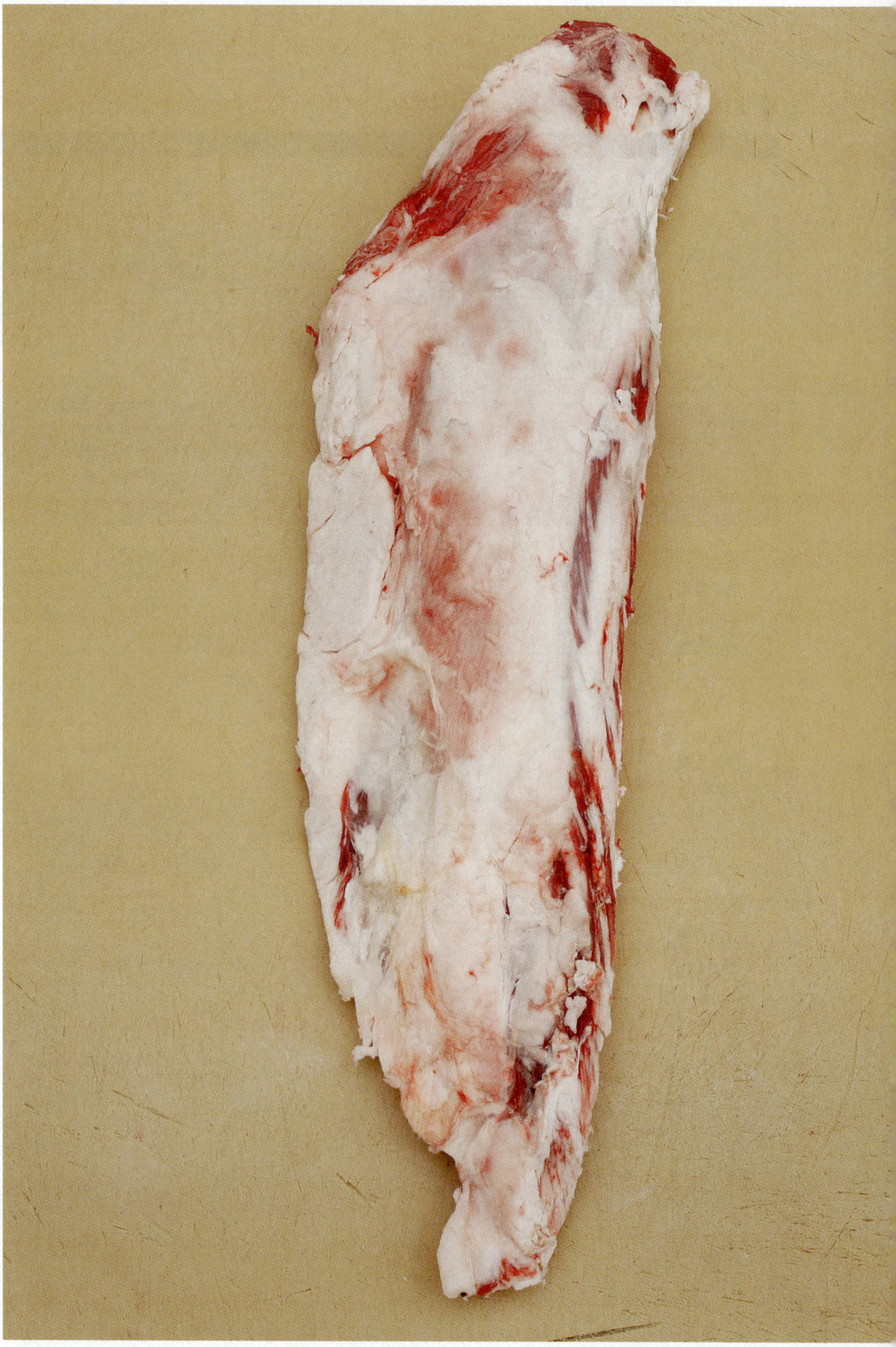

部分肉「ひれ」はヒレ下げ後、枝肉「ロース・ばら」の腰椎箇所から骨膜をつけるようにして分割・分離する

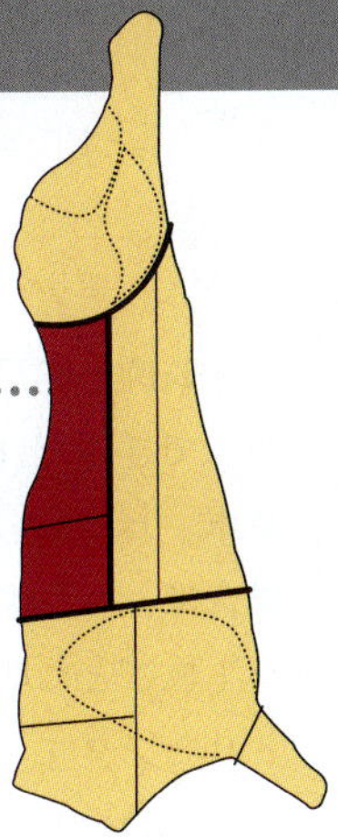

ヒレ肉はケンネン脂（腎臓脂肪）におおわれる形でサーロイン部の腰椎（6本）横突起に付着しているが、ヒレ肉の頭部（テート部分）は最後腰椎（6本目）から仙椎へと続きシンタマ（トモサンカク）の手前まで達している。

枝肉「もも（とっくり）」と枝肉「ロース・ばら」の分割は、まずヒレ頭部をおおうケンネン脂を取り除き、つづいてトモサンカクに沿って刃先を入れて寛結節《かんけつせつ》（腸骨の前端）まで切り下げフランク・カイノミ（トモバラ）とトモサンカク（シンタマ）の間を切り開いてから、ヒレ頭の部分をシンタマ部から最後腰椎（6本目）の箇所まで切り離すようにして引っ張り出し（ヒレ下げ）、最後腰椎と仙椎の結合部（関節）で背線と直角にロイン部を切り離す。

枝肉「ロース・ばら」からヒレ肉の分割は、ヒレ頭の側から腰椎とヒレ肉の間に刃先を入れて、腰椎から胸椎に向けて刃先を進めて切り開き、ヒレ尾の箇所まできたら刃先を一旦引き抜く。

次にヒレ尾の方からヒレ頭に向けて腰椎の骨上に沿ってヒレ肉をはがすように刃先を進めて、腰椎の骨膜をヒレ肉につけるようにしながら分割・分離する。

ヒレ肉の整形は変色を防ぐため、ケンネン脂におおわれていた腹腔側の表面脂肪は大きな脂肪塊のみを取り除き、表面脂肪の厚さは10mmまでにとどめ、腰椎横突起に接していた部分は骨膜をつけたままにしておく。

トリミングの手順

ヒレ肉の商品化はほとんどがステーキであるため、できるだけ変色を防ぐトリミングをするのが基本。ヒレ肉の1本を販売することが負担になる場合は、ヒレ肉の全体をトリミングせずステーキを1枚ごとに切り分けてから表面の脂肪とスジをトリミングする。

ヒレ肉の1本を販売できる場合は、まずサイドマッスルがはずれないように注意して両サイドの脂肪とスジを赤身肉の面にそって取り除き、続いてシャトーブリアンの真ん中あたりからフィレミニヨンに向けて表面をおおう薄い膜様スジを手ではぐようにしてはずす。続いてヒレ耳をスジ面に沿って切り開き、ヒレ芯（テート部分）をおおう厚めのスジ（シルバースキン）をスジ面に刃先を当てながら広く大きく引き除く。腰椎横突起に接していた面はヒレ頭部表面のスジおよび骨膜を引き除く。

商品づくり

ヒレ肉はサーロイン部の腰椎（6本）横突起に付着して、ほとんど動かない状態で発育した筋肉であるため肉質はキメが細かく、軟らかく、脂肪は少ない。

商品化の基本は〝軟らかい赤身肉〟という特徴を活かした高級ステーキが普通で、1本のヒレ肉を肉質と切断面の形状で細かく区分するとヒレ頭の側から①テート②シャトーブリアン③フィレ④トゥルヌド⑤フィレミニヨンの5つに分けて呼称されるが、一般的には①テート②シャトーブリアン③フィレミニヨンの3つに分けられる。

そして一般的な3つの呼称で区分されたヒレステーキの評価はそのおいしさ、軟らかさ、形状によりシャトーブリアン、フィレミニヨン、テートの順位で高く評価され、先端のヒレ尾はステーキには使用しない。テートステーキはヒレ耳の箇所を含む形状の悪さと肉質がやや不均一なのが難点で、ステーキの呼称ごとに販売価格の設定に格差をつけるのが適正である。

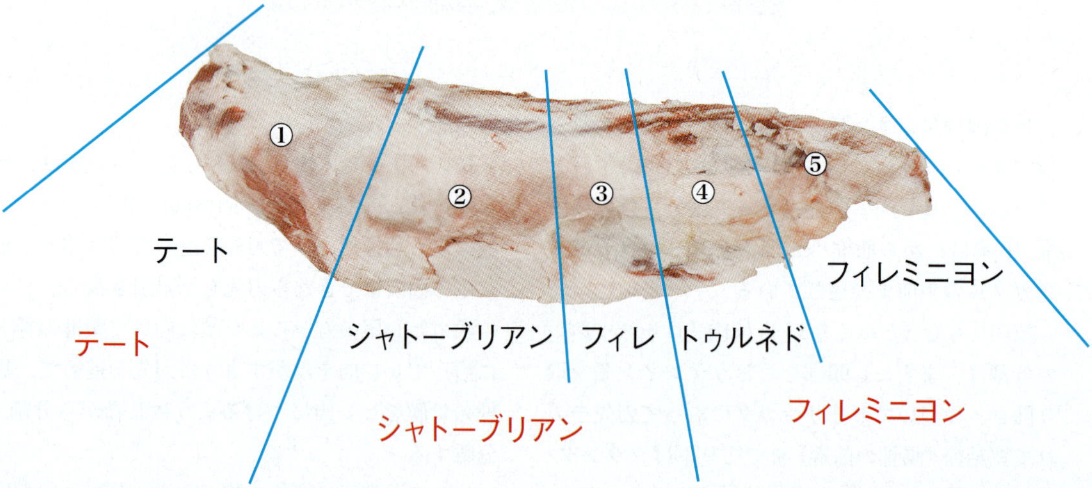

※赤字は一般的な分類

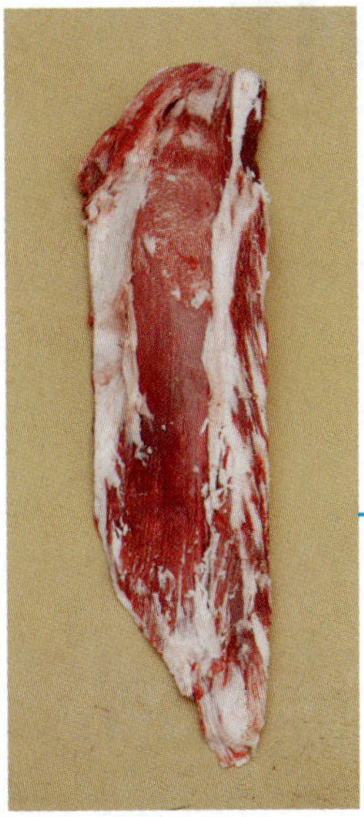

サイドマッスルをつけたまま表面脂肪と表面スジをトリミングしていく。頭部ヒレ耳の箇所も開いてスジを引き除く

頭部のテート㊨、シャトーブリアン㊥、フィレミニヨン㊧で先端のヒレ尾部分は除いている

テートとシャトーブリアンとの間のステーキ面㊨、シャトーブリアンとフィレミニヨンとの間のステーキ面㊥、フィレミニヨンと先端部との間のステーキ面㊧の３つのステーキ面の価値を評価する

見た目よく盛り付けよう

最高級のシャトーブリアン・ステーキが映えるように赤身肉が多くみえるように盛り付ける

ステーキ用の盛り付け

2 リブロースの商品化

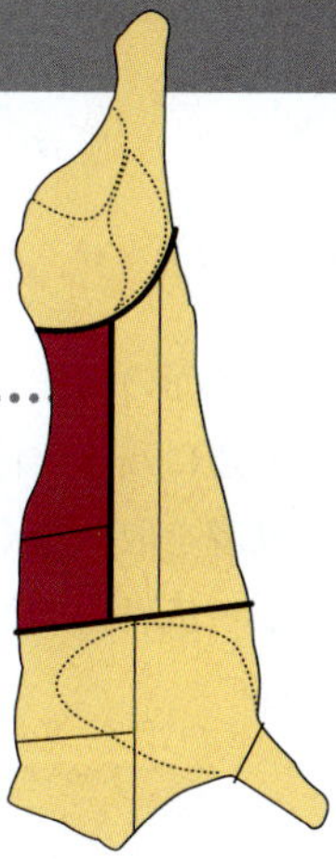

部分肉「リブロース」は胸椎・棘突起と肋骨に付着した背肉で第10〜11胸椎跡の間でサーロインと分割される

枝肉「ロイン」は第6肋骨と第7肋骨の間で切断され、枝肉「まえ」と分割される。枝肉「ロイン」の除骨は、まず「ヒレ」を腰椎・横突起から切り離して取り除き、続いて胸椎の関節を1本ずつ切り離しておいてから肋骨に沿って刃先を入れて1本ずつ切り開き（バラ山との切断）、次に胸椎・棘突起に沿って刃先を入れてリブロース肉から胸椎・棘突起をはずし、続けて関節に刃先を進めて胸椎と肋骨のつなぎ目を起こし、さらに肋骨に沿って刃先を進め胸椎・棘突起と肋骨をつなげたまま肋骨をはずす。胸椎と肋骨の13本目を除骨したら、次にヒレ肉が付着していた腰椎・横突起と腰椎の6本を同じ要領で除骨する。「リブロース」は胸椎・棘突起と肋骨（リブ）に付着した背肉で、第10胸椎跡と第11胸椎跡の間で「サーロイン」と分割される。

カタロース芯につながるリブロース芯は霜降り紋様（脂肪交雑）が豊富で、肉質もキメが細かく、軟らかく、甘味のある深い風味をもつ。リブロースの肉質と形状がもつ特性をいかしてすき焼き用に商品化するのが最も適している。

トリミングの手順

内面の胸椎・棘突起跡および胸椎跡、肋骨跡の周辺に残る軟骨・小骨・筋膜およびバラ山表面の筋膜を取り除く。表脂面のカブリ（僧帽筋《そうぼうきん》・菱形筋・広背筋の一部）背脂肪の厚さは10mm以内に整形する。リブロース芯一部の背半棘筋とカブリ一部の菱形筋との間に残るカタロースの黄靱帯につながるゴム様の黄色いスジを引き除く。

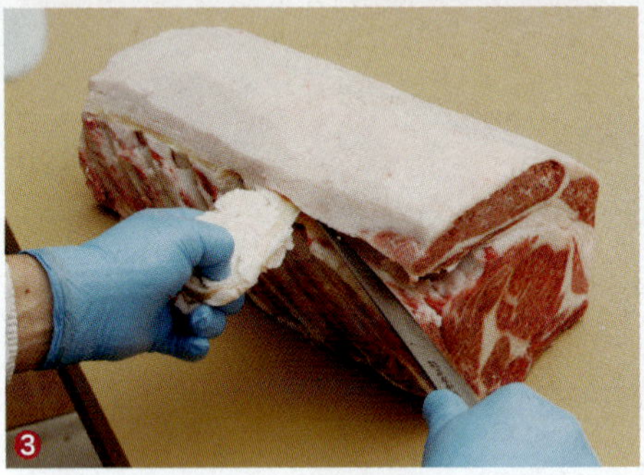

❶胸椎・棘突起、胸椎、肋骨の跡に残る軟骨、小骨、筋膜を取り除く　❷表脂面のカブリと背脂肪の厚さは10mm以内に整形する
❸内面と表脂面のトリミングが終えたら黄靱帯を取り除く

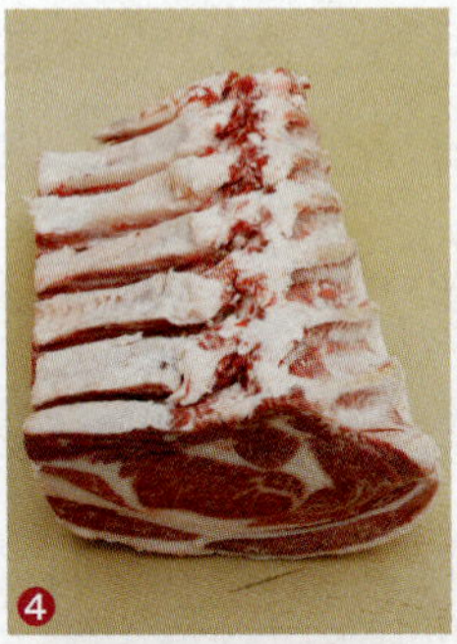

❹筋膜が付着したバラ山周辺の残骨を取り除く
❺バラ山の筋膜を引き除き、周辺の軟骨も取り除く
❻バラ山を肋骨跡の面に沿って取りはずし、周辺の軟骨も取り除く

バラ山の盛り付け

バラ山は原型の大きなサイズで煮込み用として、原型のまま盛り付ける

煮込み用の盛り付け

スライスの商品づくり

すき焼き用の商品づくりの基本は、内面バラ山周辺のトリミングと表脂面の背脂肪トリミングを終えたら、カブリ（リブキャップ）をつけたまま、背脂肪面を下に向け、バラ先を丸刃側に向けてスライサーにセッティングすることである。すき焼き肉の厚さは2mmを目安に薄くスライスする。

カブリとロース芯の間にある黄靭帯を取り除き、表脂面の脂肪厚をトリミング

内面はバラ山の筋膜および周辺の残骨を取り除く

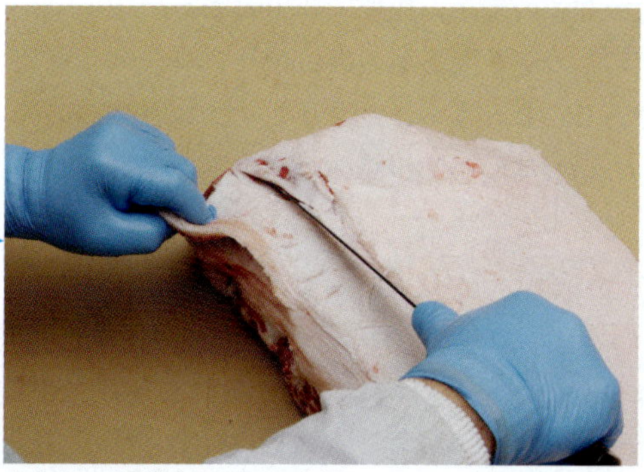

表脂面の脂肪をトリミングする

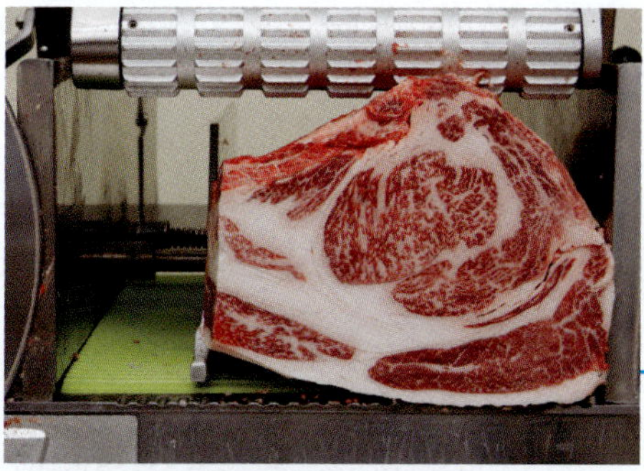

バラ先を丸刃に向け、背脂肪を下に向けてスライサーにセッティングする

霜降りをみせる

リブロース芯の霜降り紋様が中心になるように盛り付ける

すき焼き用の盛り付け

手切りの商品づくり

ステーキ用のカッティングは内面に付着するバラ山を肋骨跡の面に沿って1本ずつ取りはずす。バラ山は、みた目に不ぞろいであるが肉質は軟らかく、味は甘く深みがあり、シチュー、おでん、カレーなどの煮込み料理に利用できる。

次に、カブリ菱形筋の肉目がリブロース芯と逆目であること、さらにカブリとリブロース芯の間にくい込む筋間脂肪が厚いため表脂面側のカブリを分割する。続いて、バラ先をロース芯に沿って分割（米国規格リブアイロール・リップオフ、豪州規格キューブロール）してからリブロースステーキに切り分ける。バラ先を分割するポイントは、リブロース芯の中心になる胸最長筋と腸肋筋《ちょうろくきん》との間に刃先を進めて腸肋筋を切り離す。ステーキの切断面が広く大きいときは、1枚あたりの量目が多くなりすぎないように厚さに留意してカッティングする。

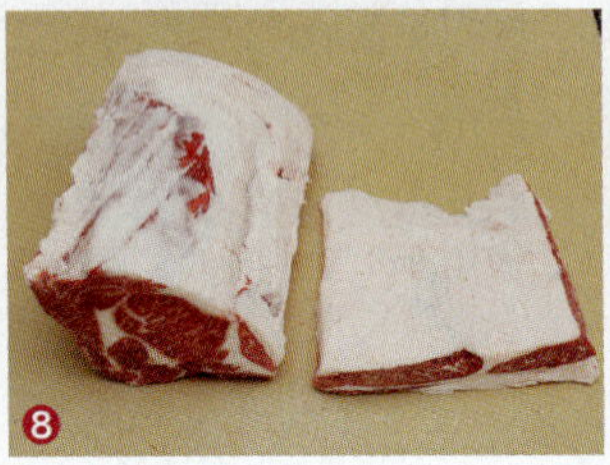
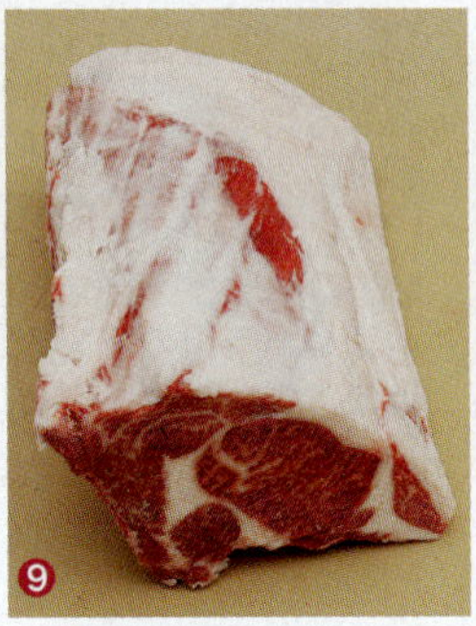
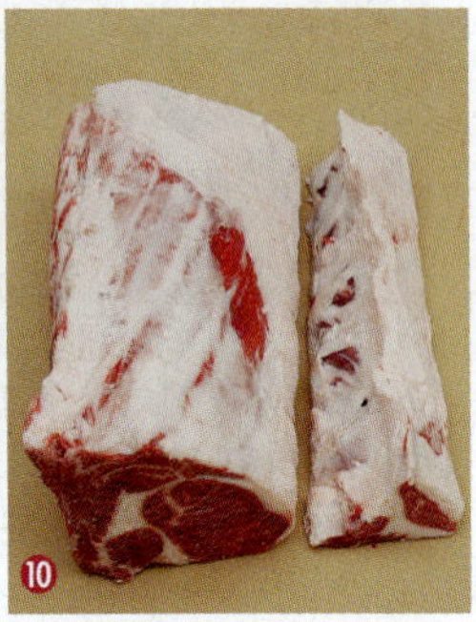

❼カブリ、ロース芯、黄靭帯跡、筋間脂肪の位置づけを確認する ❽黄靭帯跡から刃先を入れ、カブリをめくるように刃先を進めはがす ❾カブリを分割した後の背脂肪面をトリミング ❿胸最長筋と腸肋筋の間に刃先を入れバラ先を分割する

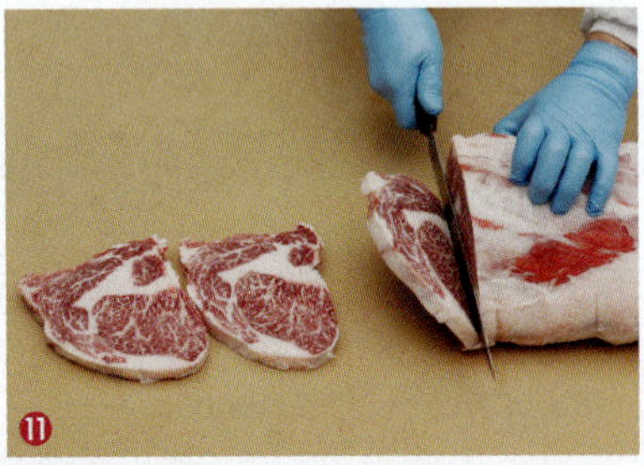

⓫リブロースステーキのカッティング
1枚あたりの量目に留意する

霜降りをみせる

霜降り紋様が映えるように盛り付ける。筋間脂肪が厚いときは脂肪を少し削る

ステーキ用の盛り付け

端材処理のポイント

赤身比率によって使い分けること

1．端材の仕分けの要領

端材処理の第一歩は、赤身比率、大きさおよび厚みなどをみて仕分けすることである。

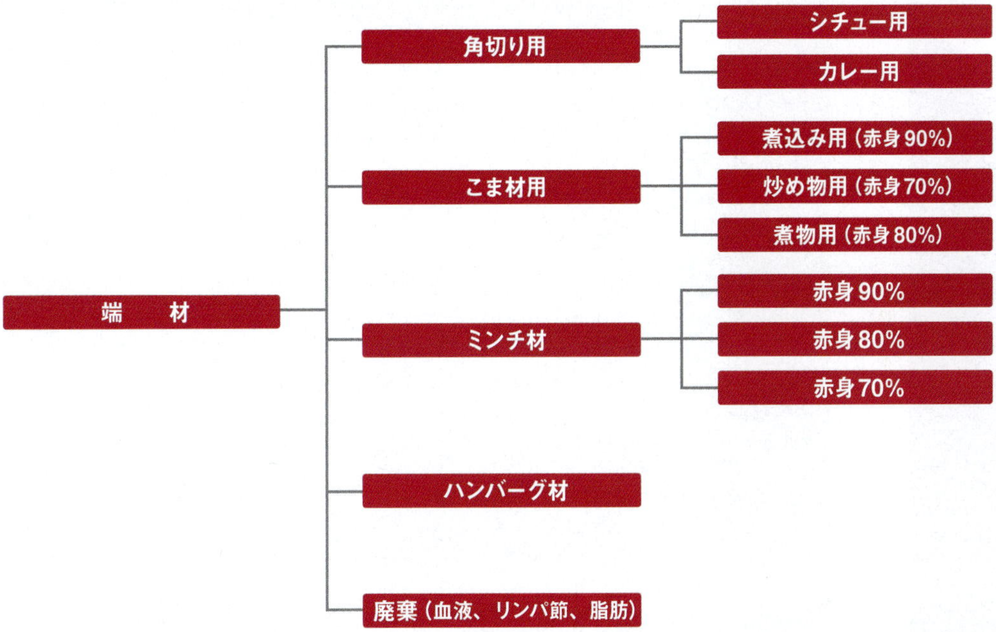

2．端材仕分けの目安

①比較的長くて大きい端材は、こま材とする

②厚みのある端材は、角切り用とする。

③小さな端材はミンチ材とする

④多少変色したものは骨ハダはハンバーグ材とする

3．こま材の処理要領

①脂肪の多い端材は細く切る

②薄切りをつくるため、端材をまず10cm以上の厚さにならないよう積み重ねる

③②をラップして品名、日付等を記入し、凍結する。－2℃より温度を上げると鮮度の劣化を早め、ドリップが出たりするので注意が必要。

資料＝財団法人日本食肉流通センター「牛・豚コマーシャル規格書」より

3 サーロインの商品化

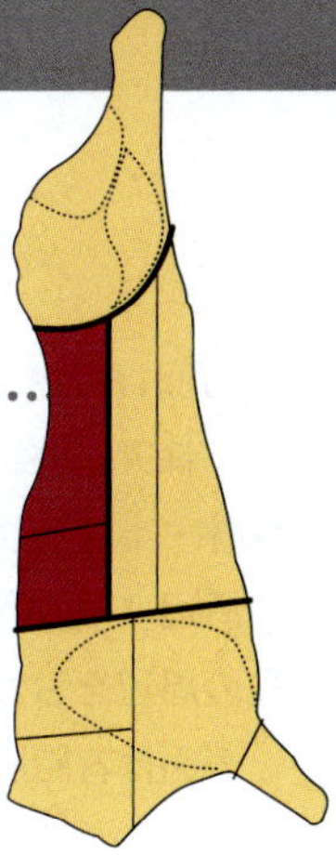

部分肉「サーロイン」は腰椎・横突起に付着する腰肉で
第10〜11胸椎跡の間でリブロースと分割される

枝肉「ロイン」は第6肋骨と第7肋骨の間で切断され、枝肉「まえ」と分割される。枝肉「ロイン」の除骨は、まず「ヒレ」を腰椎・横突起から切り離して取り除き、続いて胸椎の関節を1本ずつ切り離しておいてから肋骨に沿って刃先を入れて1本ずつ切り開き（バラ山との切断）、次に胸椎・棘突起に沿って刃先を入れてリブロース肉から胸椎・棘突起をはずし、続けて関節に刃先を進めて胸椎と肋骨のつなぎ目を起こし、さらに肋骨に沿って刃先を進め胸椎・棘突起と肋骨をつなげたまま肋骨をはずす。胸椎と肋骨の7本目から13本目までを除骨したら、次にヒレ肉が付着していた腰椎・横突起と腰椎の6本を同じ要領で除骨する。胸椎・棘突起と肋骨（リブボーン）に付着した背肉部分が「リブロース」で、第10胸椎跡と第11胸椎跡の間（第12肋骨と第13肋骨の間）で背線に直角になるようにリブロースと分割された腰肉部分が「サーロイン」になる。リブロースの性質を受け継ぐように、肉質はキメが細かく、軟らかく、甘味のある深い風味をもつ高級部位。サーロインの肉質と均一な形状がもつ特性をいかしてステーキ用に商品化するのが最も適している。

トリミングの手順

内面はリブロースとの切断面側に少し残る胸椎・棘突起跡および胸椎跡、肋骨跡の周辺に残る軟骨・小骨・筋膜および腰椎・横突起跡、腰椎跡の周辺に残る軟骨・小骨・筋膜を取り除き、バラ先の周辺をおおう脂肪を10mm以内に整形する。

表面は背脂肪の汚れ・検印を取り除き、とくに背脂肪の厚さには注意して10mm以内に整形する。さらに表脂面は刃先を背スジ（黄靭帯）に当てる深さで背線に沿って7cmの幅で切れ目を入れていき、背脂をはがすように取り除く。続けてランプ側の方からサーロイン芯と背スジ（黄靭帯）の間に刃先を背スジに当てるように進めて7cmの幅で背スジをめくるようにはがしてゆき、背スジの全体がめくれたら背脂肪の切断面に合せて背スジ（黄靭帯）を切り除く。

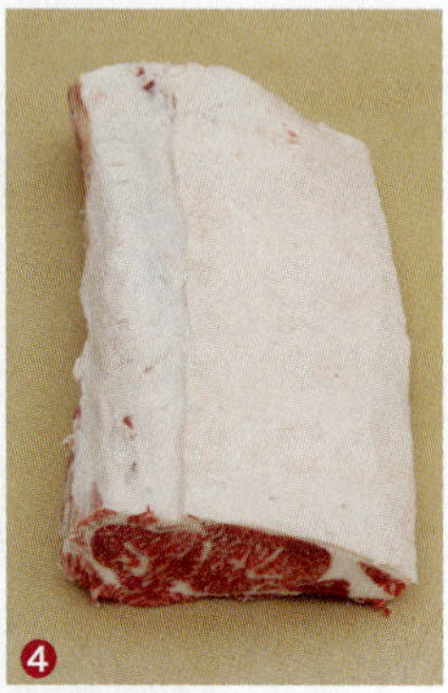

❶リブロースとの切断面から肋骨13本目跡の周辺および突起跡の周辺に留意　❷肋骨跡と胸椎・腰椎跡の周辺に残る残骨・筋膜およびバラ先周辺をトリミング　❸背脂肪の汚れ・検印を取り除き、脂肪厚は10mm以内に整形する　❹背線に沿って7cmの幅で表脂面に切れ目を入れ背スジ上の背脂肪をはがす

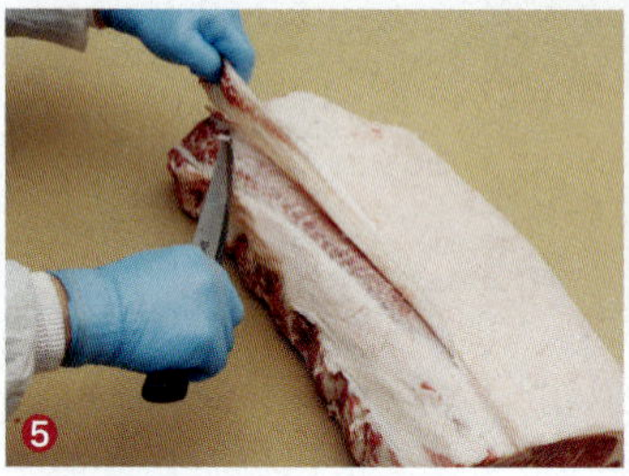
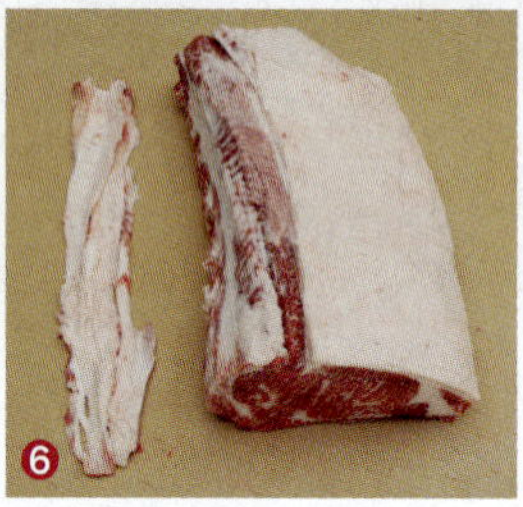

❺ランプ側から7cmの幅で背スジ（黄靭帯）をめくるようにはがしてゆく　❻背スジ（黄靭帯）の全体がめくれたら背脂肪の切れ目箇所に合わせて切断する

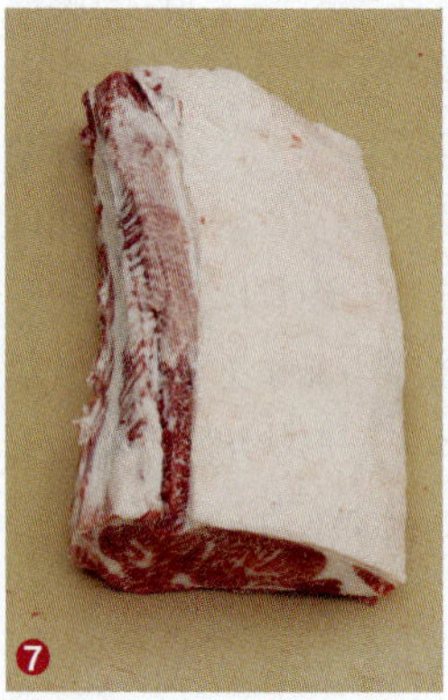

❼7cm幅の背スジ（黄靭帯）除去および背脂肪厚の10mm以内整形を確認

すき焼きに

サーロイン芯の霜降り紋様が映えるように盛り付ける

すき焼き用の盛り付け

商品づくり

内面と表脂面のトリミングを終えたサーロイン肉からしゃぶしゃぶ用またはすきやき用を商品化するときの基本は背脂肪面を下に、バラ先を丸刃側に向けてスライサーにセッティングし、しゃぶしゃぶ肉の厚さは1.5mmを目安に、すき焼き肉の厚さは2mmを目安に薄くスライスする。とくに赤身肉にスジがくい込むランプ側の15cm部分（ラン尻部分）は肉質がやや不均一に硬くなるので必ずスライス商品化をする。

ステーキ用にカッティングするときは、ロース芯の面（切断面）が大きいリブロースの側から1枚あたりの量目が多すぎないように厚さに留意してカッティングする。さらにバラ先の副芯まわりの脂肪が多いときは適度に整形する。

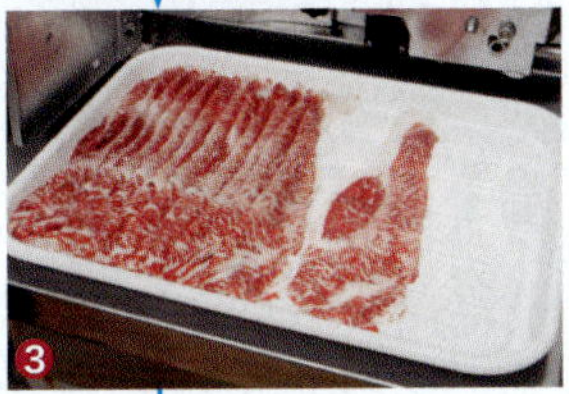

❶7cm幅で背スジを除去、背脂肪の厚さは10mm以内に整形　❷バラ先を丸刃に、背脂肪を下に向けスライサーにセット　❸肉質の硬さが不均一なラン尻の部分はスライスして商品化

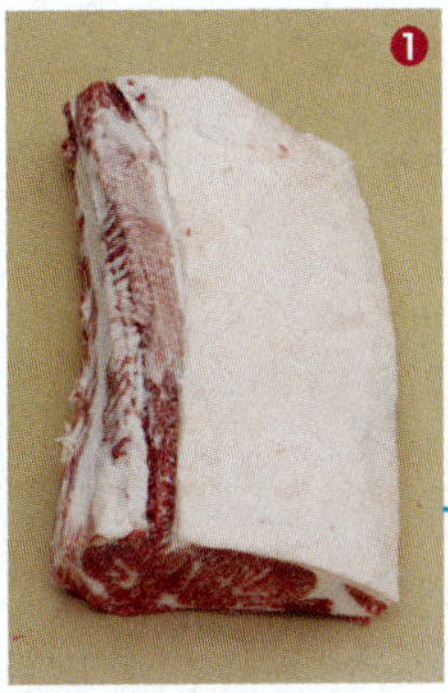

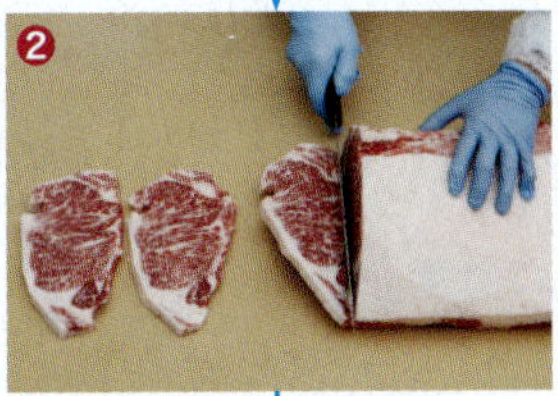

❶7cm幅で背スジ（黄靱帯）を除去、背脂肪の厚さは10mm以内の整形
❷背脂肪の面を上にして厚さが均一になるようカッティングする

しゃぶしゃぶに

両サイドを折り込みサーロイン芯が映えるように盛り付ける

ステーキに

ロース芯の霜降り紋様および背脂とバラ先の脂肪厚が分かるように盛り付ける

しゃぶしゃぶ用の盛り付け

ステーキ用の盛り付け

第3節
ともばらの商品化

本書の撮影に使用した枝肉のデータ

大分割	部分肉規格	重量	構成比	筋引整形後	重量	構成比
まえ 枝肉重量 87.6kg 39.15%	ねっく	6.3kg	3.60%	ねっく	4.9kg	3.31%
	かたロース	20.5kg	11.71%	かたロース	18.3kg	12.36%
	かたばら	21.4kg	12.22%	ブリスケ	11.2kg	7.57%
				三角ばら	4.2kg	2.84%
	かた（うで）	15.7kg	8.97%	かた（うで）	12.0kg	8.11%
	とうがらし	3.4kg	1.94%	とうがらし	2.8kg	1.89%
	まえずね	5.2kg	2.97%	まえずね	5.1kg	3.45%
	まえセット	72.5kg	41.40%	まえセット	58.5kg	39.52%
	歩留り82.76%			歩留り66.78%		
ロイン 枝肉重量 32.7kg 14.61%	ヒレ	5.4kg	3.08%	ヒレ	4.4kg	2.97%
	リブロース	11.2kg	6.40%	リブロース	10.6kg	7.16%
	サーロイン	9.9kg	5.65%	サーロイン	8.9kg	6.01%
	ロインセット	26.5kg	15.13%	ロインセット	23.9kg	16.14%
	歩留り81.03%			歩留り73.08%		
ともばら 枝肉重量 40.10kg 17.92%	ともばら	31.8kg	18.16%	なかばら	12.0kg	8.11%
				そとばら	12.7kg	8.58%
	ばらセット	31.8kg	18.16%	バラセット	24.7kg	16.68%
	歩留り79.30%			歩留り61.59%		
もも 枝肉重量 56.6kg 25.30%	うちもも	11.3kg	6.45%	うちもも	10.5kg	7.09%
	しんたま	10.5kg	6.00%	しんたま	9.3kg	6.28%
	らんいち	9.4kg	5.37%	らんいち	9.0kg	6.08%
	そともも	10.7kg	6.11%	そともも	7.6kg	5.14%
				はばき	2.2kg	1.49%
	ともずね	2.4kg	1.37%	ともずね	2.3kg	1.55%
	ももセット	44.3kg	25.29%	ももセット	40.9kg	27.63%
	歩留り78.26%			歩留り72.26%		
半丸セット	フルセット	175.1kg100%		フルセット	148.0kg100%	
枝肉重量						
223.7kg	歩留り78.27%			歩留り66.16%		

1 ともばらの商品化

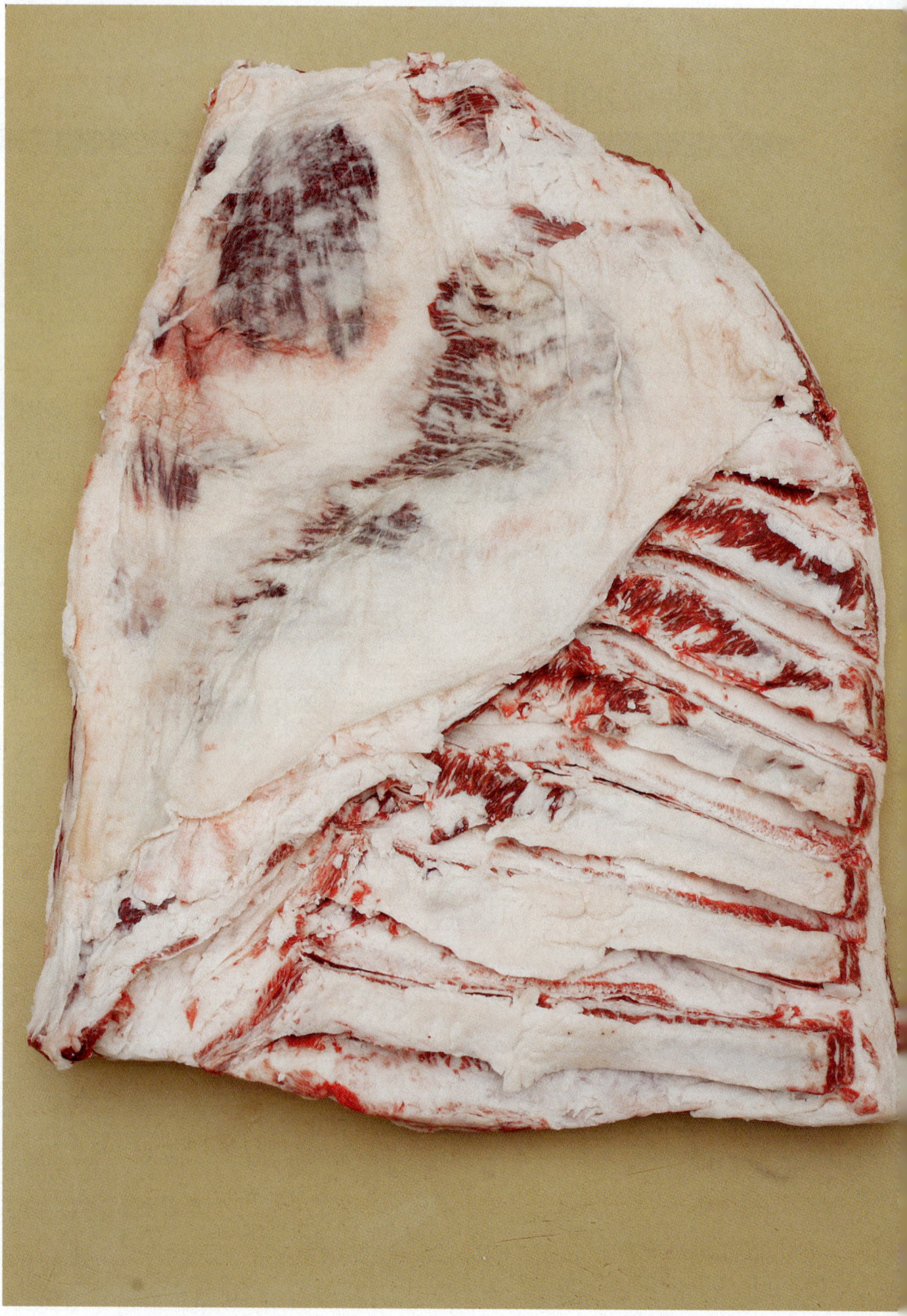

枝肉「ともばら」は寛結節まで切り下げて開いたフランク、カイノミとトモサンカクの切断箇所でロース背線と平行に切断する

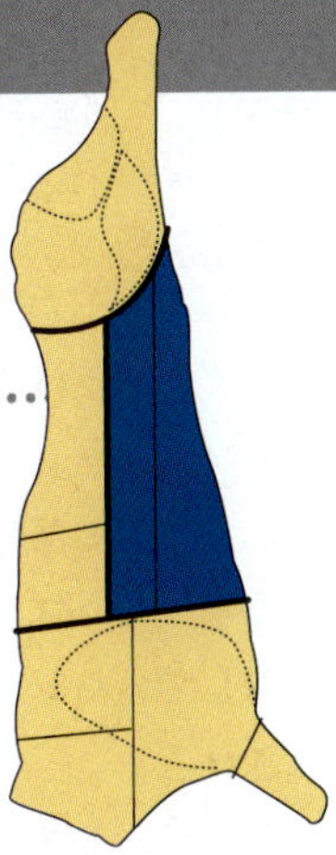

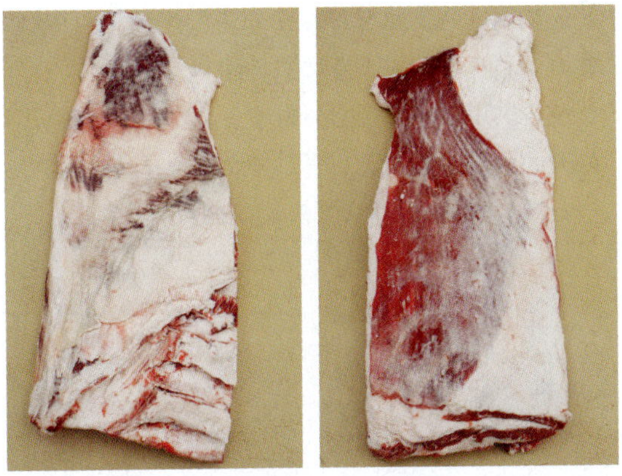

そとばらの内面㊧と外面㊨

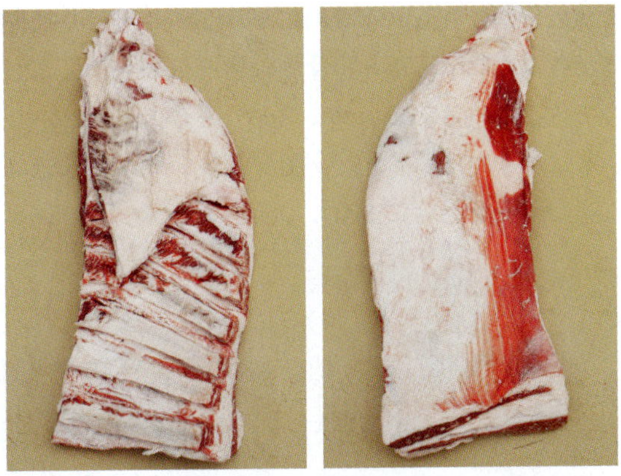

なかばらの内面㊧と外面㊨

枝肉「まえ」は第6肋骨と第7肋骨の間で切断され、枝肉「とも」と分割される。さらに枝肉「とも」を枝肉「ロース・ばら」と枝肉「もも（とっくり)」に分割するには、まずヒレ頭部をおおうケンネン（腎臓《じんぞう》）脂を取り除き、続いてトモサンカクに沿って刃先を入れて寛結節（腸骨の前端）まで切り下げてトモバラ（フランク、カイノミ）とトモサンカク（シンタマ）の間を切り開いてトモバラ部をモモから切り離す。さらにヒレ頭の部分をシンタマ部から最後腰椎（6本目）の箇所まで切り離すようにして引っ張り出し（ヒレ下げ)、最後腰椎と仙椎の結合部（関節）で背線と直角にロイン部を切り離す。分割された枝肉「ロース・ばら」はトモバラ内壁に付着するダボ脂肪を取り除いてから枝肉「ロース・ヒレ」と枝肉「ともばら」に分割する。

または吊るしたままの枝肉「もも」に枝肉「ロース・ヒレ」を残した状態で枝肉「ともばら」を分割するには、寛結節まで切り下げて開いたトモバラとトモサンカクの切断箇所（寛結節のほぼ中央）からロース背線に対して平行に背脂面に刃先を進めて切れ目を入れる。トモバラ内壁に付着するダボ脂肪を取り除いてから電動ノコで背脂面に入れた切れ目に沿って肋骨を切断し枝肉「ともばら」を分割する。

枝肉「ともばら」の肋骨の一部分および肋軟骨の全体をおおうインサイドスカート（横隔膜につながる肉）を肋骨に沿って刃先を進めてめくるようにはがしていき、肋軟骨の全体が現れる箇所まではがす。

続いてモモ側の第13肋骨（最後肋骨）からマエバラ側の第7肋骨に向かう順位で肋骨および肋軟骨を除骨する。腹側の白線部は10mmの幅で取り除き、乳房脂肪（チチカブ）または陰嚢《いんのう》脂肪（キンアブラ）は取り除き跡を整形する。

なかばらの商品化

ナカバラは肉質の違いで「かいのみ」、「ショートプレート」、「2－リブ」の3部位に区分される。

カイノミ部分はインサイドスカートにつながるカイノミカブリとカイノミ（芯）とダボ脂肪が付着していたショートプレート先端部の三つに分割される。

ショートプレートはバラ山と脂身プレートの二つに分割される。赤身肉に厚みがあり霜降り紋様が豊富な第7～第8肋骨跡の箇所は2－リブとして分割される。カイノミ（芯）とバラ山、2－リブは焼き肉に商品化し、脂身の多い残りの部分は切り落とし肉（こま肉）に活用する。

トリミングの手順

内面は肋骨跡の周辺に残る小骨・筋膜を取り除き、続けてバラ山の表面に付着する筋膜を引き除く。次にカイノミ（芯）をおおうインサイドスカートとつながるカイノミカブリを第13肋骨跡との境目から刃先を進めてめくるようにはがす。カイノミカブリをおおう筋膜は変色を防止するため商品化するときまでつけておく。表脂面はカイノミ先端箇所の表面をおおうスジを引き除き、続けてカッパをはがすように引き除く。

焼き肉用の赤身肉を分離するにはカイノミ(芯)の表面脂肪をトリミングしてからカイノミとショートプレートと2－リブの3部位に分割する。

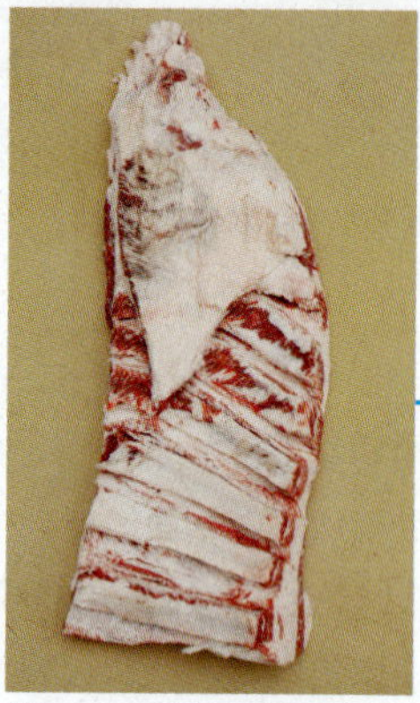

第7～13肋骨跡のバラ山が付着するプレートとカイノミからなる

肋骨跡の周辺のトリミングおよびバラ山の筋膜を引き除く

インサイドスカートとつながるカイノミカブリをはぎとる

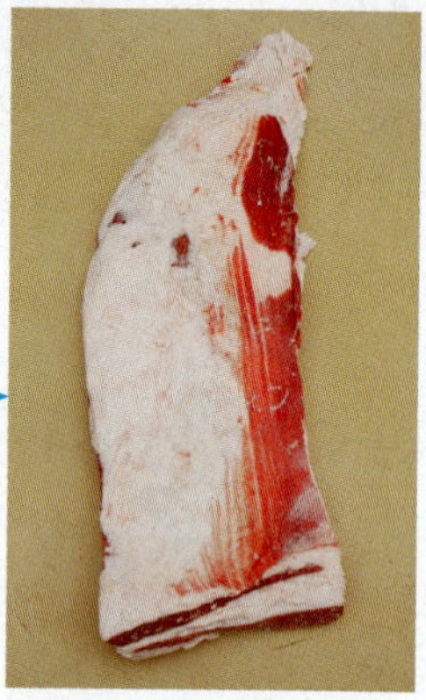

表脂面の側は厚い脂肪層の上に薄いカッパが少し付着する

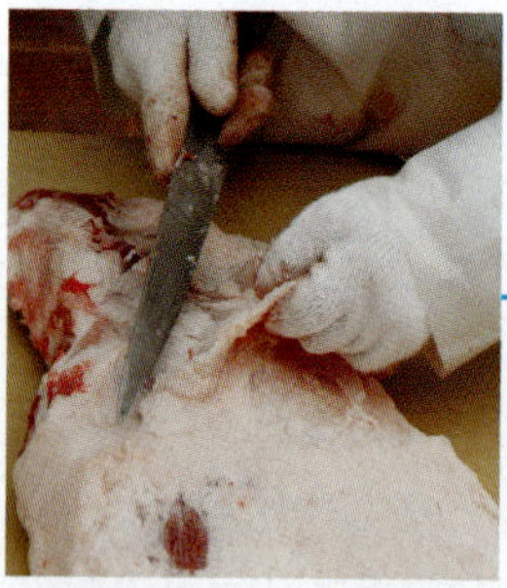

表脂面側のカイノミ先端箇所の脂肪とスジを引き除く

カイノミ先端箇所とカッパをトリミングした脂肪面

内面の表面脂肪をトリミングし、カイノミ㊤と2ーリブ㊦を分割する

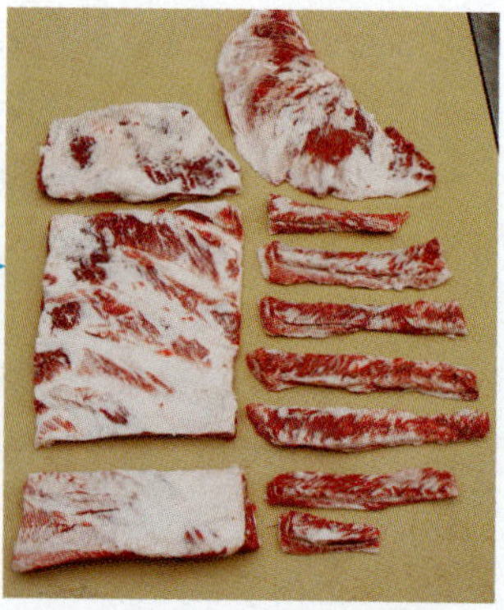

カイノミ（芯）とバラ山を分割し、2ーリブと脂身プレートに分ける

商品づくり

ナカバラの中から取り出した焼き肉用の赤身肉はカイノミ（芯）と2−リブとバラ山の三つが主な部分肉である。まずカイノミ（芯）は形状が扇形になっているため肉厚の薄い外周がやや幅広の台形様の柵に肉目（肉繊維の流れ）に並行に切り取る。２−リブは少量しか取れないが最上級のカルビ焼き肉となる。

バラ山は角切り、削ぎ切り、観音開き（バタフライカット）などの中落ちカルビ（ゲタカルビ）に商品化できるが形状が不揃いなので、あまり無理な商品化は避けて大きめサイズの角切りで煮込み用に販売するのもよい。

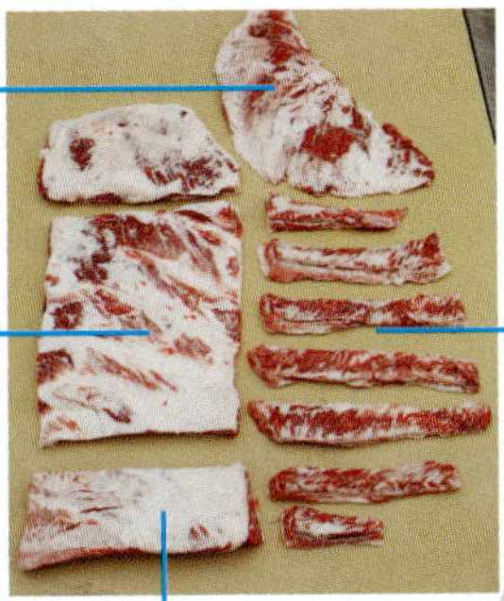

端肉はコマに

脂身プレートの端肉はこま肉スライスとして活用する

肉厚の薄い外周が少し幅広の台形様になる焼き肉用の柵に切り取る

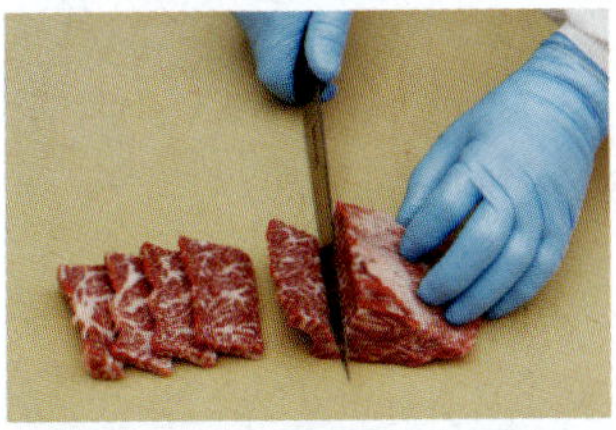

肉質がやわらかいので少し厚めの焼き肉にカッティングする

バラ山

煮込み用の盛り付け

カイノミ

焼き肉用の盛り付け

2−リブ

焼き肉用の盛り付け

そとばらの商品化

ソトバラは肉質の違いで大別すると「ささにく(フランク)」と「ショートプレート」と「インサイドスカート」の3部位に区分される。インサイドスカートは筋膜をはがすと横隔膜と同じような形状の赤身肉になり、少しだけ残るバラ山と肋軟骨の周辺をトリミングすると赤身肉の多いショートプレートになり、表脂面はダボ脂が付着していた箇所のゴム様スジをはがしとると赤身肉のササニク（フランク）になる。ショートプレート表脂面をおおう厚いカッパをめくるようにはぎとるとショートプレートは焼き肉に適したカルビプレートとなる。赤身肉に分割された三つの部分肉はそれぞれが味に個性をもっており、焼き肉用として人気のある部位である。

トリミングの手順

内面の肋軟骨跡をおおうインサイドスカートは筋膜に沿って刃先を進めてインサイドスカートをめくるようにはがしてゆき、腹側の白線部の箇所まで筋膜をはがしてから分離する。この時点でササニク（フランク）とショートプレートの境目がほの白く浮き上がる。分割したインサイドスカートに付着する筋膜は赤身肉塊の縁に沿って切り離し、肉塊表面をおおう筋膜は変色を防止するため商品化するときにはがす。

続いて肋骨跡および肋軟骨跡の周辺に残る赤身肉をバラ山と一緒にショートプレート（ソトバラ本体）赤身面に沿って刃先を進めてはがすようにトリミングする。この時点でササニク(フランク)とつながる1枚の広いプレート芯の肉目とナカバ

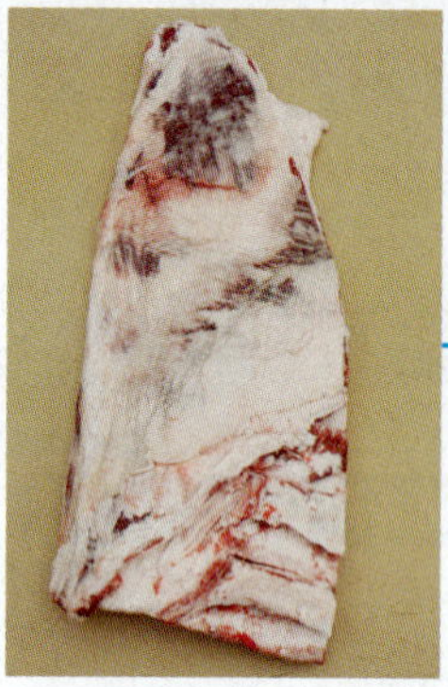

インサイドスカートと筋膜が内面の全体をおおうように付着している

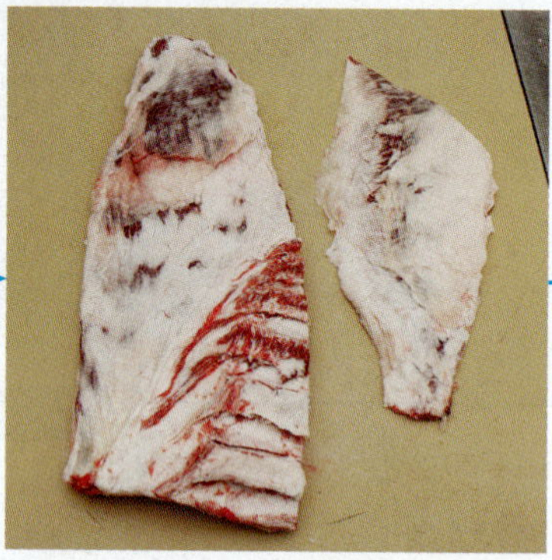

インサイドスカートを筋膜に沿ってはがし、腹側の白線部で筋膜を分離する

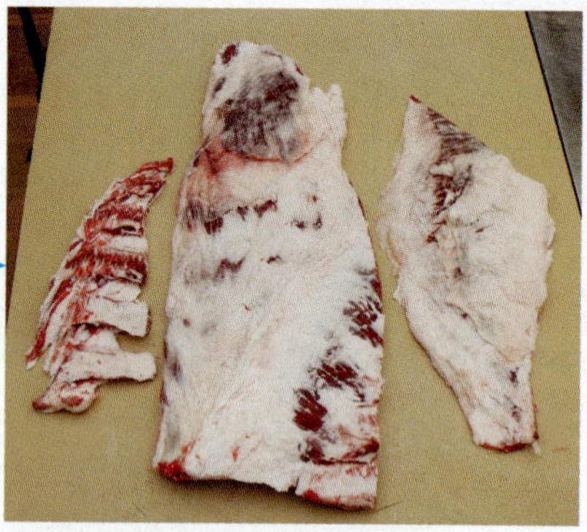

バラ山と周辺の赤身肉を分離する

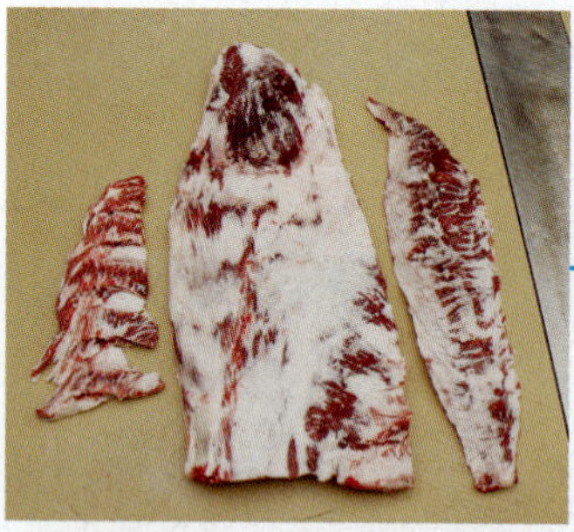

バラ山周辺の赤身肉㊧と赤身肉プレート㊥とインサイドスカート㊨
赤身肉プレートに付着する太い血管は肉を汚さないように取り除く

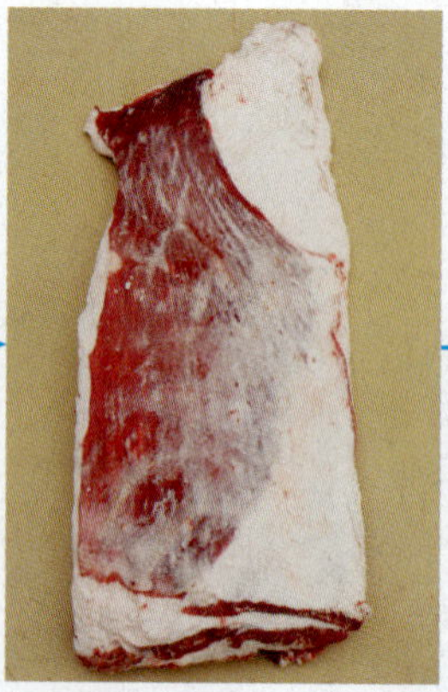

表脂面には厚いカッパが付着し、ダボ脂は適度にトリミングしている

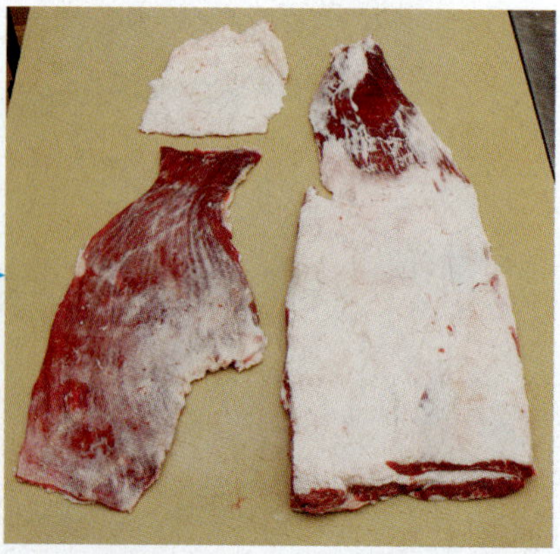

フランク面をおおうゴム様の黄色いスジと厚いカッパをはがしとる

ラにつながる細長い三角形状のプレートの肉目が交差する箇所が白いラインとして浮き上がる。広いプレート芯のほぼ中央には肉の中にくい込むように太い血管がササニク（フランク）との境目から第7肋骨跡の端まで長く伸びている。この太い血管を血で肉を汚さないように注意して刃の先端でえぐり出すように引き抜いて除去する。

表脂面はダボ脂が付着していた箇所にゴム様の黄色いスジが現れるまで適度に脂肪をトリミングして、続けて全体をおおうカッパをめくるようにしてはがし取る。さらにササニク（フランク）をおおうゴム様の黄色いスジをはがすように引き除く。この工程が手切りによる焼き肉用の柵取り手順である。

スライス用のトリミング

まず内面のインサイドスカートを手切り用の場合と同様の手順で分離し、続けて肋軟骨跡周辺の脂肪を少しだけトリミングしてから肉の中にくい込んでいる太い血管を血で肉を汚さないように刃の先端でえぐり出して取り除く。赤身肉のバラ山ははずさない。次に表脂面はダボ脂が付着していた箇所にゴム様の黄色いスジが現れるまで脂肪を取り除き、さらに厚みのあるカッパをめくるようにはがし取る。

手切り焼き肉用のササニク（フランク）部を切り離した残りのプレート部分はスライス肉に活用する。

ソトバラのスライス

ソトバラを活用したスライス商品づくりは、ササニク（フランク）を切り離したバラ山が少し残るカルビプレートを使用する。表脂面側に付着するスジは肉目にそって5cm幅を目安に3～4箇所ほど刃先の先端でスジ切りを入れておくとよい

プレート芯の中に喰い込む太い血管を除去し、赤身肉のバラ山は残す

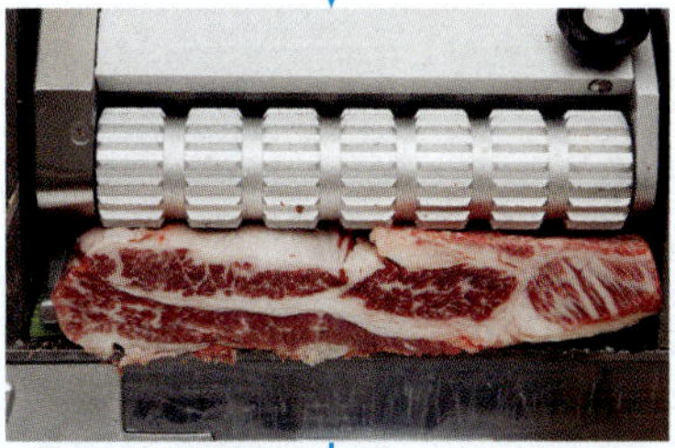

表脂面を下に向けてスライサーにセッティングする（あて板ははずさない）

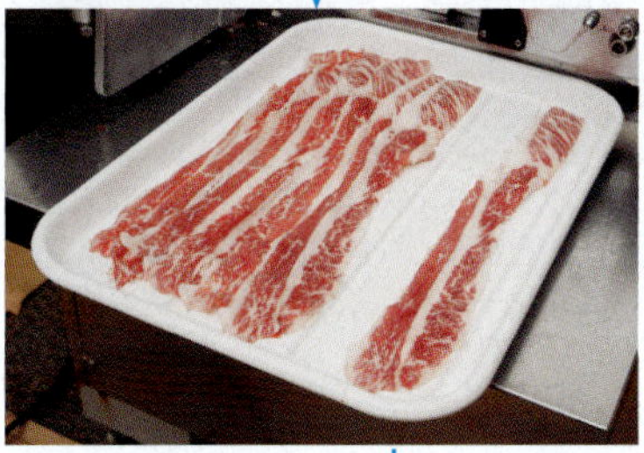

パイレスを横置きにして幅広のスライス肉に切りとる（ハーフサイズの幅に2分割し、2枚重ねで切り落とし肉にもできる）

スライス肉の盛り付け

商品づくり

両面をトリミングしたソトバラはササニク（フランク）とカルビプレート（ソトバラ本体）に分割する。さらにカルビプレートは細長い三角形状に残るナカバラとつながる肉塊と肉目（肉繊維の流れ）が交差するライン（線）に沿って分割する。この3分割がソトバラを大分割する基本。

大分割された肉塊は肉目の流れと焼き肉サイズの幅を考えて、できるだけ尖《とが》った角が少ないように柵取りする。焼き肉用の柵は肉質や赤身度合い、霜降り紋様などを基準に上・中・並にグレーディングする。

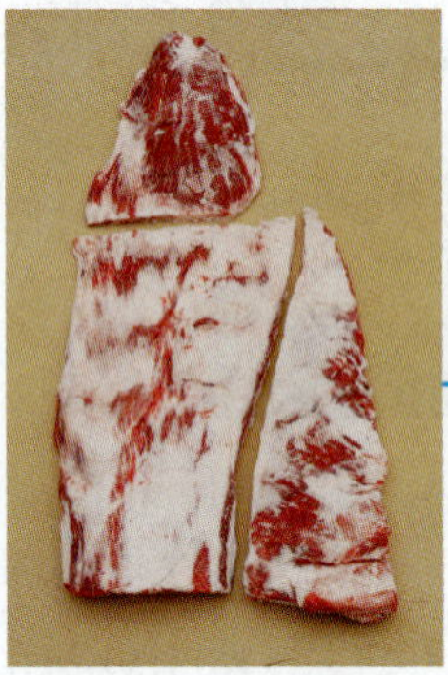

大分割はササニク（フランク㊤）と太い血管を取り除いたカルビプレート（芯）とナカバラにつながる一部分に３分割する

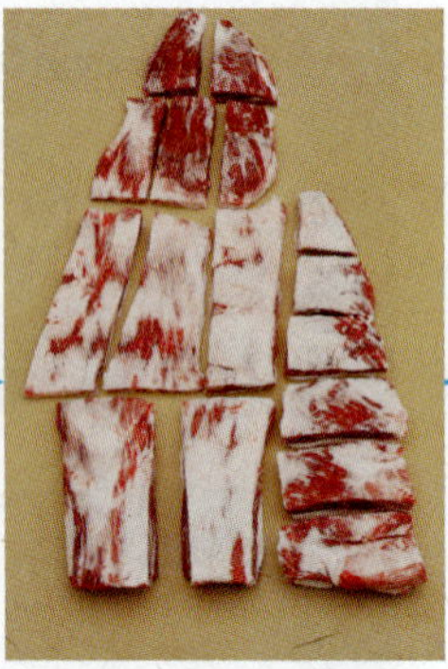

それぞれの肉塊はとがった角を出さないように工夫して焼き肉サイズの柵にとる

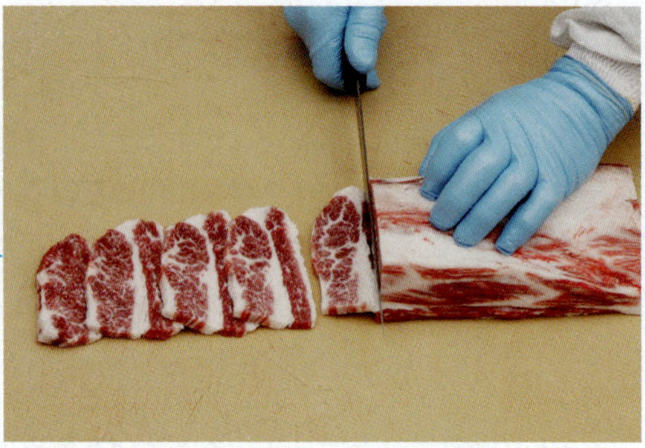

焼き肉用の柵は商品化するときに表脂面側のスジを引き除いてカッティングする

霜降りをみせる

切り身面の霜降り紋様が映えるように盛り付ける

焼き肉用の盛り付け

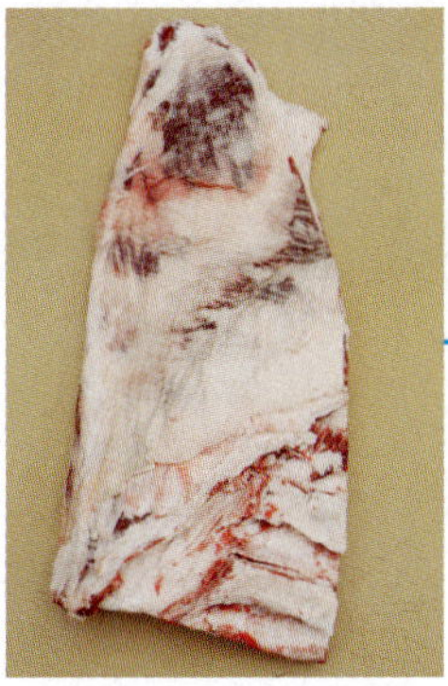

ソトバラの内面肋軟骨をおおうようにインサイドスカートが付着する

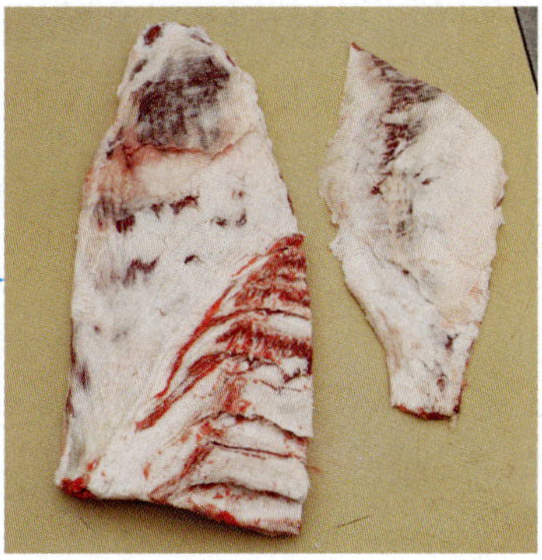

インサイドスカート㊨を筋膜に沿ってはがす

インサイドスカートの表面をおおう筋膜をはがしてから肉面をトリミングする

肉厚が薄いので焼き肉サイズの幅を少しだけ広い目に考慮して柵取りする

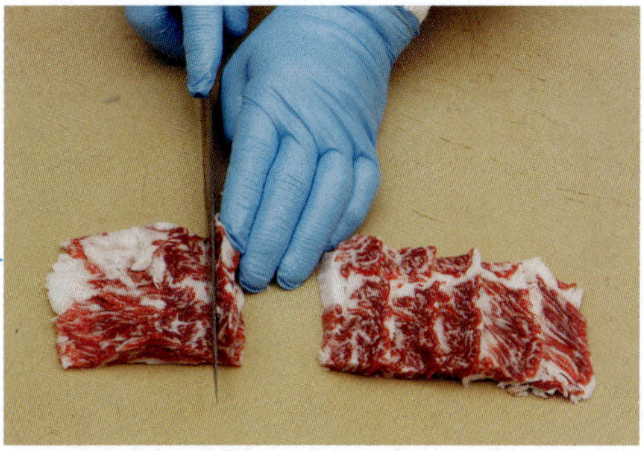

肉厚が薄い箇所は刃先を斜めにして削ぎ切るように焼き肉をカッティングする

角を立てる

焼き肉に削ぎ切った切り身の1枚ごとの角が立つように盛り付ける

焼き肉用の盛り付け

第4節
ももの商品化

本書の撮影に使用した枝肉のデータ

大分割	部分肉規格	重量	構成比	筋引整形後	重量	構成比
まえ 枝肉重量 87.6kg 39.15%	ねっく	6.3kg	3.60%	ねっく	4.9kg	3.31%
	かたロース	20.5kg	11.71%	かたロース	18.3kg	12.36%
	かたばら	21.4kg	12.22%	ブリスケ	11.2kg	7.57%
				三角ばら	4.2kg	2.84%
	かた（うで）	15.7kg	8.97%	かた（うで）	12.0kg	8.11%
	とうがらし	3.4kg	1.94%	とうがらし	2.8kg	1.89%
	まえずね	5.2kg	2.97%	まえずね	5.1kg	3.45%
	まえセット	72.5kg	41.40%	まえセット	58.5kg	39.52%
	歩留り82.76%			歩留り66.78%		
ロイン 枝肉重量 32.7kg 14.61%	ヒレ	5.4kg	3.08%	ヒレ	4.4kg	2.97%
	リブロース	11.2kg	6.40%	リブロース	10.6kg	7.16%
	サーロイン	9.9kg	5.65%	サーロイン	8.9kg	6.01%
	ロインセット	26.5kg	15.13%	ロインセット	23.9kg	16.14%
	歩留り81.03%			歩留り73.08%		
ともばら 枝肉重量 40.10kg 17.92%	ともばら	31.8kg	18.16%	なかばら	12.0kg	8.11%
				そとばら	12.7kg	8.58%
	ばらセット	31.8kg	18.16%	バラセット	24.7kg	16.68%
	歩留り79.30%			歩留り61.59%		
もも 枝肉重量 56.6kg 25.30%	うちもも	11.3kg	6.45%	うちもも	10.5kg	7.09%
	しんたま	10.5kg	6.00%	しんたま	9.3kg	6.28%
	らんいち	9.4kg	5.37%	らんいち	9.0kg	6.08%
	そともも	10.7kg	6.11%	そともも	7.6kg	5.14%
				はばき	2.2kg	1.49%
	ともずね	2.4kg	1.37%	ともずね	2.3kg	1.55%
	ももセット	44.3kg	25.29%	ももセット	40.9kg	27.63%
	歩留り78.26%			歩留り72.26%		
半丸セット	フルセット	175.1kg100%		フルセット	148.0kg100%	
枝肉重量						
223.7kg	歩留り78.27%			歩留り66.16%		

1 うちももの商品化

ウチモモの分割はまず寛骨《かんこつ》との接合部に刃先を入れて切り開きウチモモと寛骨を分離しておく。続いてソトモモ（大腿二頭筋）・シキンボウ（半腱薄筋）およびシンタマ（大腿四頭筋）と接合する箇所から刃先を入れてウチモモ（半膜様筋）とコモモ（内転筋）とウチモモカブリ（大腿薄筋）と接合する境に沿って刃先を進めてウチモモをはがすようにめくって寛骨と分離した箇所で分割する。ウチモモは上面が厚い脂肪で覆れる赤身肉の薄いウチモモカブリ（大腿薄筋・縫工筋）と内面側の赤身表面箇所に1本の太い血管が残るコモモ（内転筋）とウチモモの3分の2ほどを占める大きな赤身の肉塊であるウチモモ（オオモモ）の三つの肉塊から構成されている。

三つの肉塊を小割する手順の基本は、まずウチモモカブリをはがす。ウチモモカブリのはがし方はウチモモ（半膜様筋）の上面部で接合するカブリとの境目から刃先を入れてめくるようにはがしていきコモモとの接合箇所で分割する方法と内面側のコモモとウチモモカブリとが接合する境目から刃先を入れて薄い筋膜に沿って分離しながらウチモモカブリをはがす方法の二通りがある。続いてコモモの血管を取り除く。血管の上面をおおう赤身肉を切り開いて血管を取り除かずに、血管そのものを抜き取る方法が商品化歩留まりを高める。さらにウチモモ（オオモモ）側に入り込んでいコモモと接合する薄い筋膜に沿って刃先を進めてウチモモからコモモを分割する。

この基本手順を理解した上で歩留まりの良い商品づくりを考える。タタキ用など手切り商品化を優先する場合は基本手順で、薄切り肉を歩留まり良く商品化する場合はウチヒラカブリを活用する応用手順で商品づくりする。

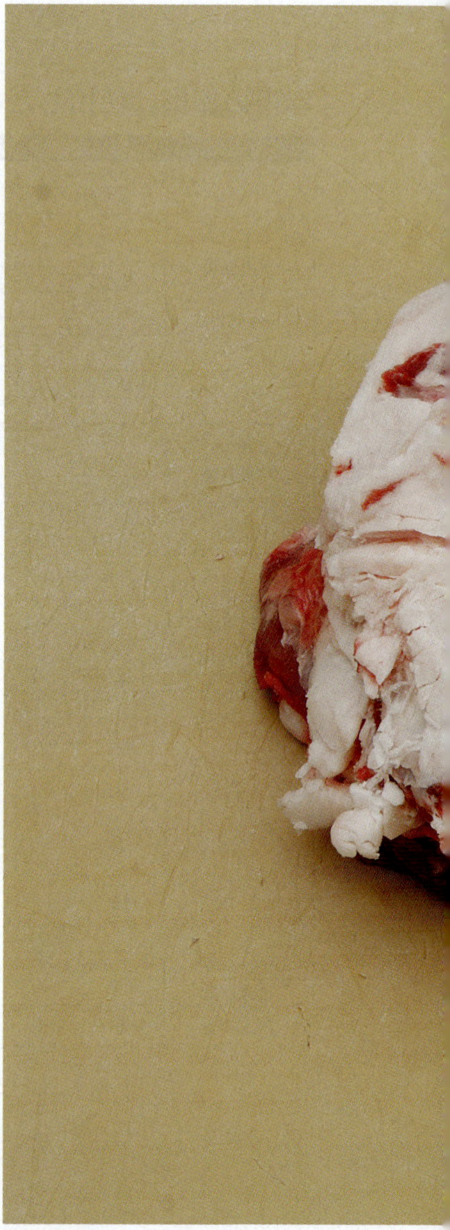

部分肉「うちもも」はウチモモカブリを上手く活用する

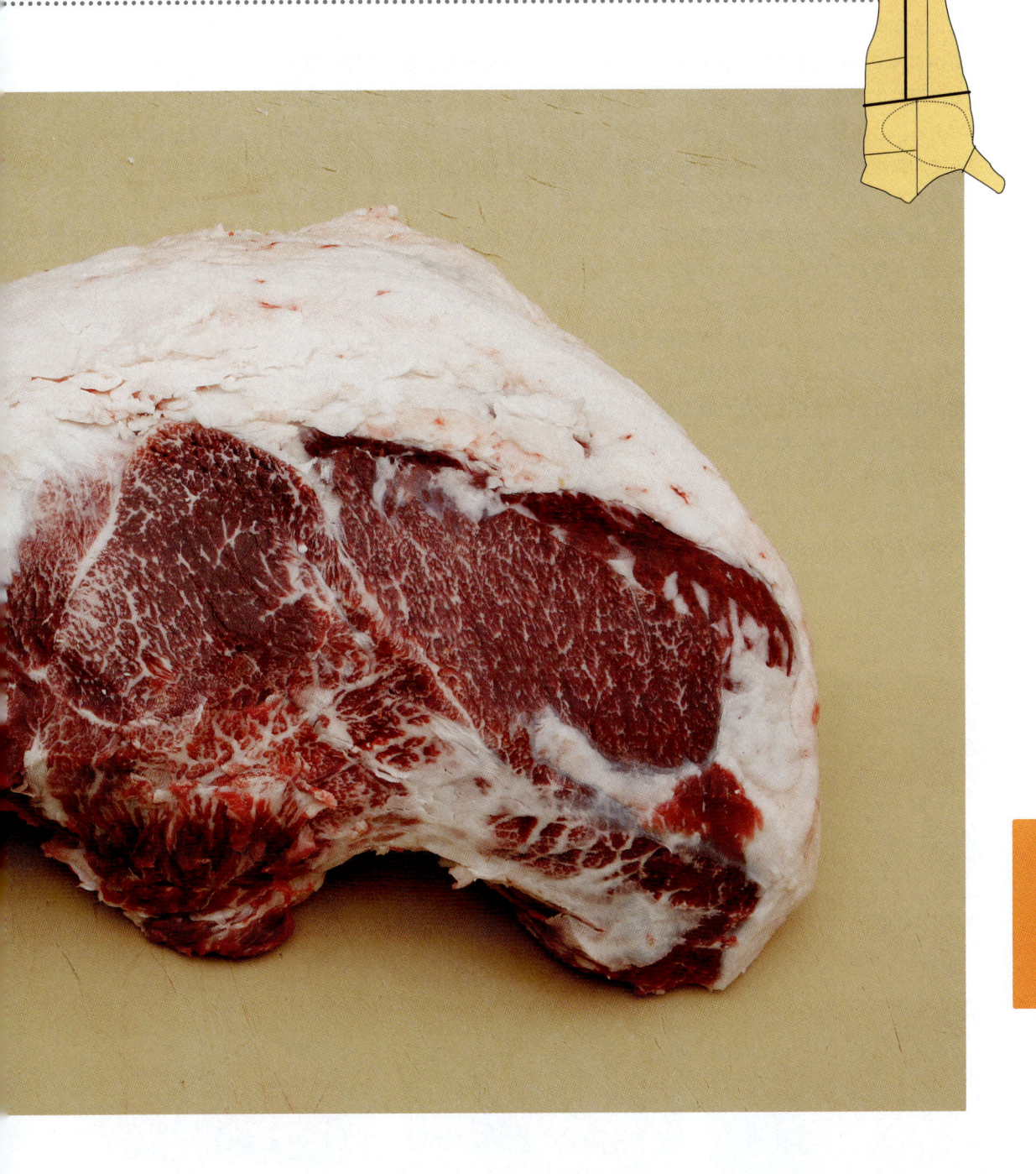

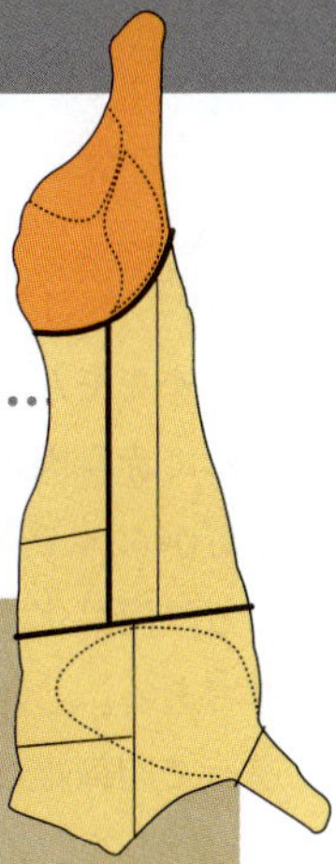

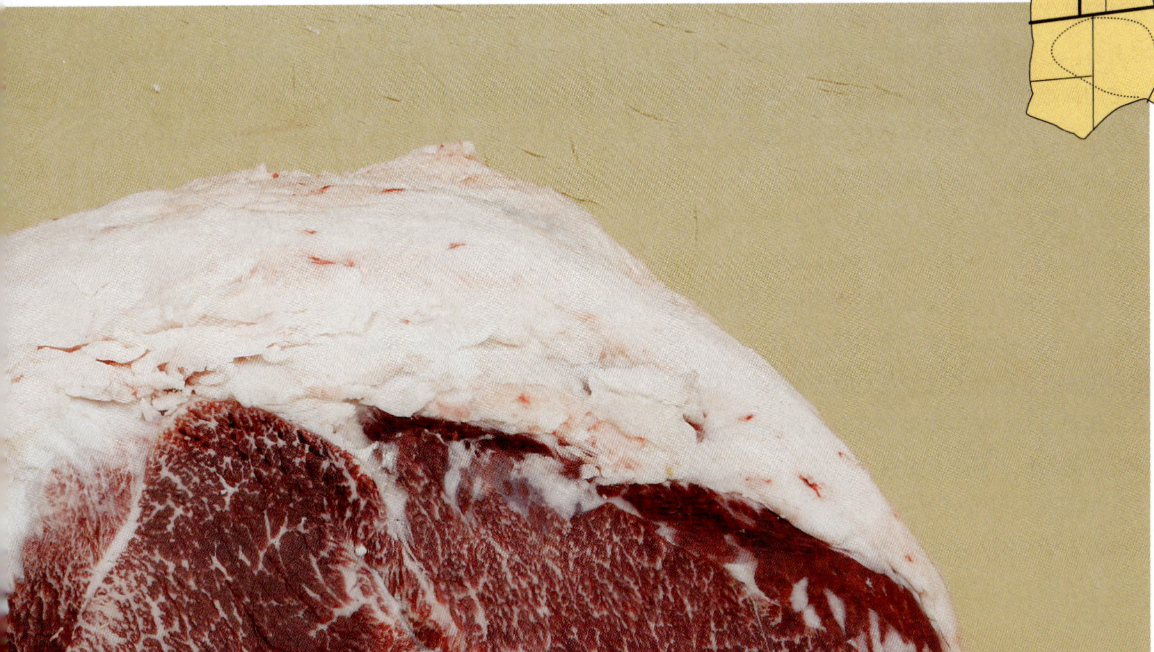

うちももの商品化

ウチモモからウチモモカブリ（ヒラカワ）を分割して赤身肉のみのウチモモ（ウチヒラ）に整形してからステーキや焼き肉、固まり、スライス肉などに商品化するのが従来からのトリミングの基本である。しかし、赤身肉のウチモモはみた目と違って肉繊維のキメが粗く、肉質もやや硬く、風味も乏しく、変色も速いため意外とロス率が高くなり、販売が難しい部分肉でもある。

食生活が豊かになるにつれてウチモモを商品化した厚切りのステーキや焼き肉は人気がなくなり、レアーで食べるタタキ用に商品化されることが多くなった。そのため従来の商品づくりでは商品化歩留まりが悪いだけでなく販売量も伸びないため、料理用途の多い軟らかい肉に商品化し、できるだけ商品化歩留まりを良くして、安く販売することが商品化対策のセールスポイントになる。人気のある焼き肉、すき焼き、しゃぶしゃぶ用などスライス肉として商品化する。

トリミングの手順

まず内面側のウチモモカブリ赤身肉とコモモの接合箇所に刃先を入れて、接合部箇所の筋膜に沿って刃先を進めて切り開き、ウチモモカブリが現れたらその箇所で切り離すように分割する。続いてコモモの上部に残る血管は、血管を包む赤身肉を切り開かずに血管のみをえぐり出すように引っ張り出して抜き取る。さらに赤身肉の表面をおおう筋膜を引き除けばトリミングは完了。

表脂肪を含めてウチモモカブリを上手く活用して焼き肉、すき焼き、しゃぶしゃぶ用として商品化する。

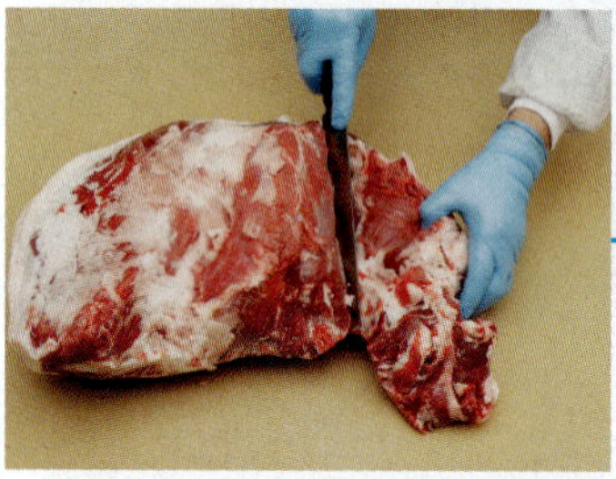

ウチモモカブリの赤身肉部分とコモモ（血管のある場所）の接合箇所に筋膜に沿って刃先を入れる

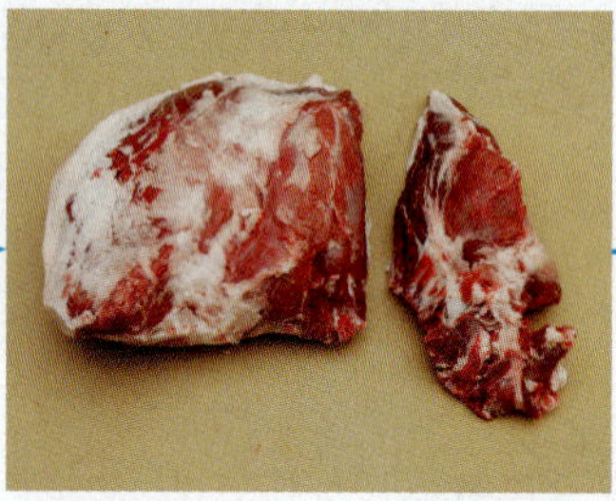

ウチモモカブリをつけたままコモモとの接合箇所で赤身肉部分を分割する

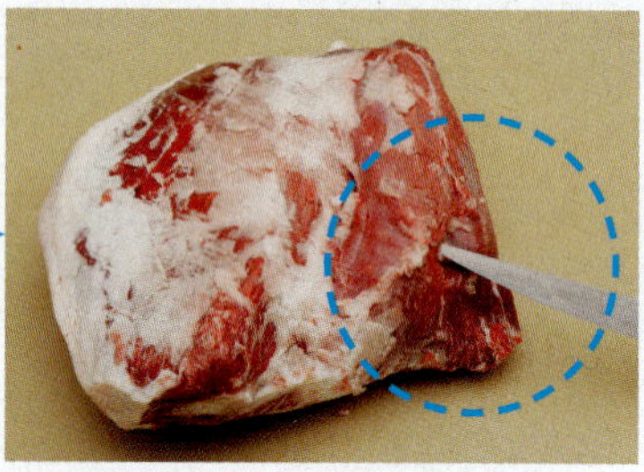

コモモの上部に残る血管を刃先の先端でえぐり出す

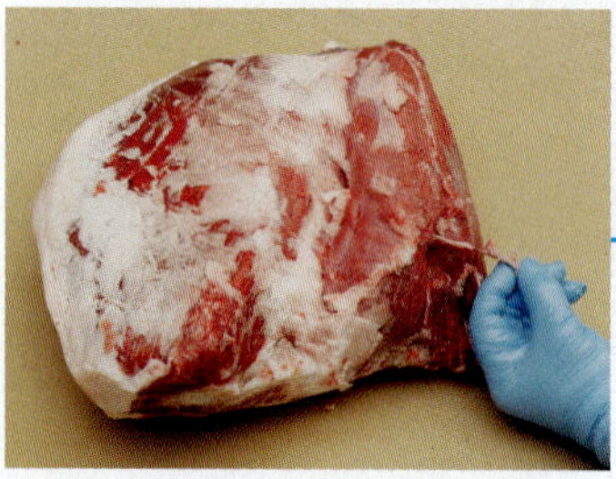

血管を包む赤身肉を切り開かずに血管のみを引っ張り出す

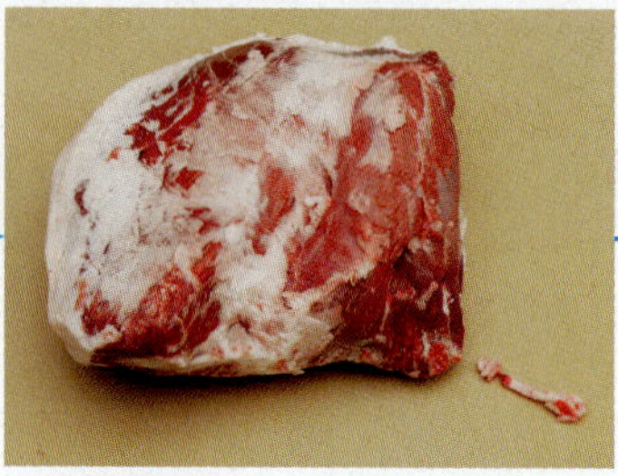

血管を引き抜く

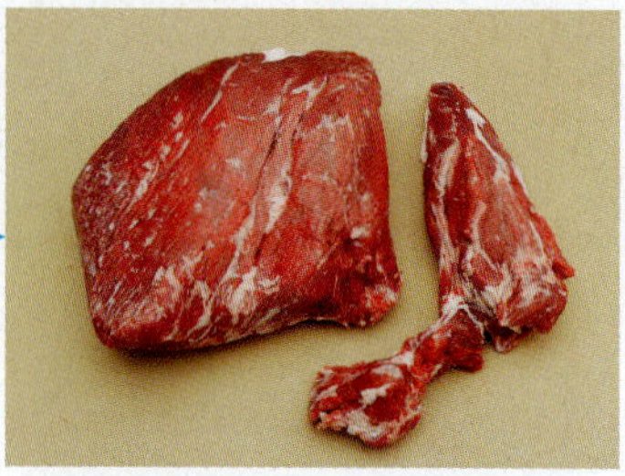

内面の赤身肉をおおう筋膜を引き除き、カブリ脂肪は赤身肉の縁に沿って整形する

商品づくり

ウチモモは肉繊維のキメが粗く、肉質は少し硬いため薄くスライスして、ウチモモカブリ表脂肪の風味を活かす商品づくりをする。肉に厚みがある切断面の広い箇所は焼き肉・すき焼き・しゃぶしゃぶ用にスライスし、肉の厚みが5cm以下の切断面が小さい箇所は切り落とし肉にスライスする。そして分割されたウチモモカブリ赤身肉はコマ肉に商品化する。

焼き肉にも活用しよう

写真ではスライスのみ紹介しているが、コモモは赤身の焼き肉用としても十分に活用できる部位である

ウチモモカブリの脂面を下に向けてスライサーにセッティングする

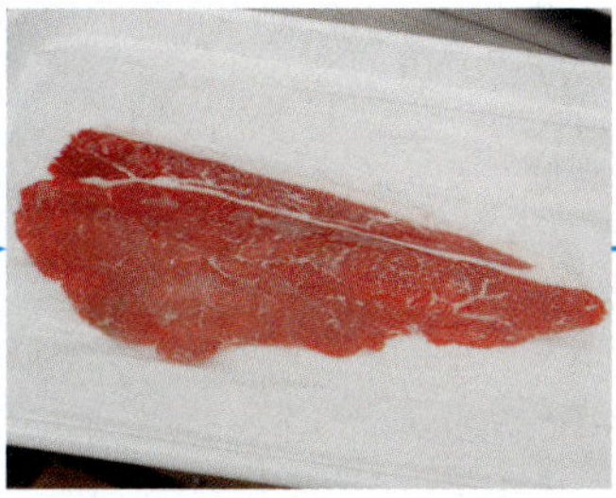

ウチモモカブリを付けたスライス肉の切断面

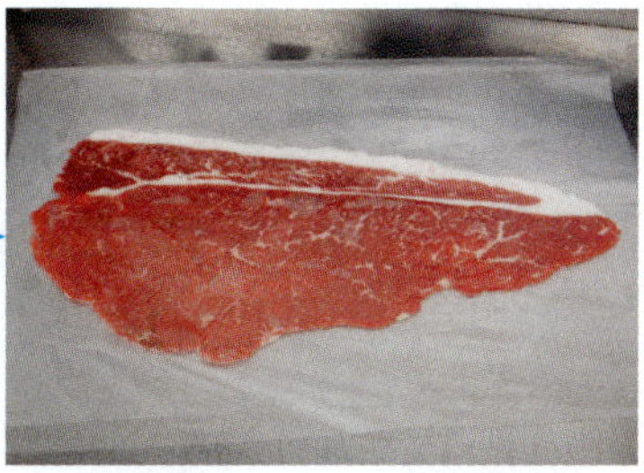

しゃぶしゃぶ用のスライス肉は変色防止シートに1枚ずつ包む

切り落としでも

肉の切断面が小さくなったら切り落とし肉に商品化する

ボリューム感を出す

肉をシートに包んだままボリューム感をだして盛り付ける

切り落とし肉の盛り付け

スライス肉の盛り付け

2 しんたまの商品化

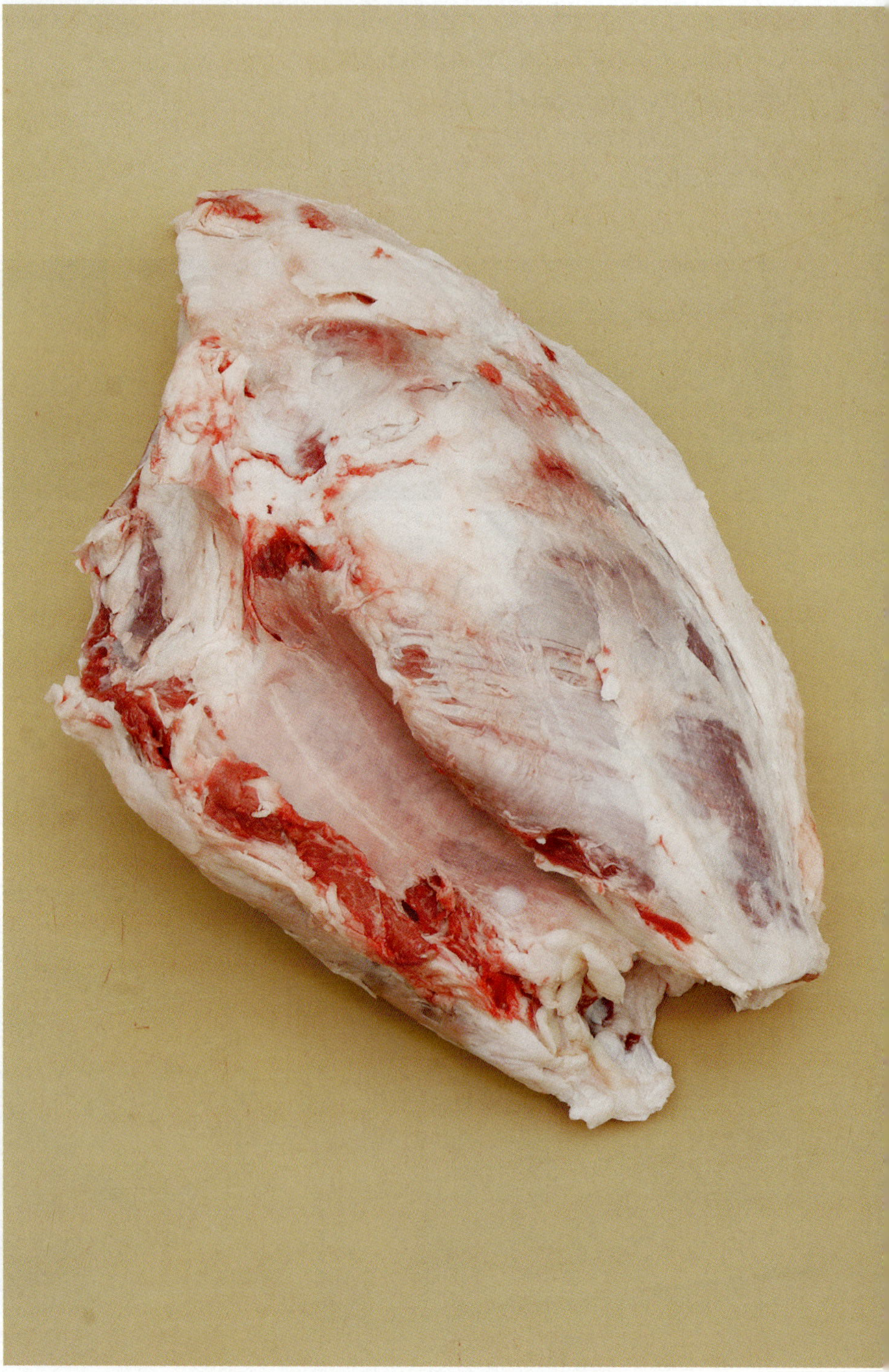

部分肉「しんたま」はトモサンカク・シンタマカブリ・カメノコ・シンシンの4つの肉塊に分割される

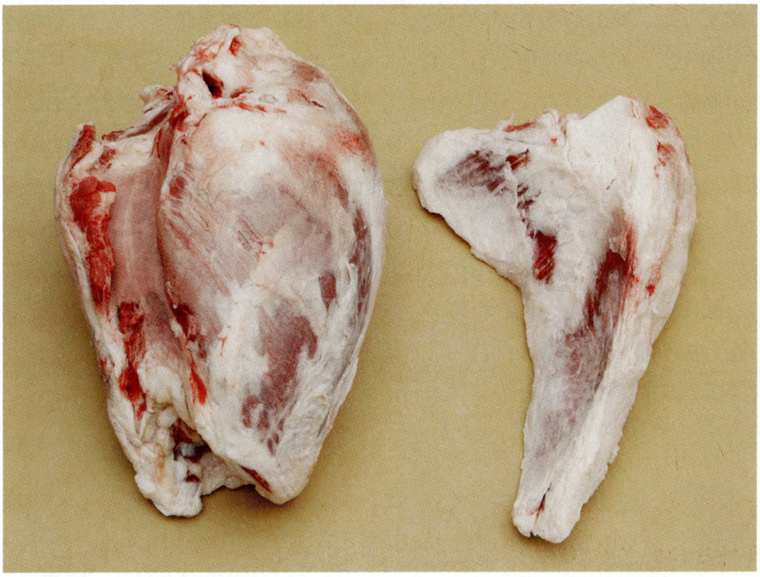

枝肉「もも」からウチモモを分割したら、寛骨に沿って刃先を入れ仙椎との接合箇所まで刃先を進め、さらに仙椎の骨面に沿って刃先を進めて第一尾椎まで切り開き、寛骨と仙椎と第一尾椎をつなげたまま除骨する。次に下《か》腿骨《たいこつ》のアキレス腱の箇所から膝蓋骨に向けて刃先を進めてトモスネ（腓腹筋）を分割し、さらに大腿骨に沿って刃先を進めてシンタマ（大腿四頭筋）を膝蓋骨をつけたまま分割する。続いて大転子（大腿骨と寛骨の接合部）跡とシキンボ（半腱様筋）の前端を結ぶ箇所で切断しランイチ（中殿筋・副殿筋・大腿二頭筋）を分割してから、大腿骨に沿って刃先を進めてソトモモ（大腿二頭筋）を分割しモモ部のすべてを下腿骨と大腿骨から分割する。

枝肉から分割されたモモ部はソトモモ・ナカニクとシンタマが接合する筋膜に沿って膝蓋骨の側から刃先を入れて切り開いていき、ランイチ(殿筋）の箇所まで開いたらさらにシンタマとランイチの境目に沿って刃先を進めてランイチからシンタマを分割し、最後にシンタマから膝蓋骨を分割する。シンタマはトモサンカク（大腿筋膜張筋）とシンタマカブリ（中間広筋・内側広筋）とカメノコ（外側広筋）とシンシン（大腿直筋）の肉質と形状がまったく異なる四つの肉塊から構成される。小割とスジ引きを交互に交えながら整形を進めるのがシンタマの特徴。まずカメノコと接合する筋膜に沿って刃先を進めてトモサンカクを小割する。次にシンタマカブリの骨ハダ（大腿骨との接合面）を引き除き、続くカメノコ表面を覆う薄い筋膜を広くシンシンとの接合箇所まで引き除き、続くシンシン表面をおおう薄い筋膜を引き除くとシンタマカブリまで一周してシンタマ表面すべての筋膜を引き終える。

さらにシンタマカブリをシンシンとの接合箇所からカメノコとの接合箇所へと刃先を進めて分割し、続けてシンシンとカメノコを接合する筋膜に沿って分割する。これがシンタマを小割する手順の基本となる。

トリミングの手順

シンタマ表面の薄い筋膜をすべて引き除いたら、次にシンシンとシンタマカブリの接合箇所に刃先を入れて、シンシン表面の筋膜に沿ってシンタマカブリをはがすようにシンシンとカメノコの接合箇所まで刃先を進め、この接合箇所からは刃先をカメノコ表面の筋膜へ移してさらに刃先を進めて分割し、カメノコ表面の筋膜からはがすようにシンタマカブリを分割する。

続いて膝蓋骨《しつがいこつ》（皿骨）が付いていた太い健スジのあるシンシン箇所と反対側のカメノコ先端箇所にある太い筋膜の上面に沿って刃先を入れ、カメノコとシンシンの接合箇所を切り開くように刃先を進めてシンシンを分割する。分割したカメノコは太い筋膜を引き除けばトリミングは完了。

分割したシンシンはカメノコと接合していた箇所に残るスジを引き除き、肉芯にくい込む腱スジ（中スジ）は商品化するときまで分割しない。分割したシンタマカブリはシンシンとカメノコに接合していた箇所の筋膜をすべてトリミングする。

シンタマから分割したトモサンカク（ヒウチ）は、まずカメノコと接合していた箇所の脂肪とスジを引き除く。続けて表脂面側の脂肪は２面とも赤身肉の縁に沿って切り離し、赤身肉と接する脂肪は赤身面からはがすように取り除く。肉に厚みがある三角形の底部にあたる寛骨《かんこつ》と接する面に少しだけ残る筋を引き除けばトリミングは完了。

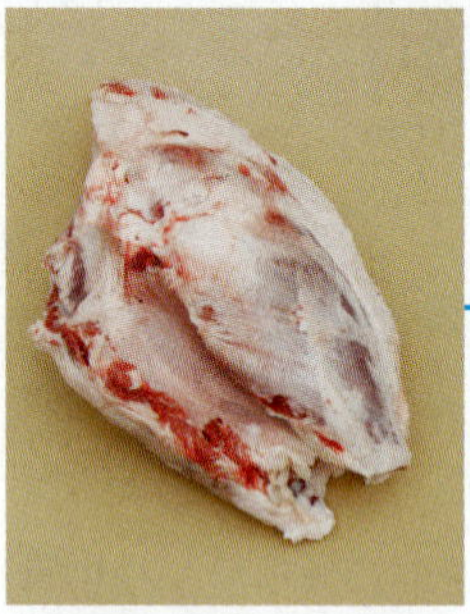
大腿骨と接合する骨ハダ面（手前）とカメノコ上面にトモサンカク（奥）が接合する

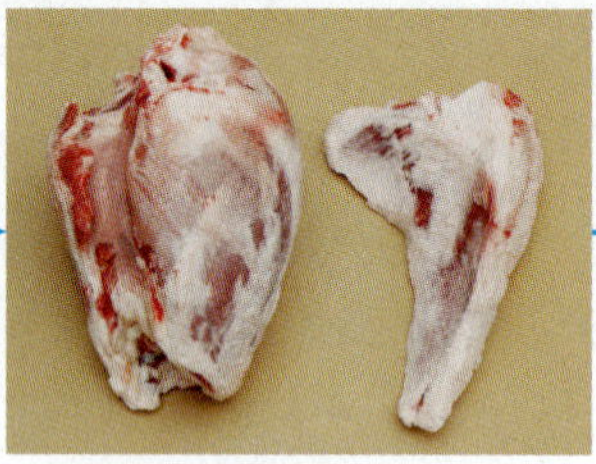
カメノコの上面からトモサンカク㊨を分割する

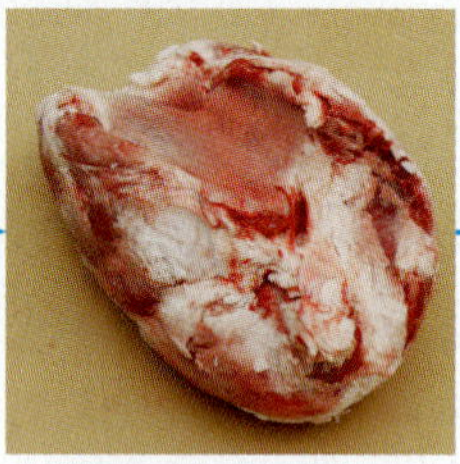
大腿骨と接合する骨ハダおよび膝蓋骨（皿骨）跡の周辺をトリミングする

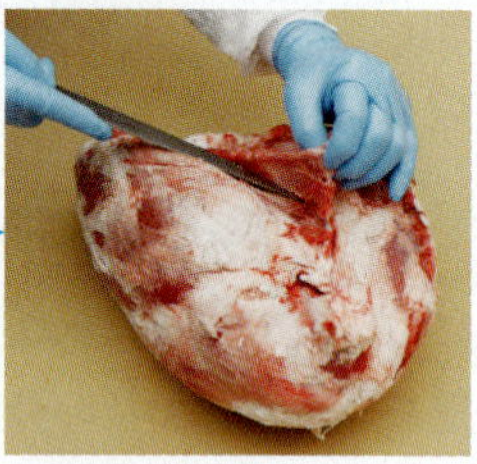
大腿骨と接する跡の骨ハダを引き除く

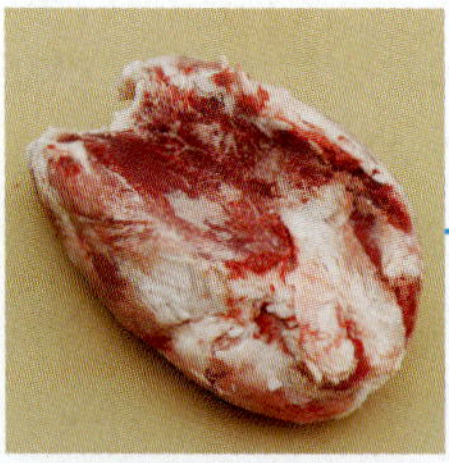
シンタマカブリの骨ハダと膝蓋骨跡周辺のトリミング完了

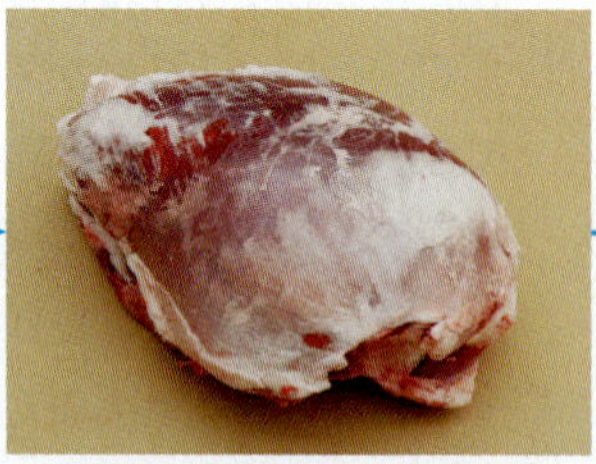
トモサンカクと接合していたカメノコ表面を薄い筋膜がおおう

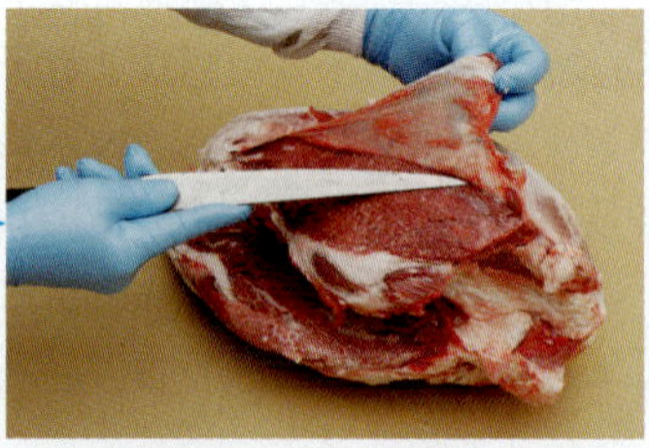
刃先の先端でカメノコ表面をおおう薄い筋膜をめくるように広く引き除く

カメノコとシンタマカブリの商品づくり

カメノコの肉質は全体にやや硬く、肉色もやや濃い目である。肉に厚みがあり肉色がやや薄い側の半分は肉質が軟らかいので焼き肉に商品化して、肉に厚みがなく肉色が濃い側は肉質が硬いのでスライス肉に商品化することを商品づくりの基本にする。焼き肉シーズンは肉に厚みのある側を手切りの焼き肉にして、肉に厚みがない側は切り落とし肉に商品化する。

シンタマカブリは肉色がやや濃い目であるが、みた目と違って、肉質はキメが細かく軟らかいので筋膜に沿って分割し、肉が厚い部分は焼き肉に商品化する。肉の厚みがなくスジの多い部分はこま肉に商品化する。

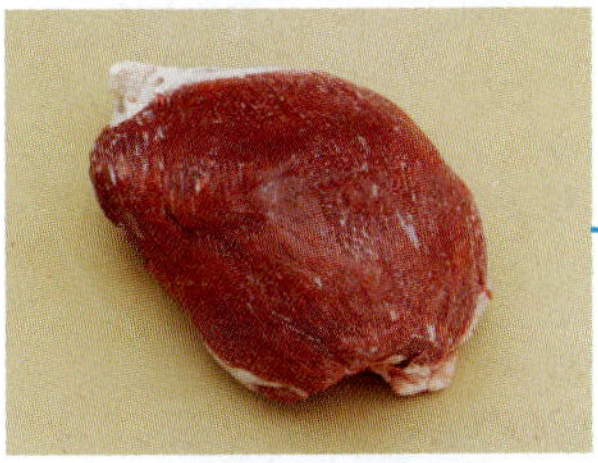

カメノコ表面の薄い筋膜は1枚の膜として引き除く

カメノコ表面の薄い筋膜はシンシンとの接合箇所まで引き除く

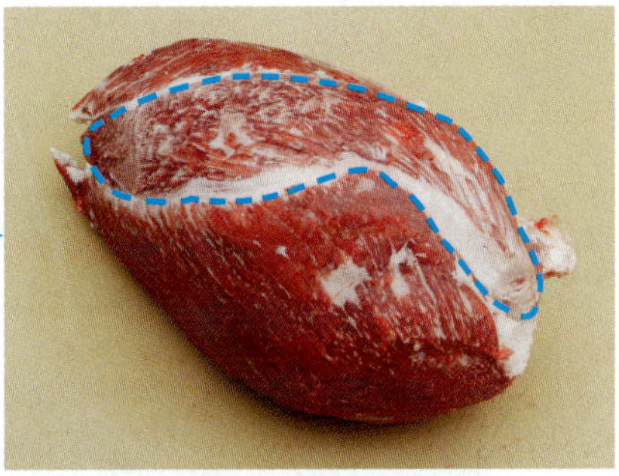

カメノコとシンタマカブリに挟まれるシンシン表面の筋膜も引き除く

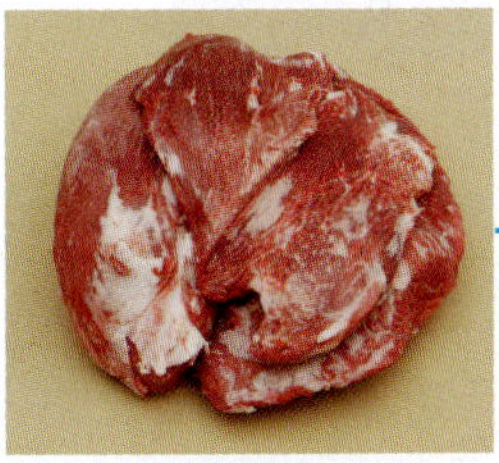

小割・スジ引きのトリミングを終えた後に3つの肉塊を復元する

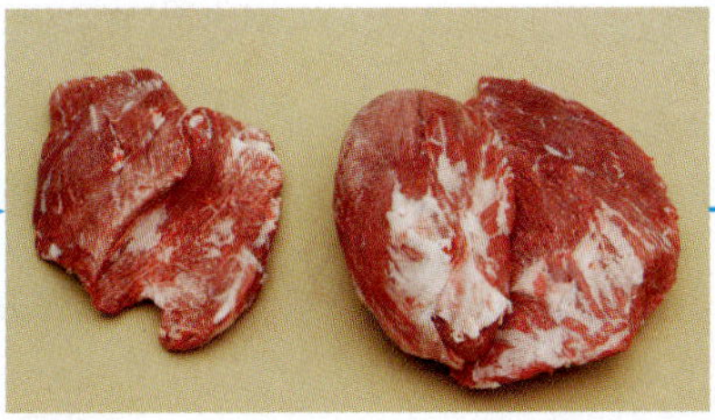

復元からシンタマカブリ㊧を分割する

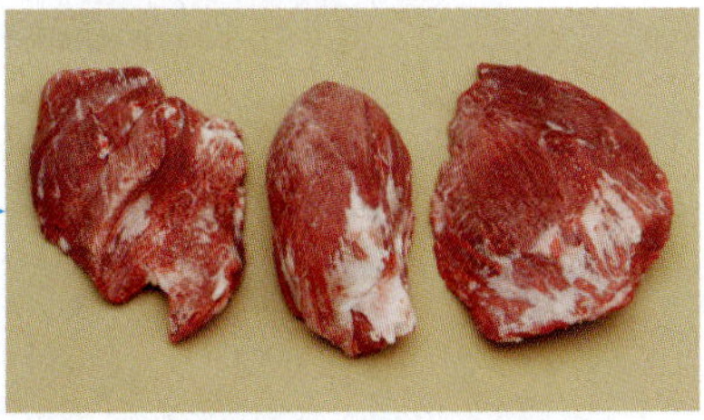

復元からさらにシンシン㊥とカメノコ㊨を分割する

カメノコは肉に厚みがある軟らかい部分は焼き肉用の柵㊧にとり、肉に厚みがなく肉色の濃い部分は切り落とし肉にして発色の良い軟らかい肉に商品化する

シンシンの商品づくり

シンシンは肉質のキメが細かく、軟らかく、肉色も明るい。膝蓋骨（皿骨）がついていた箇所の太い腱スジの上面に沿って刃先を入れ、筋膜（中スジ）に沿って刃先を進めてシンシンの先端まで上・下に切り開き２分割する。さらに分割された下側の肉塊に残る中スジ（筋膜）を引き除く。2分割されたシンシンは筋膜の付いていない上側の小さな肉塊は焼き肉に、筋膜が付いていた下側の大きな肉塊は肉質が軟らかいのでステーキに商品化する。

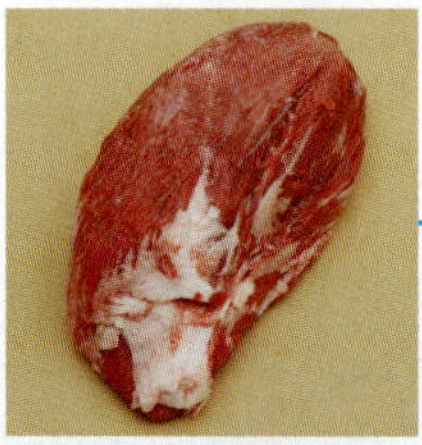

シンシンの表面をトリミングして腱スジ上面との接合箇所を刃先で少し切り開く

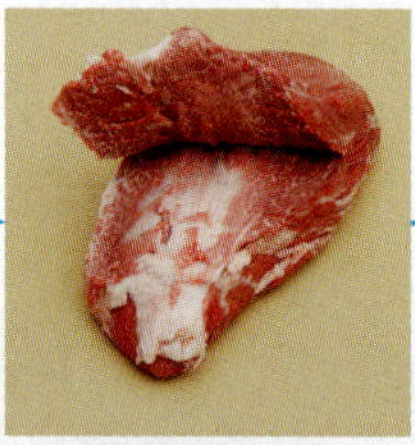

シンシンの中スジ（筋膜）に沿って刃先を進め上・下に切り開く

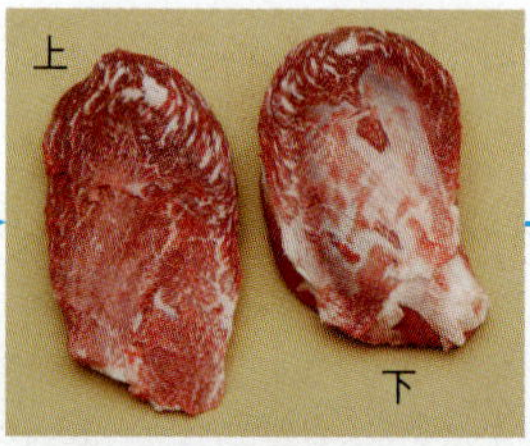

シンシンの中スジに沿って先端まで切り開き上・下に分割する

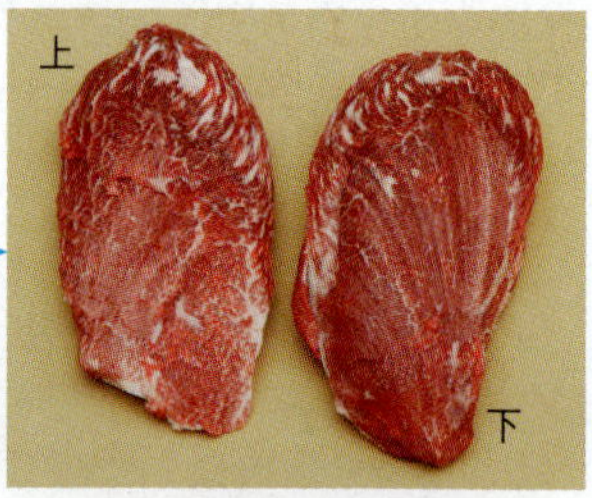

シンシン下側の大きな肉塊㊨に残る中スジを引き除いてトリミング完了

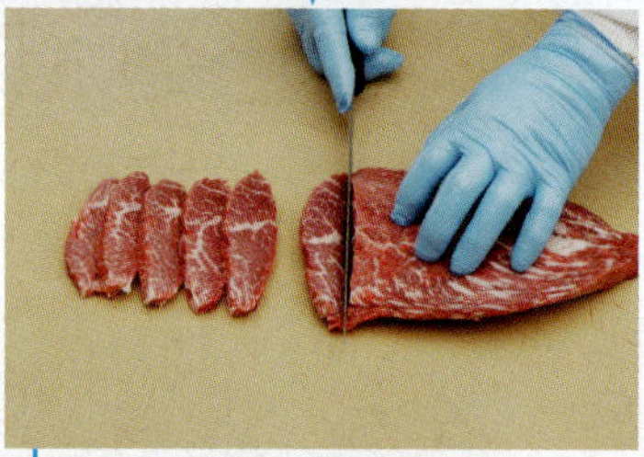

シンシン上側の焼き肉カッティング

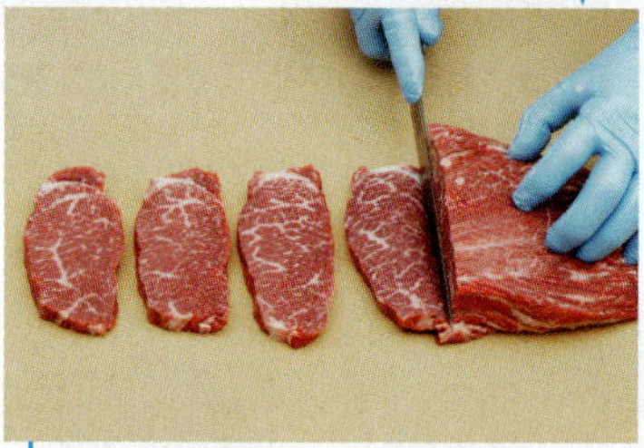

シンシン下側の大きな肉塊はステーキにカッティングする

焼き肉用の盛り付け

ステーキ用の盛り付け

トモサンカクの商品づくり

トモサンカク（ヒウチ）は肉質が軟らかく、肉色も明るく、霜降り紋様が豊富で風味がある。とくに肉に厚みがある中心箇所は切断面が大きいのでステーキに商品化する。切り始めの角の部分は切断面が小さいので焼き肉とし、切断面が広くなったらステーキに切り取る。ステーキに切り取った残りは再び焼き肉に切り取る。肉目の流れに対してできるだけ直角に切り取るように留意する。

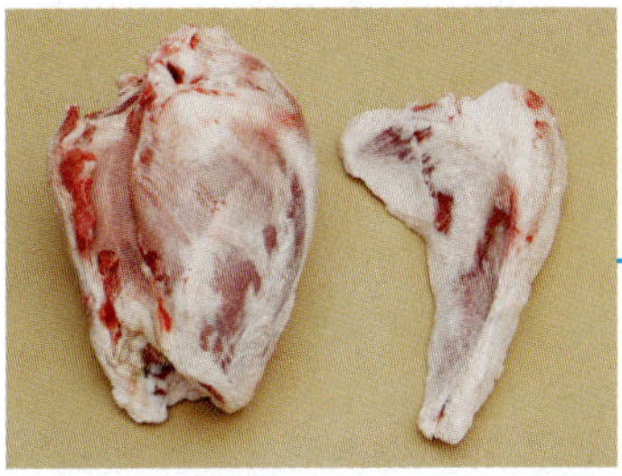

シンタマから分割されたトモサンカク㊨、表脂面の脂肪は厚い

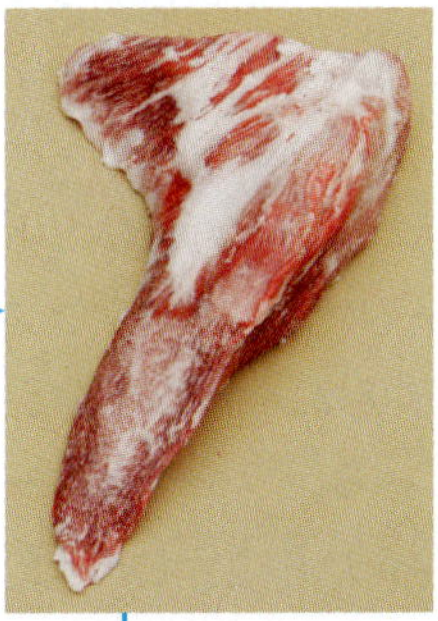

カメノコと接合していた面㊧と表脂面㊨の脂肪とスジは引き除く

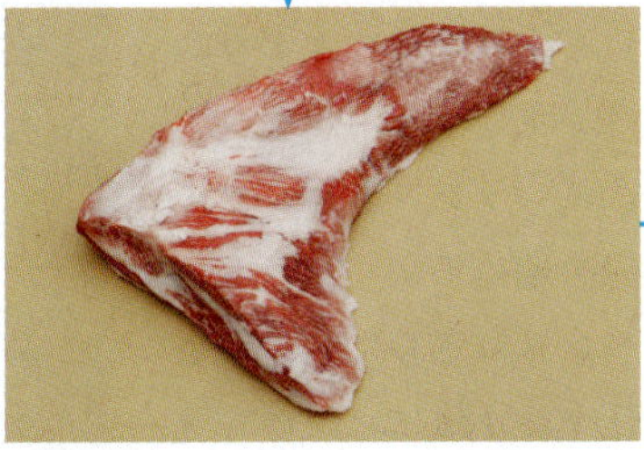

トモサンカクは表面をおおう脂肪とスジをすべてトリミングする

小さな肉片は焼き肉に切り取り、大きな肉面からステーキに切り取る

美しい盛り付け

ステーキ用では霜降りが映えるように盛り付ける。また、焼き肉用では切り身の切断面が映えるようラインをそろえて盛り付ける

ステーキ用の盛り付け

焼き肉用の盛り付け

3 らんいちの商品化

枝肉「もも」から分割されたモモ部はシンタマ（大腿四頭筋）と接合する筋膜に沿って膝蓋骨の側からソトモモ・ナカニク（大腿二頭筋）さらにランイチ（殿筋）へと刃先を進めて切り開きシンタマを分割する。次にランイチはソトモモ・シキンボ（半腱様筋）の先端箇所で背側と直角にソトモモ・ナカニクと切断される。ランイチはランプ（中殿筋・副殿筋・深殿筋）とイチボ（大腿二頭筋）の二つの肉塊から構成されている。ランプはサーロインのラン尻につながり、イチボはソトモモのナカニクにつながる肉である。ランプの上面をおおうランカブリ（深殿筋）を取り除いて、ナカニクとイチボの切断側からランプとイチボが接合する脂肪層に沿って刃先を入れ、ランプを軽くめくるようにはがしながら刃先を進めて切り開きランプとイチボに分割する。ランプはさらにネクタイ（深殿筋）を薄い筋膜に沿って分割し、続けてランナカ（中殿筋）とランボソ（副殿筋）の二つの肉塊に分割します。ランプと接合していたイチボの赤身面は筋膜を引き除くときに肉の目なり（肉繊維）が交差する箇所にくい込む筋膜を15mmほどの深さまで刃先を入れて引き除く。表脂面の脂肪厚は商品づくりにあわせて調整する。ランボソ（ラムシン）は肉質がヒレ肉と同じような軟らかさをもつためステーキに、ランナカ（ラン）は赤身のステーキと焼き肉に商品化する。イチボはソトモモ・ナカニクとの切断面から7cmほどは肉質が硬いため薄切り肉に切り取り、残りの軟らかい部分のみをステーキと焼き肉に商品化する。イチボは細くなる先端部分に向けて霜降り紋様が豊富に入り味に深みがあり、ラソボソとランナカは軟らかい赤身肉がセールスポイントである。ランプとイチボがもつ異なる肉質と形状を活かす商品づくり技術を習熟することが基本だ。

部分肉「らんいち」はランプとイチボの２つの肉塊に分割される

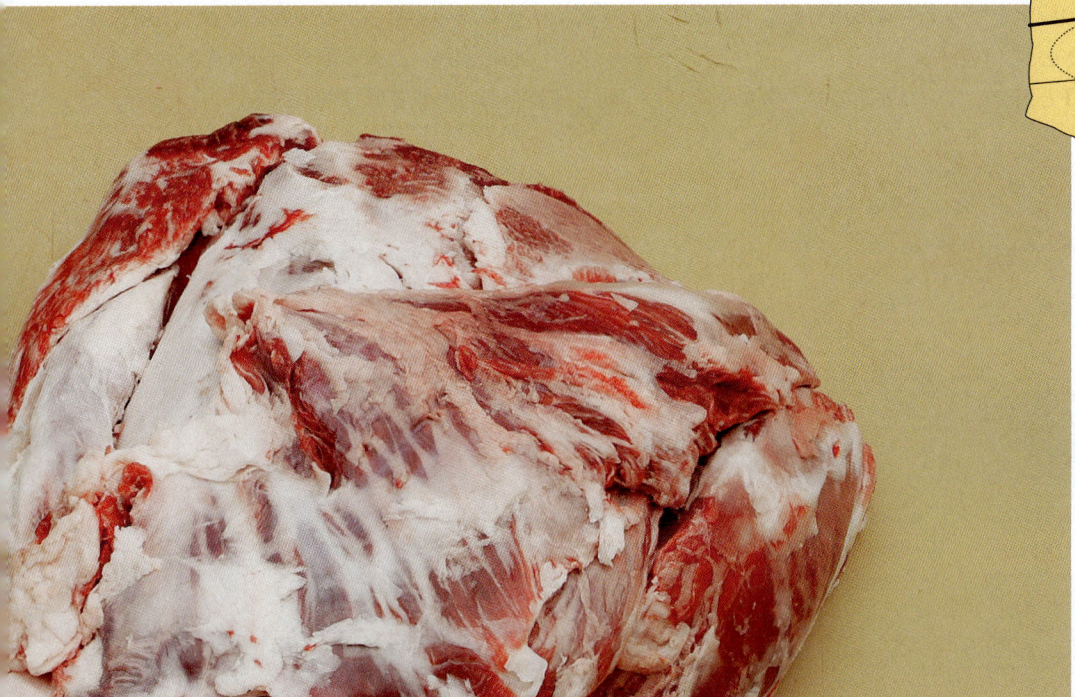

トリミングの手順

ランイチはサーロインにつながるランプとソトモモにつながるイチボの二つの肉塊が筋膜で接合した部分肉である。それぞれの肉塊はまったく異なる肉質の特徴をもっているため分割して商品化することが必要。

まず寛骨と接合していた箇所の骨ハダをランプの上面で引き除いて、続けてランカブリ（ラムカワ）を筋膜に沿って刃先を進め、めくるようにはぎ除く。

次にイチボ側の赤身面筋膜の端に付着する細長いスジ（仙尾椎跡）を取り除き、筋膜をおおう脂肪を筋膜があらわれるまで削り取る。

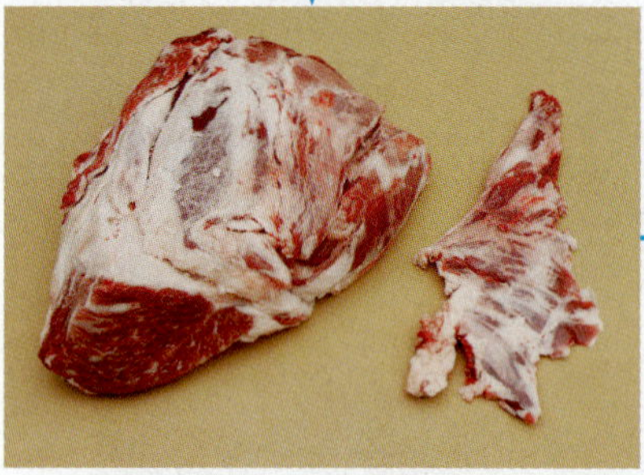

ランカブリを剥がす

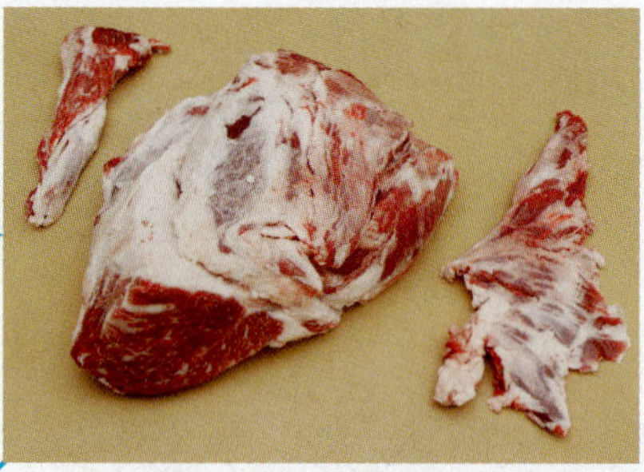

イチボ上面の脂肪を剥がす

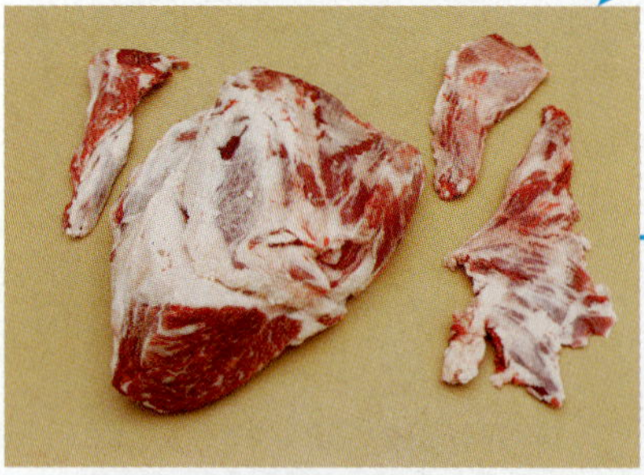

ネクタイを分割する

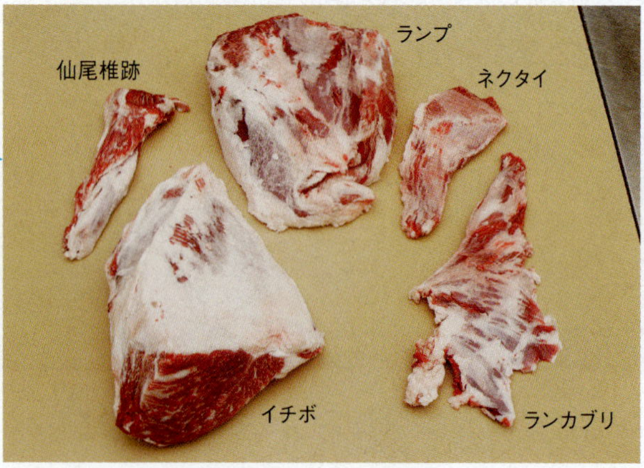

ランプとイチボを分割する

さらにランプの上面・中央にあるネクタイを筋膜に沿って刃先を入れて軽くめくるようにはぎ取る。

ランイチ赤身面のトリミングを終えたらイチボ赤身面の脂肪を整形した箇所のランプとイチボの接合部に刃先を入れて、イチボをおおう硬い筋膜に沿って刃先を進めランプをめくるようにはがしてイチボから分割する。

分割したそれぞれの肉塊は表面をおおう筋膜を引き除いてから商品化する。このような手順で整形された肉塊を順に元の姿に復元してランイチの構造と肉塊の形状を確認する。

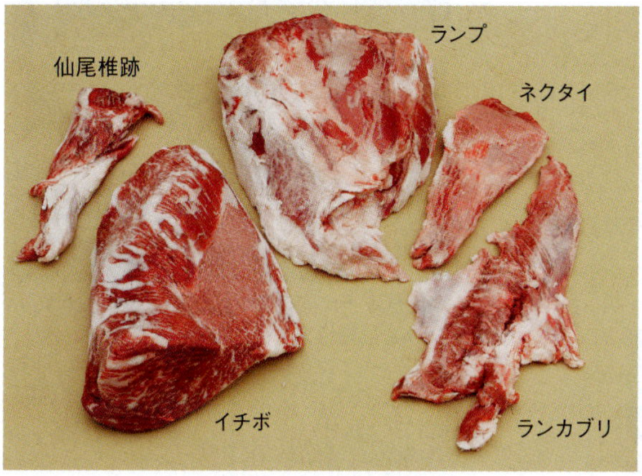

ランプとイチボを分割する

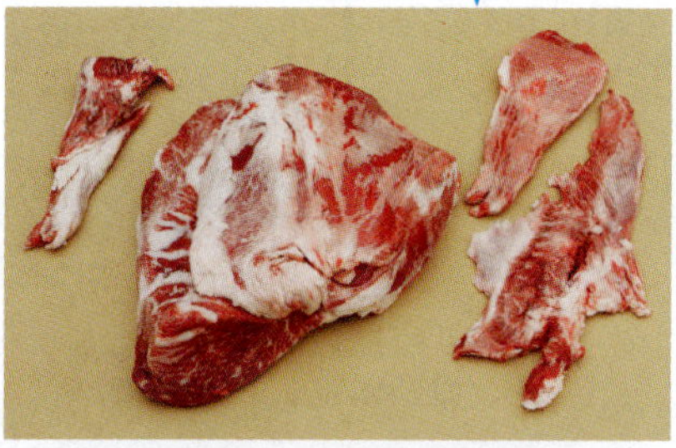

ネクタイを分割する

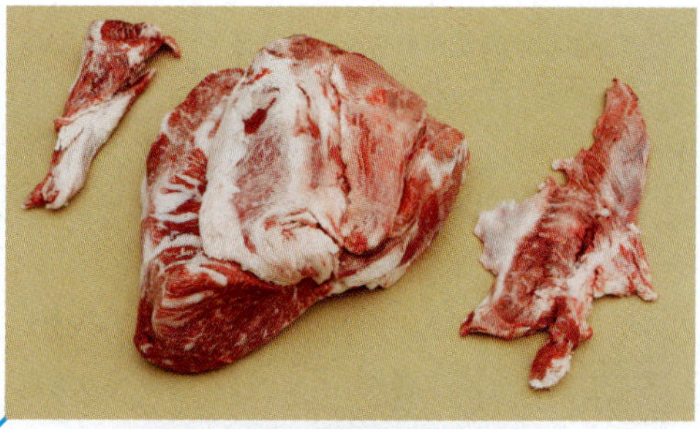

イチボ上面の脂肪をはがす

ランカブリをはがす

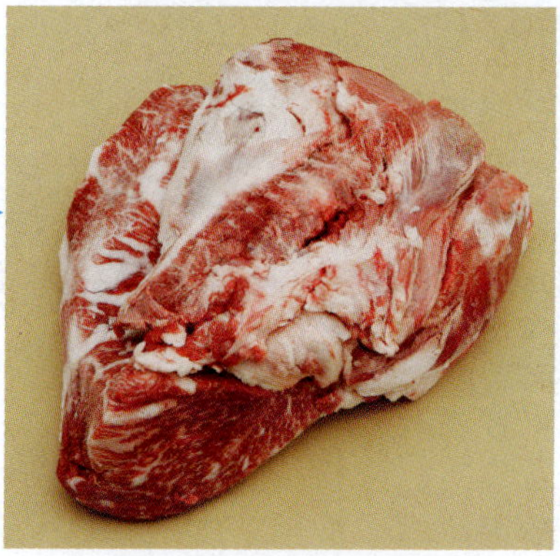

ランイチを元の姿に復元

商品づくり

ランイチはサーロインにつながるランプとソトモモにつながるイチボからなり、ランプは肉質のキメが細かく、肉色は明るく、軟らかい赤身肉で、イチボは肉質のキメがやや粗く、やや硬く、肉色はやや濃く、肉目（肉繊維の流れ）は不均一だが風味のある霜降り紋様が豊かな肉である。

ランプは肉質の軟らかさを活かしてステーキに、イチボは霜降り紋様の豊富さを活かしてスライス肉と焼き肉に商品化するのが基本です。

ランカブリとネクタイを取り除いたランプはさらにランボソ（ラムシン＝副殿筋）とランナカ（中殿筋）に分割する。ランボソとランナカの分割箇

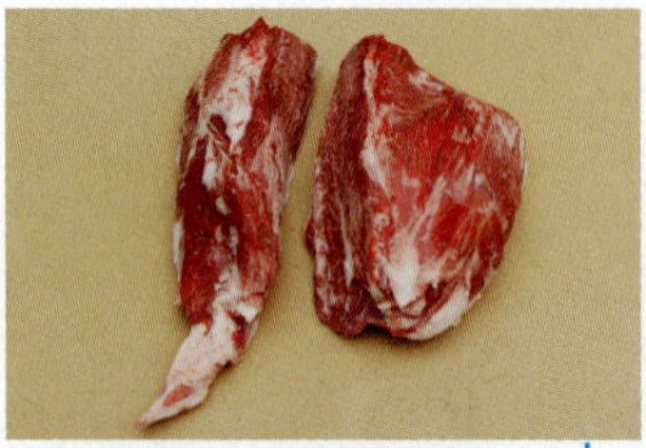

ランボソ㊧とランナカに筋膜に沿って分割しトリミングする

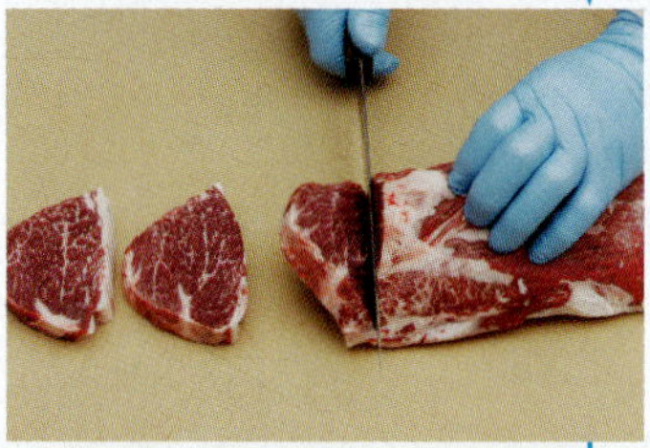

ランボソは肉質が軟らかいので厚めのステーキにカッティングする

表脂面を下に向けてソトモモとの切断面から7cmを目安にスライス肉に切り取る

安全を確保しよう

写真では肉のセッティング状態を確認するために当て板をはずしているが、通常の作業中は事故予防のため絶対にはずしてはならない

霜降りをみせる

イチボの霜降り紋様が映えるように盛り付ける

ステーキ用の盛り付け

スライス肉の盛り付け

もも

所はソトモモを切断した面の側にある太い筋膜をランナカ側に付けるように刃先を入れて、刃先を筋膜に当てながらサーロインとの切断箇所（ラン尻）まで切り開いて分割する。ランナカに残る筋膜（スジ）を引き除いてトリミングは完了です。

ランボソはヒレ肉と同じくらいに肉質は軟らかいので厚めのステーキに商品化し、ランナカは大判ステーキまたは半分に割ってランボソと同じサイズのステーキに商品化する。

イチボの表脂面は5mm以下に脂肪の厚さを整形し、ランプと接していた赤身面は筋膜を引き除くときに肉の目なり（肉繊維）が交差する箇所にくい込む筋膜を15mmほどの深さまで刃先を入れて引き除く。肉に厚みのあるソトモモ切断箇所から約7cmの幅は肉質が硬く肉繊維も逆目に流れているため必ず薄くスライス肉に切り取り、さらに肉質が軟らかくなる残りの部分は肉が厚い箇所はステーキ用に活用して全体を焼き肉に商品化する。焼き肉用の柵取りは肉目（肉繊維の流れ）に注意して分割する。

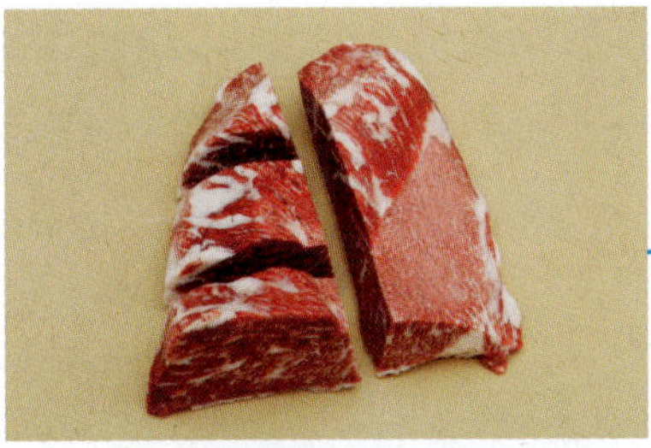

スライス肉を切り取ったイチボの残りは肉目を考慮して焼き肉用の柵に切り分ける

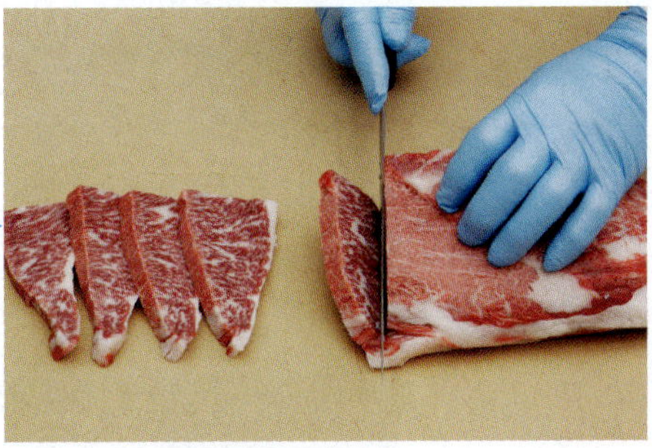

イチボを焼き肉用の切り身にカッティングする

焼き肉用の盛り付け

4 そとももの商品化

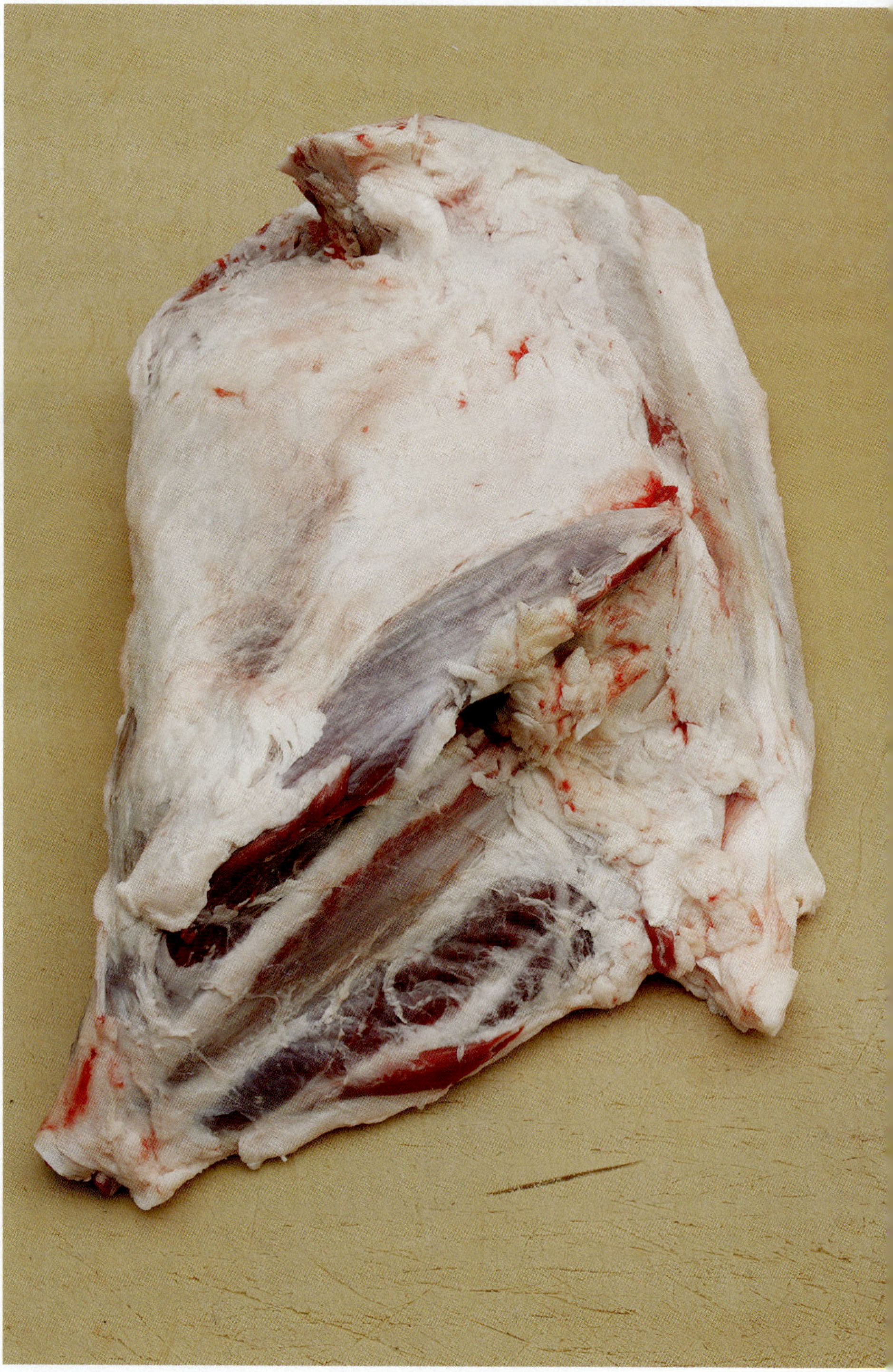

部分肉「そともも」はナカニクとシキンボとハバキの3つの肉塊に分割される

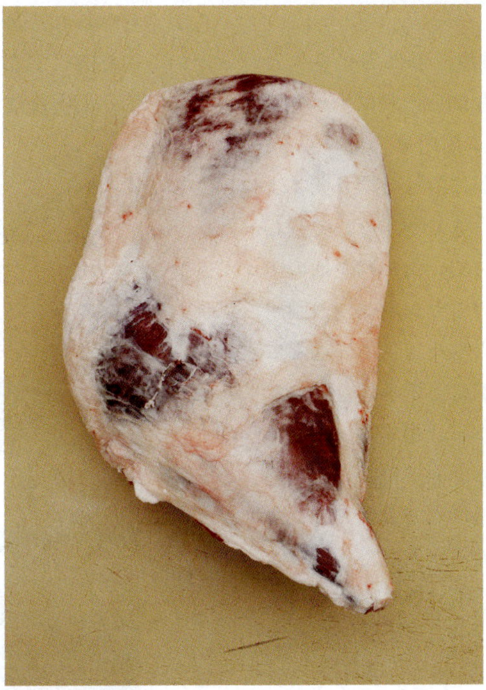

枝肉「もも」から分割されたモモ部はシンタマ（大腿四頭筋）と接合する筋膜に沿って膝蓋骨《しつがいこつ》の側からソトモモ・ナカニク（大腿二頭筋）さらにランイチ（殿筋《でんきん》）へと刃先を進めて切り開きシンタマを分割する。次にランイチはソトモモ・シキンボ（半腱様筋）の先端箇所で背側と直角にソトモモ・ナカニクと切断される。ソトモモはナカニク（大腿二頭筋）とシキンボ（半腱様筋）とハバキ（腓腹筋《ひふくきん》・ヒラメ筋）の三つの肉塊から構成される。ハバキはシキンボと接合する脂肪層に刃先を入れて切り開き、さらにナカニクに沿って刃先を進めハバキをめくるようにしてはがし分割する。トモスネと接合するハバキ面の中央あたりにくい込んでいるバナナ状のセンボン（浅趾屈筋）をえぐり取り、さらに太い筋膜に沿って刃先を進めてハバキを分割して商品化する。次にシキンボとナカニクが接合する境目にハバキの側から刃先を入れて切り開き、円柱状のシキンボと接する筋膜の箇所を確認しながらナカニクに沿って刃先を進めてシキンボを分割する。ナカニクは肉質が硬いので2mm厚の薄切り肉に商品化することを基本にする。切断面が小さな部分は切り落とし肉に、切断面が広い部分はすき焼き肉に、しゃぶしゃぶ肉は1.5mmの厚さで商品化する。ナカニクの中に流れる肉目の変化に合わせて丸刃に当たる肉面の角度を調整しながらスライスすることが技術である。シキンボの形状は円柱状で肉目も均一のため2mm厚の切り落とし肉に商品化するときは表面をおおうゴム様の筋膜は肉目に並行に約2cm幅の間隔で深さ5mmほど刃先で切れ目を入れるだけでスジを丁寧に引き除かなくてもよい。シキンボも2mm厚の薄切り肉に商品化することを基本とするが、形状の良さを活かしてシチューなどの煮込み料理にも商品化できる。

トリミングの手順

ソトモモはトモスネと接合するハバキ（腓腹筋＝ヒラメ筋など）とシキンボ（半健様筋）とナカニク（大腿二頭筋）の三つの大きな肉塊が筋膜で接合した部分肉である。

まずハバキとシキンボの接合部に刃先を入れて、ハバキを軽く引っ張りながら筋膜に沿って刃先を進めてナカニクが現れる箇所まで切り開き、さらに刃先をナカニクの筋膜に沿って切り開くように進めハバキをはがすように分割する。分割したハバキはトモスネと接合していたハバキ面の中央にくい込むように入っているセンボン（浅趾屈筋）の両側で接合する筋膜に沿ってスネ先端部に向けて刃先を進め、太いスジの箇所を切り開いてセンボンを引っ張り出すように分離する。

次にハバキと接していた赤身面の側から刃先の先端をナカニク面の厚い筋膜に当てるようにシキンボとナカニクの接合部に刃先を入れて、円柱状のシキンボを筋膜面から軽く引っ張るようにして刃先をナカニクの厚い筋膜に沿って進めて切り開きシキンボを分割する。

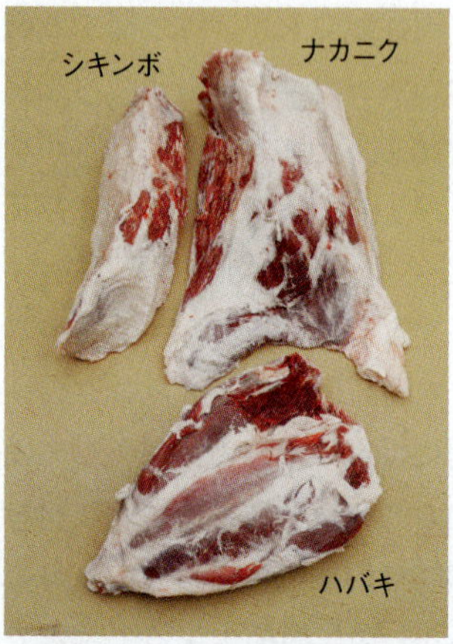

ソトモモはハバキ（手前）とシキンボ（左上）とナカニク（右上）の三つの肉塊に分割する

商品づくり

ソトモモは牛の筋肉の中でもよく運動する部分である。その肉質はキメが粗く、肉色は濃く、全体に硬く、風味にも欠ける。商品化の際には、軟らかく食べられるようにスライス肉または煮込み用の角切り肉にするのが基本。

ナカニクの肉質はキメが粗く、硬く、肉目（肉

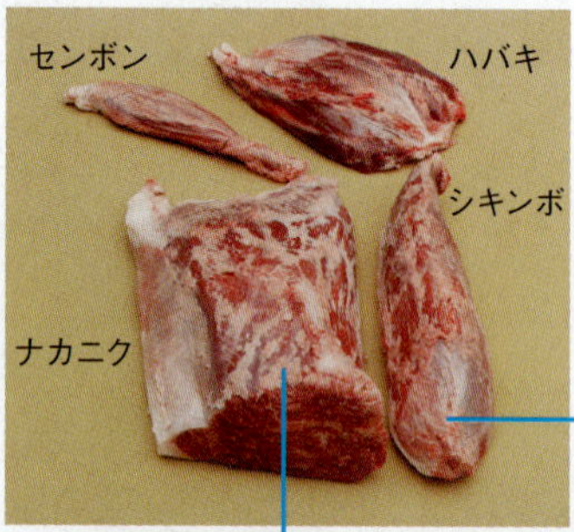

トリミングを終えたソトモモのナカニク（手前左）

肉が薄いスネ側を切り落とし肉に切り取る

ボリューム盛り付け

トレイの四隅に空間ができないようにボリュームある盛り付けをする

スライス肉の盛り付け

繊維の流れ）と形状が不均一なので、料理用途の広いスライス肉に商品化する。肉の厚みが薄いハバキの側から肉目が逆目になるナカニクの真ん中あたりまでを目安に切り落とし肉に切り取り、続いて順目になるように肉塊の方向を変えてから肉に厚みがある部分はすき焼き肉に切り取る。

　シキンボは表面をおおう弾力のあるゴム様筋膜を引き除く。肉質はキメが細かく、肉色は浅い桃色をしているが形状が丸い円柱状なので料理用途の広い切り落とし肉や角切り肉に商品化する。

　ハバキは表面をおおう筋膜を引き除いてからセンボン跡の太いスジに沿って分割する。ハバキは肉色が濃く、形状が不均一のため切り落とし肉に商品化する。角切りとして活用することもできる。

　センボンは肉質は軟らかいが、スジが多く見た目はよくないので煮込み用角切りにする。 また、薄くスライスするとしゃぶしゃぶ用にもなる。コラーゲンの多い部位として訴求できる。

形状が均一なシキンボを
スライス肉に切り取る

安全を確保しよう

写真では肉のセッティング状態を確認するために当て板をはずしているが、通常の作業中は事故予防のため絶対にはずしてはならない

ラインをそろえる

スライス肉が１枚ごとに均一にみえるように盛り付けラインをそろえて盛る

スライス肉の盛り付け

コマ肉の盛り付け

広告索引

アサヒ産業㈱ 187
㈱朝日屋 表2
安堂畜産㈱ 199
㈱石川屋 199
㈱イシダ 200
㈱伊勢屋 188
今枝メリヤス㈱ 200
イントラポート貿易㈲ 201
牛若商事㈱ 189
㈱エーコープ京都中央 2
㈱大浦ミート 4
大阪市食肉市場㈱ 195
大橋商事㈱ 201
加古川中央畜産荷受㈱ 211
京都食肉市場㈱ 196
神戸中央畜産荷受㈱ 211
神戸肉流通推進協議会 表4
㈱ジィーシーエム／神戸髙見牛牧場㈱ 5
㈱庄田軒精肉店 190
㈱新生屋食品店 191
杉本食肉産業㈱ 表3
㈱仙石ハム伊賀屋 202
㈱第一技研 192
大正㈱ 6
大和食品㈱ 202
㈱タナカ食品 203
㈱ティーアイ 203
㈱テクニカン 204
東京食肉市場㈱ 197
徳島県農林水産部畜産振興課 204
㈱中村屋／中村屋惣菜製作所 3
㈱なかやま牧場 205
名古屋食肉市場㈱ 212
㈱にし阿波ビーフ／㈱谷藤ファーム 205
西宮畜産荷受㈱ 212
ニッシン・グルメビーフ㈱ 193
公益社団法人日本食肉格付協会 214
公益財団法人日本食肉流通センター 214
ハニューフーズ㈱ 1
姫路畜産荷受㈱ 213
広島食肉市場㈱ 198
㈱ＶＭＫ 206
福留ハム㈱ 206
㈱フジエール 207
丸三食肉㈱ 207
丸紅㈱ 208
㈲マルヨネ 208
㈱萬野総本店／良精畜産㈱ 194
㈱ミートコンパニオン 209
㈱ミートショップヒロ 209
㈱宮田精肉店 210
㈱モリタ屋 210
横浜食肉市場㈱ 213

牛枝肉・部分肉の分割と商品化（改訂新版）

定価5,500円（本体5,000円+税）
ISBN978-4-87988-160-1

初版発行　令和6年7月31日

発行人　西村　久

発行所　株式会社食肉通信社　https://www.shokuniku.co.jp

大阪本社　〒550-0005　大阪市西区西本町3-1-48 西本町ビル2Ｆ
TEL.06-6538-5505　FAX.06-6538-5510

東京支社　〒103-0001　東京都中央区日本橋小伝馬町18-1 ハニー小伝馬町ビル
TEL.03-3663-2011　FAX.03-3663-2015

九州支局　〒812-0029　福岡県福岡市博多区古門戸町3-12 やま利ビル
TEL.092-271-7816　FAX.092-291-2995

印刷所　株式会社ITP

畜類・魚介類・多目的スライサー
ミニマルチスライサー
MINI MULTI SLICER
MKシリーズ
アサヒオリジナルの多層刃は解凍・半解凍の手間を省き、生のまま食材を瞬時に切断でき、作業能率はもちろんのことながら、操作性やメンテナンスの容易さ、HACCP対応型で工具なしで分解・洗浄でき、使いやすさを追求した機械です。
加工例
カット
スジ入れ
テンダー
角切り
こんな加工に最適
• 畜肉スライスカット
• ホルモンカット
• ブロック肉の柵取り
• スジ入れ（牛タン・リブフィンガー等）
• サイコロカット（再加工またはライン化による）
特徴
一台の機械でカットだけでなく、スジ入れ、テンダー、角切りも可能
細かいカットサイズでも加工可能
皮付きの原料や小腸のように柔らかい原料でもキレイに切れる
約600Kg/h　加工可能（鶏肉カット）
テスト動画
ライン化プラン
RTM付き角切りシステム
少人数で大量の角切りがキレイにできます
MK直列ライン
中間コンベア上で原料を90度回転させ、キレイに角切りできます
MK-L型角切りライン
少人数で大量の角切りができます
テンダー＆プレスライン
テンダーとプレスを一連の流れで原料を柔らかく厚みを統一にできます
弊社にサンプルを送付して頂ければ、無料でテストカットが可能です。
お気軽にお問い合わせください！
製造・販売元
食品加工機械のパイオニア
アサヒ産業株式會社
お問合せはコチラ
078-939-7671
〒673-0015　兵庫県明石市花園町3-9
TEL: 078-921-0150(代)　FAX: 078-921-0171
Email: info@asahimulti.co.jp
URL: https://www.asahimulti.co.jp/

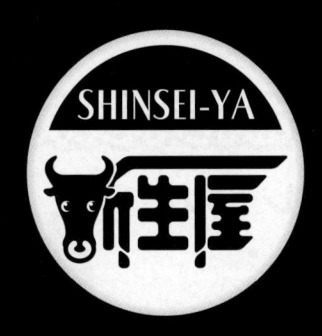

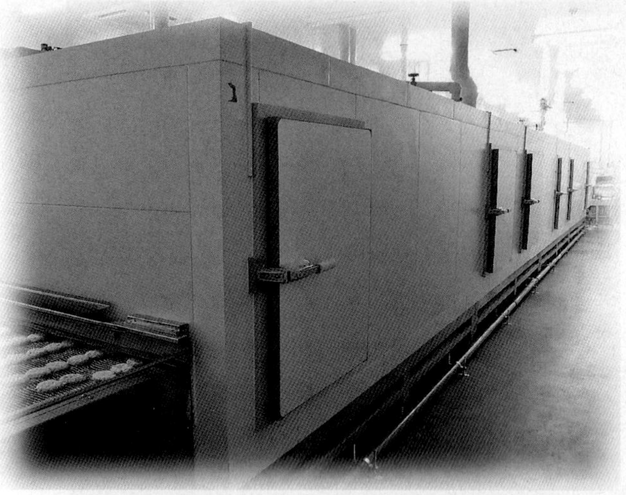

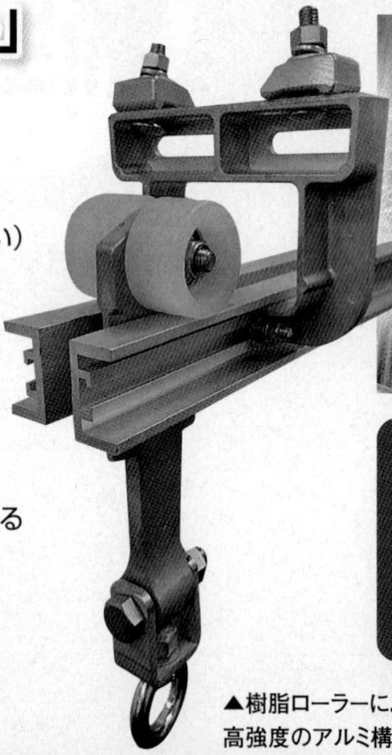

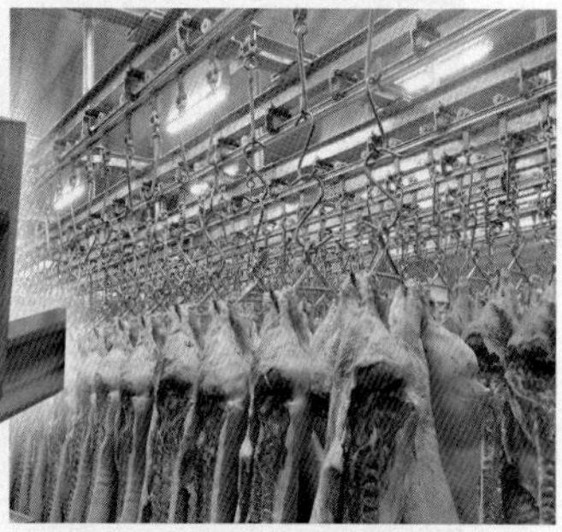

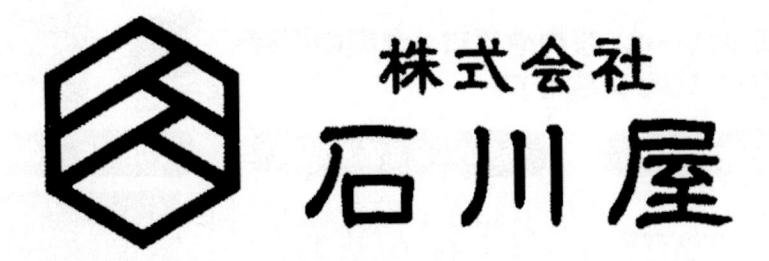

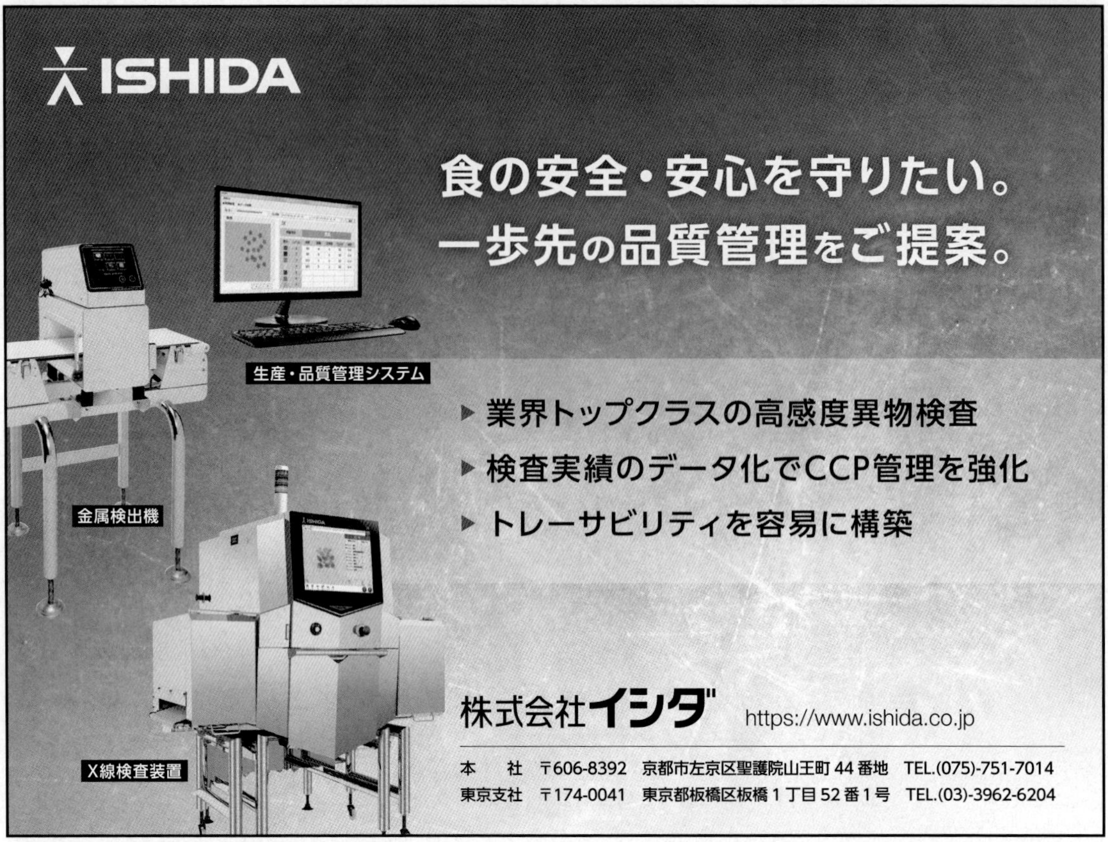
ISHIDA
食の安全・安心を守りたい。
一歩先の品質管理をご提案。
生産・品質管理システム
金属検出機
X線検査装置
▶ 業界トップクラスの高感度異物検査
▶ 検査実績のデータ化でCCP管理を強化
▶ トレーサビリティを容易に構築
株式会社イシダ
https://www.ishida.co.jp
本　　社　〒606-8392　京都市左京区聖護院山王町 44 番地　TEL.(075)-751-7014
東京支社　〒174-0041　東京都板橋区板橋 1 丁目 52 番 1 号　TEL.(03)-3962-6204

枝肉やブロック肉の輸送・保管・熟成に…
今枝の ミート・ラッパー
ミート・ラッパーは、枝肉やブロック肉の保存・熟成に最適なメリヤス袋です。
ミートラッパー
Since 1953
高い吸水性、乾燥も防ぐ
ストップ
ストップ
ドリップや霜・水滴も吸収。脂焼けも防ぎます。
衛生的で商品価値をUP
ミートラッパー
吸収
肉
吸収
ミートラッパー
ドリップ
水滴
肉への直接の接触を減らし、細菌の付着を防ぎます。輸送時の肉のダメージを防ぎます。
肉の保管や、肉の熟成に最適
肉の仕上がり・旨みが格段に良くなります。
お問い合わせはこちら▶▶▶ 電話0586-71-6560
※カタログや商品サンプルもお送り致します
今枝メリヤス株式会社　資材部
〒491-0051　愛知県一宮市今伊勢町馬寄字西更屋敷15-1　電話0586-71-6560　FAX0586-73-2110
インターネットでも販売しております。ぜひ一度ご覧ください。
https://meatwrapper.co.jp
QRコードから

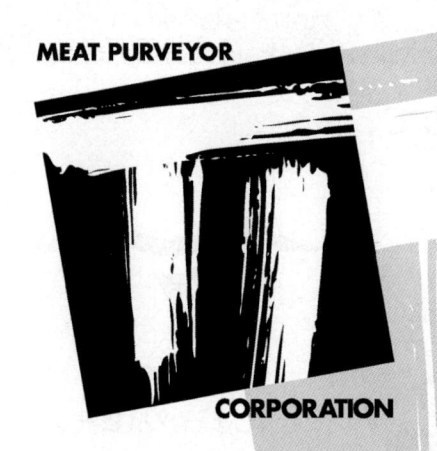